大数据与人工智能技术丛书

大数据
可视化技术与应用
第2版·微课视频版

◎ 黄源 主编　　任东哲 副主编

清华大学出版社
北京

内 容 简 介

本书主要介绍大数据可视化的基本概念和相应的技术应用。全书共分11章，包括大数据可视化概述、大数据可视化原理、大数据可视化方法、数据可视化工具、Excel数据可视化、Tableau数据可视化、ECharts与pyecharts数据可视化、Python数据可视化、R语言可视化、大数据可视化行业分析以及大数据可视化综合实训。

本书以"理论与实践操作"相结合的方式，通过大量的案例帮助读者快速了解和应用大数据分析的相关技术，并且对于书中重要的、核心的知识点加大练习的比例，以使读者达到熟练应用的目的。

本书可作为各类高校大数据、云计算、人工智能、软件技术、计算机网络等专业的教材，也可作为大数据爱好者的自学参考书。

本书封面贴有清华大学出版社防伪标签，无标签者不得销售。
版权所有，侵权必究。举报：010-62782989，beiqinquan@tup.tsinghua.edu.cn。

图书在版编目(CIP)数据

大数据可视化技术与应用：微课视频版/黄源主编．—2版．—北京：清华大学出版社，2023.10
(2024.7重印)
(大数据与人工智能技术丛书)
ISBN 978-7-302-63950-3

Ⅰ．①大… Ⅱ．①黄… Ⅲ．①数据处理 Ⅳ．①TP274

中国国家版本馆CIP数据核字(2023)第117036号

策划编辑：魏江江
责任编辑：王冰飞
封面设计：刘 键
责任校对：时翠兰
责任印制：杨 艳

出版发行：清华大学出版社
  网　　址：https://www.tup.com.cn, https://www.wqxuetang.com
  地　　址：北京清华大学学研大厦A座　　邮　编：100084
  社 总 机：010-83470000　　邮　购：010-62786544
  投稿与读者服务：010-62776969, c-service@tup.tsinghua.edu.cn
  质量反馈：010-62772015, zhiliang@tup.tsinghua.edu.cn
  课件下载：https://www.tup.com.cn, 010-83470236
印 装 者：三河市铭诚印务有限公司
经　　销：全国新华书店
开　　本：185mm×260mm　　印　张：19.25　　字　数：469千字
版　　次：2020年6月第1版　2023年10月第2版　印　次：2024年7月第5次印刷
印　　数：52501～57500
定　　价：49.80元

产品编号：100509-01

前言

党的二十大报告指出:教育、科技、人才是全面建设社会主义现代化国家的基础性、战略性支撑。必须坚持科技是第一生产力、人才是第一资源、创新是第一动力,深入实施科教兴国战略、人才强国战略、创新驱动发展战略,开辟发展新领域新赛道,不断塑造发展新动能新优势。高等教育与经济社会发展紧密相连,对促进就业创业、助力经济社会发展、增进人民福祉具有重要意义。

进入21世纪以来,计算机技术获得了长足的进展,随着数据规模不断呈指数级的增长,数据的内容和类型也比以前丰富得多,这些都极大地改变了人们分析和研究世界的方式,也给人们提供了新的可视化素材,推动了数据可视化领域的发展。数据可视化依附计算机科学与技术拥有了新的生命力,并进入了一个新的黄金时代。

数据可视化是关于数据视觉表现形式的技术,也是位于科学、设计和艺术三学科的交叉领域,对于大数据专业的学生来讲,数据可视化是极其重要的一门课程。

本书以"理论与实践操作"相结合的方式深入地讲解了大数据分析的基本知识和实现的基本技术,在内容设计上既有上课时教师的讲述部分,包括详细的理论与典型的案例,又有大量的实训环节,双管齐下,极大地激发了学生在课堂上的学习积极性与主动创造性,让学生在课堂上跟上教师的思维,从而学到更多有用的知识和技能。

本书共分11章,包括大数据可视化概述、大数据可视化原理、大数据可视化方法、数据可视化工具、Excel数据可视化、Tableau数据可视化、ECharts与pyecharts数据可视化、Python数据可视化、R语言可视化、大数据可视化行业分析以及大数据可视化综合实训。

本书特色如下:

(1) 采用"理实一体化"教学方式,课堂上既有教师的讲述又有学生独立思考、上机操作的内容。

(2) 紧跟时代潮流,注重技术变化,书中包含了最新的大数据分析知识及一些开源库的使用。

(3) 本书作者均具有多年的教学经验,全书重难点突出,能够激发学生的学习热情。

(4) 配套资源丰富。为便于教学,本书提供教学大纲、教学课件、程序源码、习题答案、教学进度表等,重点内容及重点案例还配有300分钟的微课视频,学生可在课后反复观看。

资源下载提示

素材(源码)等资源:扫描目录上方的二维码下载。

微课视频:扫描封底的文泉云盘防盗码,再扫描书中相应章节的视频讲解二维码,可以在线学习。

本书建议学时为54学时,具体分布如表1所示。

表1 学时安排

课 程 内 容	建 议 学 时
第1章 大数据可视化概述	4
第2章 大数据可视化原理	4
第3章 大数据可视化方法	6
第4章 数据可视化工具	4
第5章 Excel数据可视化	4
第6章 Tableau数据可视化	6
第7章 ECharts与pyecharts数据可视化	8
第8章 Python数据可视化	10
第9章 R数据可视化	4
第10章 大数据可视化行业分析	2
第11章 大数据可视化综合实训	2

本书可作为各类高校大数据、云计算、人工智能、软件技术、计算机网络等专业的教材,可也作为大数据爱好者的自学参考书。

本书由黄源担任主编,任东哲担任副主编。全书由黄源策划并负责统稿工作。

本书是校企合作的结果,在编写过程中得到了中国电信金融产业研究院杨琛的大力支持。

在本书的编写过程中,参阅了大量的相关文献,在此对文献的作者表示感谢,并对清华大学出版社的魏江江分社长和王冰飞老师的辛勤工作表示感谢。

由于编者水平有限,书中难免出现疏漏之处,衷心希望广大读者批评指正。

编 者

目 录

源码下载

第1章 大数据可视化概述 ·· 1
- 1.1 大数据可视化基础 ·· 1
  - 1.1.1 什么是大数据可视化 ·· 1
  - 1.1.2 数据可视化的类型 ·· 6
  - 1.1.3 数据可视化的标准 ·· 8
  - 1.1.4 数据可视化与其他学科的关系 ·· 8
  - 1.1.5 数据可视化面临的挑战 ·· 9
- 1.2 数据可视化的目标与作用 ·· 10
  - 1.2.1 数据可视化的目标 ·· 10
  - 1.2.2 数据可视化的作用 ·· 10
- 1.3 数据可视化技术的特征与应用 ·· 11
  - 1.3.1 数据可视化技术的特征 ·· 11
  - 1.3.2 数据可视化技术的应用 ·· 11
- 1.4 本章小结 ·· 16
- 1.5 实训 ·· 16
- 习题1 ·· 18

第2章 大数据可视化原理 ·· 19
- 2.1 光与视觉特性 ·· 19
  - 2.1.1 光 ·· 19
  - 2.1.2 人眼的构造和视觉特性 ·· 20
- 2.2 色彩 ·· 21
  - 2.2.1 色彩的概念和分类 ·· 21
  - 2.2.2 色彩给人的视觉感受 ·· 22
- 2.3 视觉通道 ·· 23
  - 2.3.1 视觉通道概述 ·· 23
  - 2.3.2 视觉通道的类型 ·· 23

　　　　2.3.3　视觉通道与视觉原理 ………………………………………………… 26
　2.4　数据可视化流程 ……………………………………………………………… 27
　　　　2.4.1　数据可视化流程简介 ………………………………………………… 27
　　　　2.4.2　数据可视化流程的实施步骤 ………………………………………… 27
　2.5　数据可视化设计原则与技巧 ………………………………………………… 31
　　　　2.5.1　数据可视化设计原则概述 …………………………………………… 31
　　　　2.5.2　数据可视化设计原则的实施 ………………………………………… 31
　　　　2.5.3　数据可视化设计技巧 ………………………………………………… 32
　2.6　本章小结 ……………………………………………………………………… 34
　2.7　实训 …………………………………………………………………………… 35
　习题2 ……………………………………………………………………………… 37
第3章　大数据可视化方法 …………………………………………………………… 38
　3.1　可视化图表介绍 ……………………………………………………………… 38
　　　　3.1.1　统计图表介绍 ………………………………………………………… 38
　　　　3.1.2　数据功能图表介绍 …………………………………………………… 44
　　　　3.1.3　可视化图表的选择与使用技巧 ……………………………………… 47
　3.2　文本可视化 …………………………………………………………………… 49
　　　　3.2.1　文本可视化概述 ……………………………………………………… 49
　　　　3.2.2　词云概述及实现方法 ………………………………………………… 50
　3.3　网络可视化 …………………………………………………………………… 55
　　　　3.3.1　网络可视化概述 ……………………………………………………… 55
　　　　3.3.2　使用Python 3制作社交网络图 ……………………………………… 56
　3.4　空间信息可视化 ……………………………………………………………… 58
　　　　3.4.1　空间信息可视化概述 ………………………………………………… 58
　　　　3.4.2　空间信息可视化建模 ………………………………………………… 59
　　　　3.4.3　空间信息可视化的应用 ……………………………………………… 61
　3.5　本章小结 ……………………………………………………………………… 63
　3.6　实训 …………………………………………………………………………… 63
　习题3 ……………………………………………………………………………… 67
第4章　数据可视化工具 ……………………………………………………………… 68
　4.1　Excel …………………………………………………………………………… 68
　　　　4.1.1　Excel简介 ……………………………………………………………… 68
　　　　4.1.2　Excel的应用 …………………………………………………………… 68
　4.2　ECharts ………………………………………………………………………… 71
　　　　4.2.1　ECharts简介 …………………………………………………………… 71
　　　　4.2.2　ECharts的应用 ………………………………………………………… 71
　4.3　Tableau ………………………………………………………………………… 73
　　　　4.3.1　Tableau简介 …………………………………………………………… 73

4.3.2　Tableau 的应用 ……………………………………………………… 73
　4.4　魔镜 …………………………………………………………………………… 75
　　　4.4.1　魔镜简介 …………………………………………………………… 75
　　　4.4.2　魔镜的应用 ………………………………………………………… 76
　4.5　D3.js …………………………………………………………………………… 77
　　　4.5.1　D3.js 简介 …………………………………………………………… 77
　　　4.5.2　D3.js 的应用 ………………………………………………………… 78
　4.6　可视化开发语言 ……………………………………………………………… 80
　4.7　本章小结 ……………………………………………………………………… 84
　4.8　实训 …………………………………………………………………………… 85
习题 4 ……………………………………………………………………………………… 88

第 5 章　Excel 数据可视化 …………………………………………………………… 89

　5.1　Excel 函数与图表 ……………………………………………………………… 89
　　　5.1.1　Excel 函数 …………………………………………………………… 89
　　　5.1.2　Excel 图表 …………………………………………………………… 91
　5.2　Excel 数据源 …………………………………………………………………… 95
　　　5.2.1　导入外部数据 ………………………………………………………… 95
　　　5.2.2　随机产生数据 ………………………………………………………… 98
　5.3　Excel 数据可视化的应用 ……………………………………………………… 100
　　　5.3.1　直方图 ………………………………………………………………… 100
　　　5.3.2　折线图 ………………………………………………………………… 100
　　　5.3.3　饼图 …………………………………………………………………… 103
　　　5.3.4　散点图 ………………………………………………………………… 104
　　　5.3.5　箱形图 ………………………………………………………………… 106
　5.4　本章小结 ……………………………………………………………………… 108
　5.5　实训 …………………………………………………………………………… 108
习题 5 ……………………………………………………………………………………… 118

第 6 章　Tableau 数据可视化 ………………………………………………………… 119

　6.1　Tableau 和 Tableau 界面 ……………………………………………………… 119
　　　6.1.1　Tableau 介绍 ………………………………………………………… 119
　　　6.1.2　Tableau 界面介绍 …………………………………………………… 122
　6.2　利用 Tableau 实现可视化 …………………………………………………… 125
　　　6.2.1　数据的导入及展示 …………………………………………………… 126
　　　6.2.2　筛选器 ………………………………………………………………… 131
　　　6.2.3　保存工作表 …………………………………………………………… 132
　6.3　Tableau 数据分析实例 ………………………………………………………… 133
　6.4　本章小结 ……………………………………………………………………… 138

| 6.5 实训 | 138 |

习题 6 145

第 7 章 ECharts 与 pyecharts 数据可视化 146
- 7.1 ECharts 的下载与使用 146
  - 7.1.1 ECharts 的下载 146
  - 7.1.2 ECharts 使用基础 147
  - 7.1.3 ECharts 使用实例 149
- 7.2 ECharts 可视化应用 155
- 7.3 pyecharts 可视化应用 160
- 7.4 本章小结 173
- 7.5 实训 173

习题 7 176

第 8 章 Python 数据可视化 177
- 8.1 Python 可视化库 177
  - 8.1.1 Python 可视化库简介 177
  - 8.1.2 Python 可视化库的安装与使用 178
- 8.2 NumPy 库 179
- 8.3 基于 matplotlib 的数据可视化 184
  - 8.3.1 matplotlib.pyplot 库简介 184
  - 8.3.2 matplotlib 可视化 188
- 8.4 基于 Pandas 的数据可视化 195
  - 8.4.1 Pandas 绘图介绍 195
  - 8.4.2 Pandas 绘图实例 195
- 8.5 基于 seaborn 的数据可视化 200
  - 8.5.1 seaborn 绘图介绍 200
  - 8.5.2 seaborn 绘图实例 202
- 8.6 基于 Bokeh 的数据可视化 212
  - 8.6.1 Bokeh 绘图介绍 212
  - 8.6.2 Bokeh 绘图实例 213
- 8.7 基于 pyqtgraph 的数据可视化 216
  - 8.7.1 pyqtgraph 绘图介绍 216
  - 8.7.2 pyqtgraph 绘图实例 217
  - 8.7.3 pyqtgraph 内置绘图库 220
- 8.8 本章小结 224
- 8.9 实训 225

习题 8 230

第 9 章 R 数据可视化 231
- 9.1 R 常见图形的绘制 231

  9.1.1 R 图形绘制与图形选项 · 231

  9.1.2 R 常见图形绘制 · 237

9.2 R 可视化实例 · 247

9.3 本章小结 · 252

9.4 实训 · 253

习题 9 · 254

第 10 章 大数据可视化行业分析 · 255

10.1 工业大数据可视化分析 · 255

  10.1.1 工业大数据的介绍 · 255

  10.1.2 几种工业大数据可视化分析 · 258

  10.1.3 工业大数据可视化实例 · 260

10.2 电商业大数据可视化分析 · 261

  10.2.1 电商业大数据介绍 · 261

  10.2.2 电商业大数据可视化分析实例 · 261

10.3 教育业大数据可视化分析 · 268

  10.3.1 教育业大数据介绍 · 268

  10.3.2 教育业大数据可视化分析实例 · 269

10.4 本章小结 · 273

10.5 实训 · 273

习题 10 · 273

第 11 章 大数据可视化综合实训 · 274

11.1 Python 纵向柱状图实训 1 · 274

11.2 Python 纵向柱状图实训 2 · 276

11.3 Python 水平柱状图实训 1 · 277

11.4 Python 水平柱状图实训 2 · 280

11.5 Python 多数据并列柱状图实训 1 · 282

11.6 Python 多数据并列柱状图实训 2 · 284

11.7 Python 折线图实训 · 286

11.8 Python 直方图实训 · 287

11.9 机器学习中的可视化应用 1 · 288

11.10 机器学习中的可视化应用 2 · 293

11.11 机器学习中的可视化应用 3 · 294

11.12 MySQL 中的可视化应用 · 295

11.13 本章小结 · 297

习题 11 · 297

参考文献 · 298

第 1 章 大数据可视化概述

本章学习目标

- 了解大数据可视化的概念。
- 了解大数据可视化的发展历史。
- 了解数据可视化与图形学、统计学等学科的关系。
- 掌握数据可视化的特征。
- 了解数据可视化的标准。
- 了解数据可视化的目标与作用。
- 了解大数据可视化的应用。

本章先向读者介绍大数据可视化的概念,再介绍大数据可视化的发展历史及特征,接着介绍大数据可视化的标准、数据可视化的目标与作用,最后介绍大数据可视化的应用。

1.1 大数据可视化基础

1.1.1 什么是大数据可视化

1. 数据可视化技术介绍

数字永远是枯燥、抽象的,而图形、图像却富有生动性和表现力。数据可视化是关于数据视觉表现形式的科学技术研究,它为大数据分析提供了一种更加直观的挖掘、分析与展示手段,从而让大数据更有意义,更贴近大多数人,因此大数据可视化是艺术与技术的结合。数据可视化将各种数据用图形化的方式展示给人们,是人们理解数据、诠释数据的重要手段和途径,因此从本质上讲,数据可视化是帮助用户通过认知数据,进而发现这些数据所反映的实质。

与传统的立体建模之类的特殊技术方法相比,数据可视化所涵盖的技术方法要广泛得多,它是以计算机图形学及图像处理技术为基础,将数据转换为图形或图像形式显示到屏幕上,并进行交互处理的理论、方法和技术。它涉及计算机视觉、图像处理、计算机辅助设计、计算机图形学等多个领域,并逐渐成为一种研究数据表示、数据综合处理、决策分析等问题的综合技术。

当前,在大数据的研究领域中数据可视化异常活跃,一方面,数据可视化以数据挖掘、数据采集、数据分析为基础;另一方面,它还是一种新的表达数据的方式,是对现实世界的抽象表达。数据可视化将大量不可见的现象转换为可见的图形符号,并从中帮助人们发现规律和获取知识。

2. 数据可视化技术的发展历史

1) 10 世纪，数据可视化起源

在远古时期，我们遥远的祖先——智人就已经学会画画，基于自己对周边生活环境的认知，将人、鸟、兽、草、木等事物以及狩猎、耕种、出行、征战、搏斗、祭祀等日常活动刻画在岩石上、石壁上、洞穴里。数据可视化的作品最早可追溯到 10 世纪。当时一位不知名的天文学家绘制了一幅作品，其中包含了很多现代统计图形元素，例如坐标轴、网格、时间序列，如图 1-1 所示。

2) 14—17 世纪，数据可视化拉开帷幕

随着欧洲在 14 世纪进入了文艺复兴时期，各种测量技术出现，在数学学科中出现了早期的数学坐标图表，例如笛卡儿解析几何坐标系等。

法国哲学家、数学家笛卡儿（1596—1650 年）创立了解析几何，将几何曲线与代数方程相结合，为数据可视化的发展正式开启了大门。图 1-2 显示了笛卡儿坐标图。

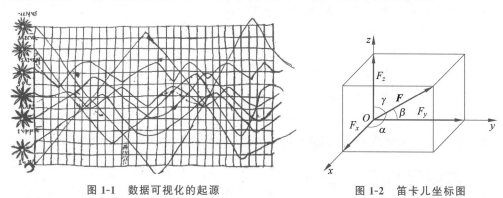

图 1-1　数据可视化的起源　　　　图 1-2　笛卡儿坐标图

3) 18 世纪，最早的地图和图表产生

到了 18 世纪，随着社会的进一步发展与文字的广泛应用，微积分、物理、化学、数学等开始蓬勃发展，统计学也出现了萌芽。数据的价值开始被人们重视起来，人口、商业、农业等经验数据开始被系统地收集整理，记录下来，于是各种图表和图形产生。

值得一提的是苏格兰工程师 William Playfair（1759—1823 年），他创造了今天人们习以为常的几种基本数据可视化图形——折线图、条形图、饼图。折线图如图 1-3 所示；条形图如图 1-4 所示。

4) 19 世纪，数据绘图广泛应用

进入 19 世纪以后，随着科技的迅速发展，工业革命从英国扩散到欧洲大陆和北美，社会对数据的积累和应用的需求与日俱增，现代的数据可视化慢慢成熟，统计图形和主题图的主要表达方式在这几十年间逐渐出现。在统计图形方面，散点图、直方图、极坐标图形和时间序列图等当代统计图形的常用形式都已出现；在主题图方面，主题地图和地图集成为这个年代展示数据信息的一种常用方式，应用涵盖社会、经济、疾病、自然等各个主题。

在这个时期，统计图表成为主流，与此同时，很多相关的教科书对数据图表的绘制做了详细的描述。

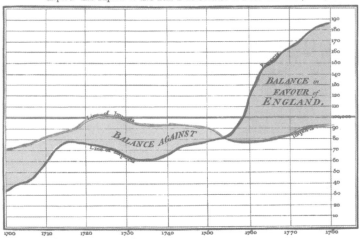

图 1-3 William Playfair 绘制的折线图

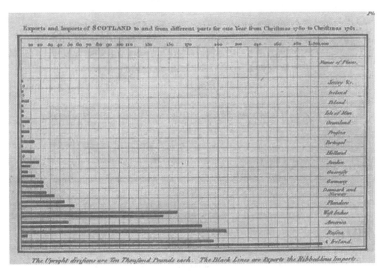

图 1-4 William Playfair 绘制的条形图

值得一提的是南丁格尔,她是护理专业的鼻祖,曾用图形描述一场战争中英军的伤亡人数。图 1-5 显示了南丁格尔绘制的统计英军伤亡人数的可视化图形。

5) 20 世纪,大数据绘图进入低谷

在 19 世纪结束后,数据可视化的发展也随之进入了一个低谷,原因主要在于"一战""二战"的爆发对经济产生了较大的影响。此外数理统计诞生,众多科学家们将数学基础作为首要目标,而图形作为一个辅助工具被搁置起来。直到 20 世纪下半叶,随着计算机技术的兴起,以及世界大战后工业和科学的快速发展,统计和数据问题被放在重要的位置,在各行业的实际应用中,图形表达重新占据了重要的地位。图 1-6 显示了最早的伦敦地铁图。

6) 21 世纪,大数据可视化日新月异

进入 21 世纪以来,计算机技术获得了长足的发展,数据规模不断呈指数级增长,数据的内容和类型也比以前丰富得多,这些都极大地改变了人们分析和研究世界的方式,也给人们提供了新的可视化素材,推动了数据可视化领域的发展。数据可视化依附计算机科学与技

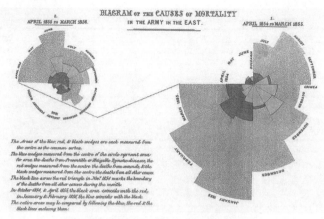

图1-5 南丁格尔绘制的可视化图形

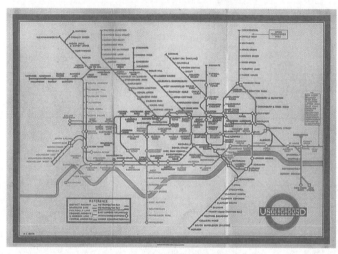

图1-6 最早的伦敦地铁图

术拥有了新的生命力,并进入了一个新的黄金时代。

现在,大数据可视化已经注定成为可视化历史中新的里程碑,VR、AR、MR、全息投影等这些当下最热门的数据可视化技术已经被应用到游戏、房地产、教育等各行各业。因此,人们应该深刻地认识到数据可视化的重要性,更加注重交叉学科的发展,并利用商业、科学等领域的需求来进一步推动大数据可视化的健康发展。图1-7显示了大数据可视化在金融业中的应用。

3. 数据、图形与数据可视化

在讨论数据可视化之前必须要弄清楚数据、图形的概念以及它们之间的相互关系。

1) 数据

数据也常指数据值,它不仅是一些数字或者符号,也可以是图像或声音等,更是人们对现实世界的认识,数据通常会传递给人们各种有用的信息。现实生活中常见的数据集主要包括各种表格、文本资料集以及社会关系网络等。

2) 图形

图形一般指一个二维空间中的若干空间形状,可由计算机绘制的图形有直线、圆、曲线、图标以及各种组合形状等。

图 1-7　大数据可视化在金融业中的应用

3）数据可视化

数据可视化通过对真实数据的采集、清洗、预处理、分析等过程建立数据模型，并最终将数据转换为各种图形来打造较好的视觉效果。

值得注意的是，要想开发好的数据可视化作品，必须做好以下两项工作。

（1）深入地理解和分析数据，包括该数据的来源是否真实、可靠，以及该数据获取的合法性等。

（2）根据可视化的不同展示恰到好处地选择不同的图形，并将经过处理的真实数据转换为各种图形。此外还可以在各种图形中添加不同的颜色，从而区分不同数据，以此触动人们的情感，引起人们的关注。图 1-8 和图 1-9 分别显示了数据可视化的作品。

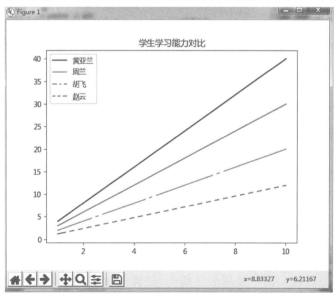

图 1-8　学生学习能力展示图

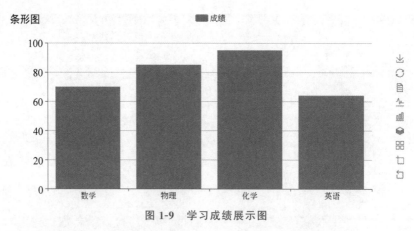

图 1-9　学习成绩展示图

图 1-8 使用直线图来展示不同学生的学习能力,图 1-9 使用条形图来展示学生的具体科目的成绩情况。从图 1-8 和图 1-9 可以看出,在设计数据可视化的作品时可以根据不同的观众分别绘制不同的图形,以达到较好的欣赏效果。

扫一扫

视频讲解

1.1.2　数据可视化的类型

随着对大数据可视化的认识的不断加深,人们认为数据可视化分为 3 种类型,即科学可视化、信息可视化和可视化分析。图 1-10 显示了三者的相互关系。

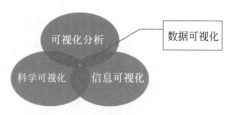

图 1-10　数据可视化的类型

1. 科学可视化

科学可视化是数据可视化中的一个应用领域,主要关注空间数据与三维现象的可视化,包含气象学、生物学、物理学、农学等,重点在于对客观事物的体、面及光源等的逼真渲染。科学可视化是计算机图形学的一个子集,是计算机科学的一个分支,科学可视化的目的主要是以图形方式说明数据,使科学家能够从数据中了解和分析规律。

科学可视化历史悠久,甚至在计算机技术广泛应用之前人们就已经了解了视/知觉在理解数据方面的作用。1987 年,美国国家科学基金会在关于"科学计算领域之中的可视化"的报告中正式提出了科学可视化的概念。

目前,科学可视化的实施主要从模拟或者扫描设备上获取的数据中找寻曲面、流动模型以及它们之间的空间联系。图 1-11 显示了科学可视化中的地震图。

2. 信息可视化

信息可视化(Information Visualization)是一个跨学科领域,旨在研究大规模非数值型信息资源的视觉呈现(例如软件系统之中众多的文件或者一行行的程序代码),通过利用图形、图像方面的技术与方法帮助人们理解和分析数据。信息可视化与科学可视化有所不同,科学可视化处理的数据具有天然几何结构(例如磁感线、流体分布等),而信息可视化侧重于抽象数据结构,例如非结构化文本或者高维空间当中的点(这些点并不具有固有的二维或三维几何结构)。人们日常工作中使用的柱状图、趋势图、流程图、树状图等都属于信息可视化,这些图形的设计都将抽象的概念转化成为可视化信息。

图 1-11 科学可视化

传统的信息可视化起源于统计图形学,与信息图形、视觉设计等学科密切相关。信息可视化囊括了信息可视化、信息图形、知识可视化、科学可视化以及视觉设计方面的所有发展与进步,它致力于创建以直观方式传达抽象信息的手段和方法。可视化的表达形式与交互技术则是利用人类眼睛通往心灵深处,使得用户能够目睹、探索甚至立即理解大量的信息。图 1-12 显示了信息可视化中的柱状图。

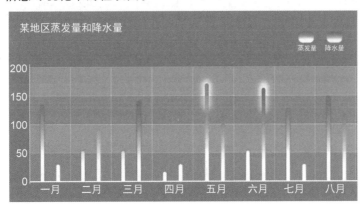

图 1-12 信息可视化中的柱状图

3. 可视化分析

可视化分析是科学可视化与信息可视化领域发展的产物,侧重于借助交互式的用户界面进行数据的分析与推理。

可视化分析是一个多学科领域,它将新的计算和基于理论的工具与创新的交互技术和视觉表示相结合,以实现人类信息话语。可视化分析主要包含以下内容。

(1)分析推理技术:使用户能够获得直接支持评估、计划和决策的深入见解。

(2)数据表示和转换:以支持可视化分析的方式转换所有类型的冲突和动态数据。

(3)分析结果的生成、呈现和传播的技术:便于在适当的环境中向各种受众传达信息。

(4)可视化表示和交互技术:允许用户查看、探索和理解大量信息。

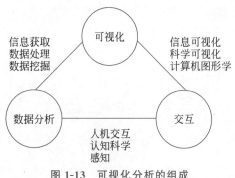

图 1-13 可视化分析的组成

图 1-13 显示了可视化分析的组成。从图 1-13 可以看出,可视化分析是一门综合性学科,与多个领域有关。在可视化方面,有信息可视化、科学可视化和计算机图形学;在数据分析方面,有信息获取、数据处理和数据挖掘;在交互方面,则包含人机交互、认知科学和感知等学科的融合。

目前,可视化分析的基础理论仍然在发展之中,还需要人们更深入地探索和不断挖掘。

1.1.3 数据可视化的标准

数据可视化的标准通常包含实用性、完整性、真实性、艺术性以及交互性。

(1) 实用性:衡量数据实用性的主要参照是要满足使用者的需求,需要清楚地了解这些数据是不是人们想要知道的与他们切身相关的信息。例如将气象数据可视化就是一个与人们切身相关的事情。实用性是一个较为重要的评价标准,它是一个主观的指标,也是评价体系中不可忽略的一环。

(2) 完整性:衡量数据完整性的重要指标是该可视化的数据应当能够纳入所有能帮助使用者理解数据的信息,其中包含要呈现的是什么样的数据、该数据有何背景、该数据来自何处、这些数据是被谁使用的、需要起到什么样的作用、想要看到什么样的结果、是针对一个活动的分析还是针对一个发展阶段的分析、是研究用户还是研究销量等。

(3) 真实性:可视化的真实性考量的是信息的准确度和是否有据可依。如果信息是能让人信服的、精确的,那么它的准确度就达标,否则该数据的可视化工作就不会令人信服。因此,在实际使用中应当确保数据的真实性。

(4) 艺术性:艺术性是指数据的可视化呈现应当具有艺术性,符合审美规则。不美观的数据图无法吸引读者的注意力,美观的数据图则可能会进一步引起读者的兴趣,提供良好的阅读体验。有一些信息容易让读者遗漏或者遗忘,通过好的创意设计,可视化能够给读者更强的视觉刺激,从而有助于信息的提取。例如在一个做对比的可视化中,让读者比较形状大小或者颜色深浅都是不明智的设计,相比之下位置远近和长度更加一目了然。

(5) 交互性:交互性是实现用户与数据的交互,方便用户控制数据。在数据可视化的实现中应多采用常规图表,并站在普通用户的角度,在系统中加入符合用户思维方式的交互操作,让大众用户也可以真正地和数据对话,探寻数据对业务的价值。

1.1.4 数据可视化与其他学科的关系

数据可视化与图形学、统计学、数据库、数据挖掘等学科的关系十分紧密,下面分别介绍。

1. 数据可视化与图形学

计算机图形学是一门通过软件生成二维或三维图形的学科,它主要研究如何在计算机中表示图形,以及利用计算机进行图形的计算、处理和显示。数据可视化通常被认为是计算机图形学的子学科。一般认为计算机图形学更关注数据可视化编码的算法研究,它为可视化提供理论基础;而数据可视化与应用领域的关系更紧密,它的研究内容和方法现已逐渐独立于计算机图形学,并形成了一门崭新的学科。

2. 数据可视化与统计学

统计学中的统计图表是使用最早的可视化图形,大部分的统计图表都已应用在数据可视化中,例如散点图、热力图等。二者的区别在于数据可视化是用程序生成的图形,它可以被应用到不同的领域中;而统计学的统计图表是为某一类数据定制的图形,它是具体的,并且往往只能应用于特定的数据。

3. 数据可视化与数据库

数据库是按照数据结构来组织、存储和管理数据的仓库,它高效地实现数据的录入、查询、统计等功能。尽管现代数据库已经从最简单的存储数据表格发展到海量、异构数据存储的大型数据库系统,但是它仍然不能胜任对复杂数据的关系和规则的分析。数据可视化对数据的有效呈现有助于人们理解数据中的复杂关系和规则。

4. 数据可视化与数据挖掘

数据挖掘一般是指从大量的数据中通过算法搜索隐藏于其中的信息的过程。数据挖掘通常与计算机科学有关,并通过统计、在线分析处理、情报检索、机器学习、专家系统和模式识别等方法来实现上述目标。数据可视化与数据挖掘的目标都是从海量数据中获取信息,但手段不同。数据可视化将数据挖掘与分析后呈现为用户易于接受的图形符号,而数据挖掘则由计算机获取数据隐藏的信息并直接给予用户。

1.1.5 数据可视化面临的挑战

随着大数据技术的日益成熟,数据可视化得到了迅猛的发展。但与此同时,数据可视化也存在着许多问题,面临着巨大的挑战。数据可视化面临的挑战主要指可视化分析过程中数据的呈现方式,包括可视化技术和信息可视化显示。目前,在数据简约可视化研究中,高清晰显示、大屏幕显示、高可扩展数据投影、维度降解等技术都试着从不同角度解决这个难题。

此外,可感知的交互的扩展性也是大数据可视化面临的挑战之一。例如可视化每个数据点可能导致过度绘制而降低用户的辨识能力;从大规模数据库中查询数据可能导致高延迟,导致交互率降低。当前大多数大数据可视化工具在扩展性、功能和响应时间上的表现非常糟糕,因此大规模数据和高维度数据会使进行数据可视化变得困难,从而带来数据分析中的不确定性,影响数据可视化的质量。目前常见的改进方法是通过抽样或过滤数据删去离群值,从而提升图形的质量。

因此对大数据可视化的实施应当遵循以下几点。

(1) 正确认识数据可视化的意义:要重视数据可视化的作用,但也不可太依赖数据可视化。在对数据的使用中并不是所有的数据都需要用可视化的方法来表达它的消息,在实际应用中应以使用者的需求为第一要务,而不是盲目地进行数据可视化。

(2) 重视数据的质量:数据可视化呈现的数据应当是干净的、真实的数据,因此通过数据治理或信息管理确保数据的干净十分必要。用户要遵从数据可视化的设计原则,并确保数据来源的真实性和合理性。

(3) 改善数据可视化的硬件条件：数据可视化对硬件平台的要求较高，因此在实施中应极力改善硬件条件，例如可以尝试增加内存和提高并行处理的能力。此外，在构建大数据平台时应当选择合适的架构，以便实现数据可视化。

(4) 重视可视化的评估：数据可视化系统通常是十分复杂的，也是一个长期的过程，这使得用户可以从不同的角度查看相同的数据。用户可以从多方面、多维度来评估可视化的结果，并反馈给开发者，以最终得到更好的可视化作品。

1.2 数据可视化的目标与作用

1.2.1 数据可视化的目标

从不同角度看数据可视化的目标可以有不同的理解和认识。

1. 从应用角度来看

数据可视化与传统的计算机图形学关系紧密却又存在不同。数据可视化主要是利用计算机相关技术来形成图像，从而展示数据的基本特征和隐含规律，以帮助人们更加清晰地认识和理解数据。

从应用角度来看，数据可视化的目标主要有以下5个方面。

(1) 通过数据可视化有效呈现数据中的重要特征。

(2) 通过数据可视化揭示事物内部的客观规律以及数据间的内在联系。

(3) 通过数据可视化辅助人们理解事物的概念和过程。

(4) 通过数据可视化对模拟和测量进行质量监控。

(5) 通过数据可视化提高科研开发效率。

2. 从宏观角度来看

从宏观角度来看，数据可视化的目标主要包含信息记录、信息分析和信息传播。

(1) 信息记录：信息记录是指将海量的信息记录成文字或图形，其好处是一方面可以将信息永久保存；另一方面可以通过观察可视化图形来激发人们的洞察力，从而更好地进行科学与研究。例如，1616年可视化的鼻祖——伽利略绘制了月亮周期的可视化图。

(2) 信息分析：信息分析是指将信息以可视化的方式呈现给用户，从而导引用户从可视化的结果中分析和推理出有用的信息，并进一步提升认知信息的效率。

(3) 信息传播：视觉感知是人类最主要的信息通道，人类的视网膜每秒可传递1000万位数据。将复杂信息传播和发布给公众的最有效的方法就是对数据进行可视化，从而达到信息传播与共享的目的。

1.2.2 数据可视化的作用

数据可视化的作用主要分为数据表达、数据操作和数据分析，下面详细介绍。

1. 数据表达

数据表达通过计算机图形技术来更加友好地展示数据信息，以方便人们理解和分析数据。数据表达的常见形式有文本、图表、图像以及电子地图等。借助于有效的图形展示工具，数据可视化能够在小空间中呈现大规模数据。

2. 数据操作

数据操作以计算机提供的界面、接口和协议等条件为基础完成人与数据的交互需求,数据操作需要友好便捷的人机交互技术、标准化的接口和通信协议来完成对多数据集的操作。当前基于可视化的人机交互技术发展迅猛,包括自然交互、可触摸、自适应界面和情景感应等在内的多种新技术极大地丰富了数据操作的方式。

3. 数据分析

数据分析是通过计算机获得多维、多源、异构和海量数据所隐含信息的核心手段,它是数据存储、数据转换、数据计算和数据可视化的综合应用。数据可视化作为数据分析的后续环节,直接影响着人们对数据的认识和应用。它不仅能够帮助人们推理和分析数据背后隐藏的信息与客观规律,还有助于知识和信息的传播。

1.3 数据可视化技术的特征与应用

1.3.1 数据可视化技术的特征

数据可视化分为3个特征,即功能特征、使用人群特征和应用场景特征。

1. 功能特征

从功能特征上看,数据可视化首先要做到艺术呈现,要好看;其次要做到高效传达,保证可视化系统做出来是有用的;最后还要允许用户根据自身业务需求交互,自行挖掘数据背后隐藏的规律。

2. 使用人群特征

从使用人群特征上看,可视化系统一般分为3类:第一类是运维监测人员;第二类是分析调查人员;第三类是指挥决策人员。在构建系统时要从用户角度来思考,把握数据之间的整体规律,从而帮助用户做出真正的决策。

3. 应用场景特征

从应用场景特征上看,可视化系统也可以分为3类:第一类是监测指挥,即指挥监控中心;第二类是分析研判,与分析人员有关,常用在特定的交互分析环境上,更偏向业务应用的场景;第三类是汇报展示,更多的是向领导汇报工作使用。

数据可视化的特征描述如表1-1所示。

表1-1 数据可视化的特征描述

功 能 特 征	使用人群特征	应用场景特征
艺术呈现	运维监测人员	监测指挥
高效传达	分析调查人员	分析研判
自行挖掘	指挥决策人员	汇报展示

视频讲解

1.3.2 数据可视化技术的应用

1. 可视化技术在金融业中的应用

在当今互联网金融激烈的竞争下,市场形势瞬息万变,金融行业面临诸多挑战。通过引入数据可视化可以对企业各地的日常业务动态实时掌控,对客户数量和借贷金额等数据进行有效监管,帮助企业实现数据实时监控,加强对市场的监督和管理;通过对核心数据多维度的分析和对比,指导公司科学调整运营策略,制定发展方向,不断提高公司的风控管理能力和竞争力。

2. 可视化技术在工业生产中的应用

数据可视化在工业生产中有着重要的应用,例如可视化智能硬件的生产与使用。可视化智能硬件通过软硬件结合的方式让设备拥有智能化的功能,并对硬件采集来的数据进行可视化的呈现,因此在智能化之后硬件就具备了大数据等附加价值。随着可视化技术的不断发展,今后智能硬件将从可穿戴设备延伸到智能电视、智能家居、智能汽车、医疗健康、智能玩具、智能机器人、智能交通、智能教育等各个不同的领域。

3. 可视化技术在现代农业中的应用

随着科学技术的不断发展,农业生产不断向智能化方向发展。数据可视化可以利用物联网设备来收集农产品的生长过程,将数据信息公开、透明地展示给消费者,让消费者买得放心、吃得安心。此外,将大数据可视化技术应用在农业中,还可以帮助农产品更好地在网上销售。智慧农业数据可视化已经成为一种新的发展趋势。

值得注意的是,数据可视化技术不仅可以应用在现代农产品的生产流程当中,还可以应用在当下非常火爆的视频直播、短视频中,以及休闲农业、旅游农业等互联网农业发展项目当中,这些更加灵活、更加亲民的应用方式不仅可以给原有的业务增添新的亮点,而且能够让可视农业的新概念得到快速普及。图 1-14 显示了可视化技术在现代农业生产中的应用。

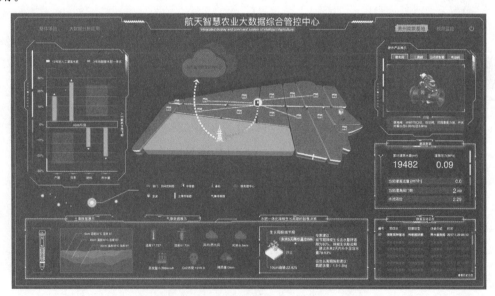

图 1-14 可视化技术在现代农业生产中的应用

4. 可视化技术在医学中的应用

数据可视化可以帮助医院对之前分散、凌乱的数据加以整合,构建全新的医疗管理体系模型,帮助医院领导快速解决关注的问题,例如一些门诊数据、用药数据、疾病数据等。此外,大数据可视化还可以应用于诊断医学以及一些外科手术中的精确建模,通过三维图像的建立来帮助医生确定是否进行外科手术或者进行何种手术。不仅如此,数据可视化还可以加快临床上对疾病预防、流行疾病防控等疾病的预测和分析能力。图1-15显示了可视化技术在医疗中的应用。

5. 可视化技术在教育科研中的应用

在我国对教育科研越来越重视的情况下，可视化教学逐渐替代传统的教学模式。可视化教学是指在计算机软件和多媒体资料的帮助下，将被感知、被认知、被想象、被推理的事物及其发展变化的形式和过程用仿真化、模拟化、形象化及现实化的方式在教学过程中尽量表现出来。在可视化教学中，知识可视化能帮助学生更好地获取、存储、重组知识，并能将知识迁移应用，促进多元思维的养成，帮助学生更好地关注知识本身的联系和对本质的探求，减少由于教学方式带来的信息损耗，提高有效认知负荷。图1-16显示了可视化技术在教育科研中的应用。

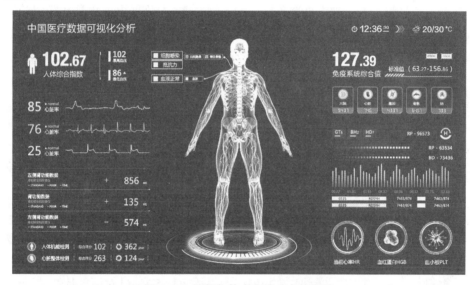

图1-15 可视化技术在医疗中的应用

图1-16 可视化技术在教育科研中的应用

6. 可视化技术在电子商务中的应用

大数据可视化技术在电子商务中有着极其重要的作用。对于电商企业而言，针对商品展开数字化的分析运营是企业的日常必要工作。通过可视化的展示可以为企业销售策略的实施提供可靠的保证。采用数据可视化方法进行营销，可以帮助电商企业跨数据源整合数据，极大地提高数据分析能力；通过快速进行数据整合，成功定位忠诚度高的顾客，从而制定精准化营销策略；通过挖掘数据，预测分析客户的购物习惯，可以获悉市场变化，提高竞争力，打造电商航母。例如，在商业模式中可建立消费者个性偏好与调查邮件之间的可视化数据表示。

7. 可视化技术在人工智能中的应用

大数据可视化技术是一种人机融合智能的关键技术，大数据可视化是从最初的数据获取到最后的知识呈现的整个过程，与人工智能分支实现相结合将发挥巨大的推动作用，特别是可视化技术与人工智能2.0的深度融合，可应用在与大数据相关的获取、清洗、建模、数据分析与呈现等一系列过程。此外，在深度学习中，数据可视化将在深度学习的展示、解释、调解、验证等方面发挥关键作用。

8. 可视化技术在其他领域的应用

数据可视化技术还可以应用于卫星运行监测、航班运行情况、气候天气、股票交易、交通监控、用电情况、城市基础设施监控、智能园区打造、现代旅游等众多领域。其中，卫星可视化可以将太空内所有卫星的运行数据进行可视化展示，让大众对卫星的运行一目了然；气候天气可视化可以将某地区的大气气象数据进行展示，让用户清楚地看到天气变化；城市应急指挥可视化可以集成地理信息、视频监控、警力警情数据为一体，帮助管理者实现城市社会治安管理、安全防范、突发公共安全事件控制等功能；智能园区可视化可以把园区的各个系统数据融会贯通，用于综合管理、监控园区的整体运行态势，针对园区特性，系统包括智能制造、智能楼宇、生产安全等可视化功能。

例如，在我国的"长征五号"运载火箭发射项目中，通过可视化的手段将火箭的全新技术、运载能力、组成结构等特点一目了然地呈现出来，并利用三维视景仿真技术实现运载火箭发射升空及飞行过程的模拟仿真，包括火箭位置、运行轨迹、空中姿态等动态呈现，从而为科学家团队对"长征五号"发射过程中的大数据监管提供了可靠的保证。

又如，在全球空间卫星态势系统中存在的所有卫星都是基于星力计算实现的，用该计算可以算出地球、太阳以及卫星之间的空间相对关系。通过可视化系统可以看到，在地球外部空间里有很多卫星，密密麻麻地分布在距离地球比较近的位置的就是"近地卫星"；围绕在整个赤道位置的、分布非常有规律的就是"同步卫星"；还有一些看起来远距离空间分布的，就是"远轨卫星"。除此之外，人们还可以看到该系统中地球的昼夜面、大气层、反光、阴影、光晕等效果。

图1-17显示了可视化技术在智慧城市中的应用；图1-18显示了可视化技术在旅游业中的应用；图1-19显示了可视化技术在党团建设中的应用。

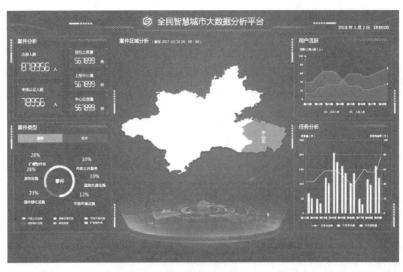

图 1-17 可视化技术在智慧城市中的应用

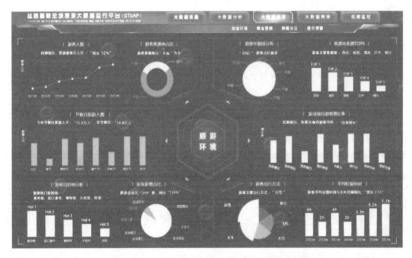

图 1-18 可视化技术在旅游业中的应用

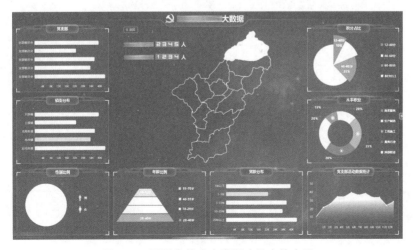

图 1-19 可视化技术在党团建设中的应用

1.4 本章小结

(1) 数据可视化是利用计算机图形学及图像处理技术将数据转换为图形或图像形式显示到屏幕上并进行交互处理的理论、方法和技术。它涉及计算机视觉、图像处理、计算机辅助设计、计算机图形学等多个领域,并逐渐成为一项研究数据表示、数据综合处理、决策分析等问题的综合技术。

(2) 数据可视化一般具有 3 个特征,即科学可视化、信息可视化和可视化分析。

(3) 数据可视化的流程包含数据采集、数据清洗、可视化建模以及可视化应用。

(4) 数据可视化的作用主要分为数据表达、数据操作和数据分析。

(5) 数据可视化技术在金融业、工业生产、医学、电子商务、卫星运行监测、航班运行情况、气候天气、股票交易、交通监控、用电情况、城市基础设施监控、智能园区打造以及现代旅游业等众多领域都有着广泛的应用。

1.5 实训

1. 实训目的

通过本章实训了解大数据可视化的特点,能进行简单的与大数据可视化有关的操作。

2. 实训内容

(1) 上网查找资料,了解数据可视化在交通运输、城市管理、地震预报、工业制造等领域的应用,并查看相关的图形。

(2) 仔细观察图 1-20,指出该图的应用领域和作用。

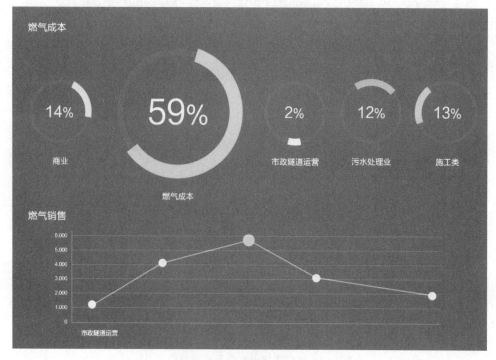

图 1-20 大数据可视化图例 1

(3) 仔细观察图 1-21,指出该图的应用领域,并快速指出哪一个月的降水量最大。

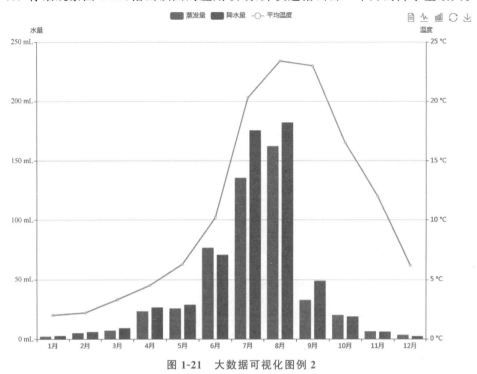

图 1-21　大数据可视化图例 2

(4) 仔细观察图 1-22,分析该图中蕴含的数据情况。

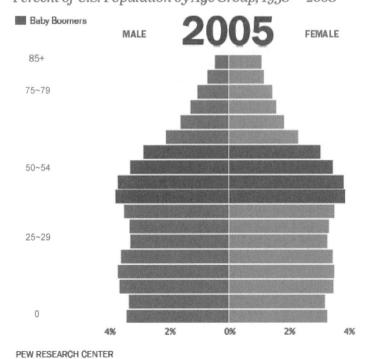

图 1-22　按年龄段分布的美国人口百分比数据可视化图

① 2005年美国人口在85岁以上的比例是多少？
② 2005年美国人口在85岁以上的男女比例是多少？

习题 1

1. 什么是数据可视化？
2. 请阐述数据可视化的发展历史。
3. 数据可视化有哪些特征？
4. 数据可视化有哪些作用？
5. 数据可视化有哪些应用？

第 2 章 大数据可视化原理

本章学习目标
- 了解光与视觉特性的含义。
- 了解色彩的概念。
- 了解视觉通道的含义。
- 了解数据可视化的流程。
- 了解数据可视化的设计技巧。

本章先向读者介绍光与视觉特性,再介绍视觉通道的含义,接着介绍数据可视化的流程,最后介绍数据可视化的设计原则与技巧。

2.1 光与视觉特性

2.1.1 光

1. 光的原理

人能够看见物体是因为有光进入了人眼。光是一种肉眼可以看见的电磁波,它是人认识外部世界的工具,也是信息的理想载体或传播介质。光可以在真空、空气、水等透明的介质中传播,在真空中的光速是目前宇宙中已知的最快的速度。

正在发光的物体叫光源,光源可以是人造光(例如激光)或自然光(例如太阳光)。光源主要分为以下 3 类。

(1) 热辐射产生的光,例如太阳光。

(2) 原子跃迁发光,例如荧光灯发光。

(3) 物质内部带电粒子加速运动时所产生的光,例如同步加速器工作时发出的同步辐射光。

光源按发光原理分,除热辐射发光、电致发光、光致发光外,还有化学发光、生物发光等。化学发光是在化学反应中以传热发光形式释放其反应能量时发射的光;生物发光是在生物体内由于生命过程中的变化所产生的发光,例如萤火虫体内的荧光素在荧光素酶的作用下与空气发生氧化反应而发光。

2. 可见光

据统计,人类感官收到的外部世界的总信息中 80% 以上是通过眼睛获得的。人眼对各种波长的可见光具有不同的敏感性。实验证明,正常人眼对于波长为 555nm(纳米)的黄绿色光最敏感,也就是这种波长的辐射能引起人眼最大的视觉,而越偏离555nm的辐射,可见度越小。

人眼能够看见的可见光的波长为380～780nm,不在这个波长范围内的光,人眼是无法看见的。一定波长的光谱会呈现不同的颜色,称为光谱色。白光是由红、橙、黄、绿、青、蓝、紫等各种色光组成的复色光,红、橙、黄、绿等色光又叫单色光。例如太阳光包含全部可见光谱,因此给人以白色的感觉。表2-1显示了不同波长与对应的光谱色。

表2-1 不同波长与对应的光谱色

波长/nm	光谱色	波长/nm	光谱色
380～430	紫	580～600	黄
430～450	蓝	600～630	橙
450～510	青	630～780	红
510～580	绿		

扫一扫

视频讲解

2.1.2 人眼的构造和视觉特性

1. 人眼的构造

人眼的构造相当于一架摄像机或照相机,前面是由角膜、晶状体、玻璃体等共同组成的具备镜头功能的组合,把物体发出的光线聚焦到后面相当于胶卷的用于检测光线的视网膜上。

晶状体的结构类比于相机的镜头,光线通过晶状体映射在眼球后部的视网膜上,此时视神经会将这个信号传递给大脑,人就会感知到物体的光。此外,在视网膜上有两种感光细胞,一种叫视锥细胞;另一种叫视杆细胞,它们均以外表的形状命名。在一只眼睛里面大约有七百万个视锥细胞和一亿两千万个视杆细胞。视锥细胞是一个像玉米的锥形,尖向外,只对较强的光敏感,至少有分别感觉红、绿、蓝3种颜色的视锥细胞存在,因此能够感知颜色;而视杆细胞只有一种,没有颜色感觉,但灵敏度非常高,因此可以看到非常暗的物体。图2-1显示了人眼的构造。

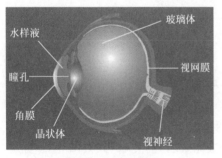

图2-1 人眼的构造

扫一扫

视频讲解

2. 人眼的视觉特性

人眼的视觉特性是一个多信道模型。例如,给人眼一个较长时间的光刺激后,其刺激灵敏度对同样的刺激就会降低,但对其他不同频率段的刺激的灵敏度却不受影响。

视觉模型有多种,例如神经元模型、黑白模型以及彩色视觉模型等,分别反映了人眼视觉的不同特性。Campbell和Robson由此假设人眼的视网膜上存在许多独立的线性带通滤波器,使图像分解成不同频率段,而且不同频率段的带宽很窄。对视觉生理学的进一步研究还发现,这些滤波器的频带宽度是倍频递增的,换句话说就是视网膜中的图像分解成某些频率段,它们在对数尺度上是等宽度的。视觉生理学的这些特征也被人们对事物的观察所证实,例如一幅分辨率低的风景照片,人们可能只能分辨出它的大体轮廓;如果提高该风景照片的分辨率,人们有可能分辨出它所包含的房屋、树木、湖泊等内容;进一步提高分辨率,人们能分辨出树叶的形状。例如图 2-2 中的 4 幅图像,由左至右,分辨率不断增加,画面也越来越清晰。

图 2-2　图像的不同分辨率

因此人眼类似于一个光学系统,但它不是普通意义上的光学系统,还受到神经系统的调节。人眼在观察图像时有以下几个方面的特性:

(1) 人眼对不同颜色的可见光的灵敏程度不同,对黄绿色最灵敏(在较亮环境中对黄光最灵敏,在较暗环境中对绿光最灵敏),对白光较灵敏。但无论在任何情况下,人眼对红光和蓝紫光都不灵敏,假如将人眼对黄绿色的比视感度(灵敏度)设为 100%,则蓝色光和红色光的比视感度只有 10% 左右。

(2) 在很暗的环境中,例如无灯光照射的夜间,人眼的锥状细胞失去感光作用,视觉功能由杆状细胞取代,人眼失去感觉彩色的能力,仅能辨别白色和灰色。

2.2　色彩

2.2.1　色彩的概念和分类

色彩是通过眼、脑和人们的生活经验所产生的一种对光的视觉效应。在千变万化的色彩世界中,人的视觉感受到的色彩非常丰富,按种类分为原色、间色和复色。

(1) 原色:色彩中不能再分解的基本色称为原色。原色能合成出其他色,而其他色不能还原出本来的颜色。原色只有 3 种,分别是红色、黄色和蓝色。三原色可以混合出所有的颜色。

(2) 间色:由两个原色混合得到间色。间色也只有 3 种,分别为橙色、绿色和紫色。它是由两种原色按照 1∶1 调配出来的。其中红色与黄色混合得到橙色,红色与蓝色混合得到紫色,黄色与蓝色混合得到绿色。此外,在调配时由于原色在分量多少上有所不同,还可以产生丰富的间色变化。

(3) 复色:两个间色或一种原色和其对应的间色(黄与紫、蓝与橙)相混合得到复色,复色中包含了所有的原色成分,只是各原色间的比例不等,从而形成了不同的颜色。例如灰调色中的黄灰、绿灰;红调色中的紫红、品红等。

图 2-3 显示了三原色;图 2-4 显示了三间色;图 2-5 显示了常见的复色。

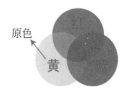

图 2-3　三原色

图 2-4 三间色

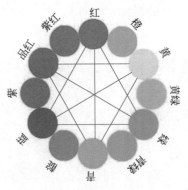

图 2-5 常见的复色

2.2.2 色彩给人的视觉感受

1. 色彩的冷暖感

色彩本身并无冷暖的温度差别,是视觉色彩引起人们对冷暖感觉的心理联想。色彩的冷暖感主要包含暖色、冷色和中性色。

(1) 暖色包含红、橙、黄以及这3种颜色的变种。它们分别是烈焰、落叶以及日出和日落的颜色,通常象征活力、激情和积极。

(2) 冷色包含绿色、蓝色和紫色,相对于暖色,其强度要弱。它们是夜、水和自然的代表颜色,通常给人的感觉是舒缓、放松,以及有一点冷淡。

(3) 中性色又称为无彩色系,指黑色、白色及由黑白调和的各种深浅不同的灰色系列,中性色不属于冷色调也不属于暖色调,因此通常用作设计作品的背景色。

图 2-6 显示了常见的暖色、冷色和中性色。

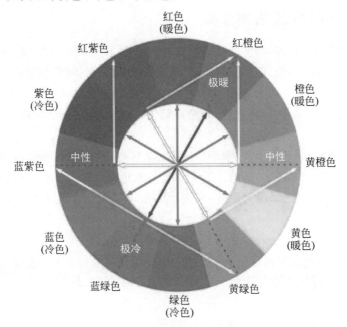

图 2-6 常见的暖色、冷色和中性色

2. 色彩的轻重感

色彩的轻重感主要与色彩的明度有关。色彩的明度主要取决于颜色本身对自然光的反射率,例如白颜料的反射率最高,在固定色彩中加入白色,色彩的明度就会提高;黑颜料的反射率最低,在固定色彩中加入黑色,色彩的明度就会降低。人类视觉识读色彩的明暗效果是仿照自然界中的光效应过程的,识读不同明度的一种或多种色彩总是很自然地遵循从明到暗的扫描过程,先阅读明度高的色彩,再将视线转向明度低的色彩。例如,明度高的色彩使人联想到蓝天、白云、彩霞以及许多花卉,还有棉花、羊毛等,并让人产生轻柔、飘浮、上升、敏捷、灵活等感觉;明度低的色彩易使人联想到钢铁、大理石等物品,让人产生沉重、稳定、降落等感觉。

3. 色彩的软硬感

色彩的软硬感主要来自色彩的明度,但与纯度存在着一定的关系。色彩的纯度取决于它在反射和吸收光时对光谱成分选择的宽窄程度。色彩对光谱反射的选择面越窄,其纯度越高,反之越低。一般来讲,色彩的纯度越高,明度也越高,色相感觉更为清晰,越能被视觉感受和重视。色彩的明度越高越让人感觉软,明度越低越让人感觉硬。例如,明度高、纯度低的色彩有软感,中纯度的色彩呈柔感,因为它们易使人联想起骆驼、狐狸、猫、狗等动物的皮毛,还有毛呢、绒织物等。

4. 色彩的前后感

色彩的前后感是根据人们对色彩距离的感受而划分的类型,一般可分为前进色和后退色。前进色是人们视觉距离短、显得凸出的颜色;反之是后退色。暖色基本上可称为前进色;冷色基本上可称为后退色。例如,红、橙等颜色可称为前进色,蓝、紫等颜色可称为后退色。值得注意的是,一种色彩可能同时具有前进和后退两种感觉特性,具体取决于哪种感觉占主导地位。

2.3 视觉通道

2.3.1 视觉通道概述

数据可视化的核心内容是可视化编码,它是将数据信息映射成可视化元素的技术。可视化编码由两部分组成,即几何标记(图形元素)和视觉通道。

(1) 几何标记是指可视化中常见的一些几何图形元素,例如点、线、面、体等。

(2) 视觉通道是指用于控制几何标记的展示特性,包括标记的位置、大小、长度、形状、方向、色调、饱和度、亮度等。

人类对视觉通道的识别有两种基本的感知模式:第一种感知模式得到的信息是关于对象本身的特征和位置等,对应视觉通道的定性性质或者分类性质;第二种感知模式得到的信息是对象某一属性在数值上的大小,对应视觉通道的定量性质或者定序性质。例如,形状是一种典型的定性视觉通道,而长度是一种典型的定量视觉通道。

2.3.2 视觉通道的类型

1. 用于定性和分类性质的视觉通道

1) 位置

平面位置在所有的视觉通道中比较特殊,一方面,平面上相互接近的对象会被分成一类,所以位置可以用来表示不同的分类;另一方面,平面使用坐标来标定对象的属性大小时,位置可以代表对象的属性值大小,即平面位置可以映射定序或者定量的数据。

平面位置又可以被分为水平和垂直两个方向的位置,它们的差异性比较小,但是受到重力场的影响,人们更容易分辨出高度而不是宽度,所以垂直方向的差异能被人们很快地意识到,这就解释了为什么将计算机屏幕设计成16∶9、4∶3,这样设计可以使两个方向的信息量达到平衡。

2)色调

色调比较适合于编码分类的数据属性,人们对色调的认知过程中几乎不存在定量的比较思维。由于颜色作为整体可以为可视化增加更多的视觉效果,所以在实际的可视化设计中被广泛应用。

3)形状

对于人类的感知系统,形状所代表的含义很广,一般理解为对象的轮廓,或者对事物外形的抽象,用来定性描述一个东西,例如圆形、正方形,更复杂一点的是几种图形的组合。

一般情况下,形状属于定性的视觉通道,因此仅适合于编码分类的数据属性。图2-7显示了生活中常见的形状图标。

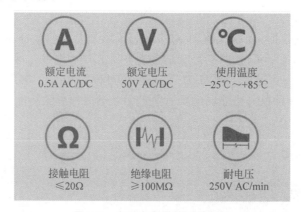

图2-7 生活中常见的形状图标

4)图案

图案也称为纹理,大致可以分为自然纹理和人工纹理。自然纹理是自然中存在的有规则模式的图案,例如树木的年轮;人工纹理是指人工实现的规则图案,例如中学课本上求阴影部分的面积示意图。

由于纹理可以看作对象表面或者内部的装饰,所以可以将纹理映射到线、平面、曲面、三维体的表面上来对不同的事物进行分类。图2-8显示了生活中常见的图案。

5)方向

方向可用于分类的或有序的数据属性的映射,标记的方向可用于表示数据中的向量信息,例如电流的方向、河流的流向、风场中的风向、血管中的血流以及飞机飞行的航向等。在二维的可视化视图中,方向具有4个象限,过4个象限可以有以下3种用法。

(1)在一个象限内表示数据的顺序。

(2)在两个象限内表现数据的发散性。

(3)在4个象限内可以对数据进行分类。

图2-9显示了在一个象限内表示数据的顺序；图2-10显示了在两个象限内表现数据的发散性；图2-11显示了在4个象限内可以对数据进行分类。

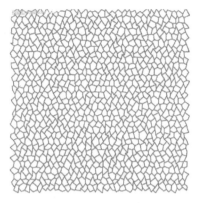

图2-8　生活中常见的图案

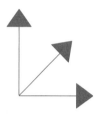

图2-9　在一个象限内表示数据的顺序

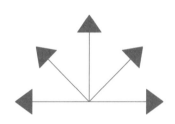

图2-10　在两个象限内表现数据的发散性

图2-11　在4个象限内可以对数据进行分类

2．用于定量或者定序性质的视觉通道

1）坐标轴位置

坐标轴上的位置就是前面提到的位置中的定量功能，使用坐标轴对数据的大小关系进行定量或者排序操作。

2）尺寸

尺寸是定量或者定序的视觉通道，适合于映射有序的数据属性。长度也可以被称为一维尺寸，当尺寸比较小的时候，其他的视觉通道容易受到影响，例如一个很大的红色正方形比一个红色的点更醒目。

根据史蒂文斯幂次法则，人们对一维的尺寸（即长度或宽度）有清晰的认识。随着维度的增加，人们的判断越来越不清楚，例如二维尺寸（面积）。因此，在可视化的过程中，人们往往对重要的数据用一维尺寸来编码。

3）饱和度

饱和度指色彩的纯度，也叫色度或彩度，它是"色彩三属性"之一。例如大红比玫红更红，这就是说大红的色度要高。饱和度跟尺寸有很大的关系：区域大的适合用低饱和度的颜色填充，例如散点图的背景；区域小的使用更亮、颜色更加丰富、饱和度更高的颜色填充，以便于用户识别，例如散点图的各个散点。

4）亮度

亮度是表示人眼对发光体或被照射物体表面的发光或反射光强度实际感受的物理量。

简而言之,若任意两个物体表面在照相时被拍摄出的最终结果一样亮或被人眼看起来两个表面一样亮,它们就是亮度相同。在可视化方案中要尽量使用少于6个可辨识的亮度层次,两个亮度层次之间的边界也要明显。

5) 图案密度

图案密度是表现力最弱的一个视觉通道,在实际应用中很少看到它的身影。用户可以把它当作同一形状、尺寸、颜色的对象的集合,用来表示定量或者定序的数据。

【例2-1】 绘制点图。

该例的代码如下:

```
import numpy as np
import matplotlib.pyplot as plt
y = np.zeros(3)
x1 = np.linspace(0,10,3)        # 创建一个等差数列
x2 = np.linspace(0,10,3)
plt.plot(x1,y, 'o')              # 绘制点的形状
plt.plot(x2,y + 0.5,'o')
plt.ylim([-0.5,1])               # Y轴刻度
plt.show()                       # 绘图
```

该例的运行结果如图2-12所示。

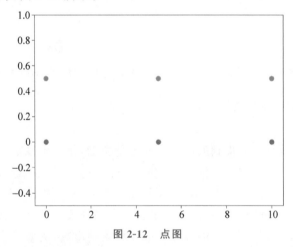

图2-12 点图

2.3.3 视觉通道与视觉原理

1. 潜意识处理

潜意识认为人类少数的视觉属性可以通过潜意识瞬间完成分析判断,换而言之,不需要集中注意力即可完成信息的处理。例如,人们对颜色、体积、面积、角度、长度、位置等视觉属性非常敏感,可以在瞬间区分出差别,对位置差异性的把握尤其准确。因此在设计中就可以把一些差异化的东西尽可能通过这些视觉特性表现出来。

2. 格式塔视觉原理

格式塔视觉原理认为距离相近的部位(相近性)、在某一方面相似的部位(相似性)、彼此相属倾向于构成封闭实体的部位(封闭性)、具有对称/规则/平滑等简单特征的图形(简单性)在一起时会被人们认为是一个整体。因此,在可视化分析中为了使数据展示结果简单明

了,可以利用以上特性,借助视觉欺骗通过孤立的部位把一个整体表现出来。从另一个方面讲,在数据展示过程中应该避免将不同属性的数据用相近性、相似性、封闭性或简单性的特征加以描述,否则会引起视觉的混淆。

3. 爱德华·塔夫特原则

作为信息设计的先驱,耶鲁大学统计学教授爱德华·塔夫特(Edward Tufte)认为一个好的数据呈现应该简明、准确、高效、一目了然、充分反映所包含的信息,要尽可能用最小的空间以最少的笔墨让受众在最短的时间得到最多的观点。针对如何设计出一个好的数据呈现结果,爱德华·塔夫特教授提出了以下原则。

(1) 明确对照物:在统计分析过程中,最基本的分析行为要回答清楚"与什么做比较"。
(2) 明确因果关系:表明各个变量直接的关系。
(3) 明确各种变化因素:世界是非常多元的。
(4) 整合各种迹象:把文字、数字、图像和图表完全整合在一起。
(5) 提供详细的标题:说明作者和发起人、数据来源,展示完整的测量比例,指出相关的问题。
(6) 内容决定一切:分析结果的好坏最终还是看内容的质量、实用性和完整性。

2.4 数据可视化流程

2.4.1 数据可视化流程简介

数据可视化是一个系统的流程,该流程以数据为基础,以数据流为导向,还包括了数据采集、数据处理、可视化映射和用户感知等环节。具体的可视化实现流程有很多,图2-13所示为一个常用的数据可视化流程。

图 2-13 一个常用的数据可视化流程

2.4.2 数据可视化流程的实施步骤

1. 数据采集

数据可视化的基础是数据,数据可以通过仪器采样、调查记录等方式进行采集。数据采集又称为"数据获取"或"数据收集",是指对现实世界中的信息进行采样,以便产生可供计算机处理的数据的过程。通常,数据采集过程包括为了获得所需信息而对信号和波形进行采集并对它们加以处理的一系列步骤。

目前常见的数据采集的形式分为主动和被动两种。主动采集是以明确的数据需求为目的,利用相应的设备和技术手段主动采集所需要的数据,例如卫星成像、监控数据等;被动采集是以数据平台为基础,由数据平台的运营者提供数据来源,例如电子商务数据、网络论坛数据等,被动采集可通过网络爬虫技术进行抓取。

2. 数据处理

采集得来的原始数据一方面不可避免地含有噪声和误差;另一方面数据的模式和特征往往被隐藏,因此通过数据处理能够保证数据的完整性、有效性、准确性、一致性和可用性。

数据处理可以认为是可视化前期工作,其目的是提高数据质量。数据处理通常包含了数据清洗、数据集成以及数据转换等步骤。本节主要讲述数据质量、数据清洗以及数据集成的有关概念。

1) 数据质量

数据质量的高低代表了该数据满足数据消费者期望的程度,这种程度基于他们对数据的使用预期。数据质量必须是可测量的,把测量的结果转化为可以理解的和可重复的数字。

数据质量主要体现在以下几个方面。

(1) 完整性:数据完整性包含了两个层面的信息,从数据采集角度讲,采集后的数据应当包含数据源中所有的数据点;从单个数据样本角度讲,每个样本的属性都应当是完整、无误的。

(2) 有效性:数据有效性是对输入的数据从内容到数量上的限制。对于符合条件的数据,允许输入;对于不符合条件的数据,禁止输入。这样就可以依靠系统检查数据的有效性,避免录入错误的数据。

(3) 准确性:当数据的有效性得到保证后,数据是否准确地反映了现实世界的客观情况也是数据质量考查的重要内容。数据有效性能够反映实际状况,但并不意味着准确、客观。因此,除数据有效性之外,还需要对数据可能存在的各种误差在相关领域进行处理。

(4) 一致性:数据一致性是指整个数据集中的数据所使用的衡量标准应当一致。例如,不同公司在进行货币交易时所使用的货币单位必须统一。

(5) 可用性:可用性是指数据必须适合当下时间段内的分析任务,即不能使用过时的数据进行数据分析。例如,公司要分析某年度十月的市场销售记录,若各部门提交的数据不在当月的范围内(提交的数据为八月的销售记录)或提交数据过晚(在十二月才提交),这些数据就失去了可用性,变得毫无价值。

2) 数据清洗

数据清洗是对数据进行重新审查和校验的过程,目的在于删除重复信息、纠正存在的错误,并提供数据一致性。数据清洗主要包含对缺失数据的清洗、对错误数据的清洗、对重复数据的清洗以及对噪声数据的清洗等。

(1) 对缺失数据的清洗:数据缺失在实际数据中是不可避免的问题,当数据库中出现缺失数据时,如果缺失数据数量较小,并且是随机出现的,对整体数据影响不大,可以直接删除;如果缺失数据总量较大,可以使用常量代替缺失值,或者使用属性平均值进行填充,或者利用回归、分类等方法进行填充。

(2) 对错误数据的清洗:错误数据产生的原因是业务系统不够健全,在接收输入后没有进行判断直接写入后台数据库,例如数值数据输入成全角数字字符、字符串数据后面有一个回车操作、日期格式不正确、日期越界等。当数据库中出现错误数据时,可用统计分析的方法识别可能的错误值或异常值,例如偏差分析、识别不遵守分布或回归方程的值,也可用简单规则库(常识性规则、业务特定规则等)检查数据值,或使用不同属性间的约束、外部的数据来检测和清理数据。

(3) 对重复数据的清洗:数据库中属性值相同的记录被认为是重复记录,可通过判断记录间的属性值是否相等来检测记录是否相同。当数据库中出现重复数据时,最常用的方式是对重复数据进行合并或者直接删除。

(4)对噪声数据的清洗：噪声数据是被测量变量的随机误差或方差,测量手段的局限性使得数据记录中总是含有噪声值。对于噪声数据,使用者经常使用回归分析、离群点分析等方法来找出数据属性中的噪声值。图 2-14 显示了回归分析方法；图 2-15 显示了离群点分析方法。

数据清洗是数据可视化中的重要步骤,图 2-16 显示了医院数据可视化中的数据清洗环节。

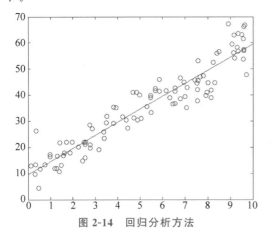

图 2-14 回归分析方法

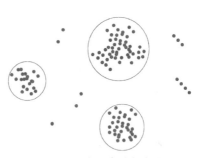

图 2-15 离群点分析方法

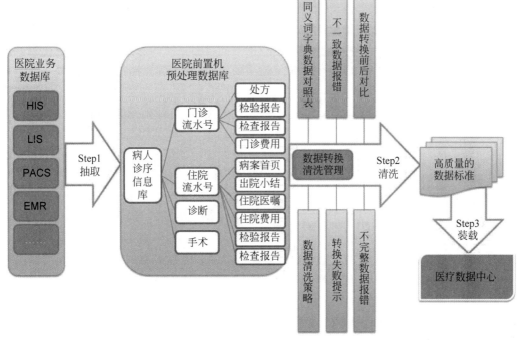

图 2-16 数据清洗环节

3)数据集成

在实际工作中,大家经常会遇到来自不同数据源的同类数据。数据集成就是把不同来源、格式、特点、性质的数据在逻辑上或物理上有机地集中,从而为企业提供全面的数据共享。有效的数据集成有助于减少数据集中后的数据冲突。图 2-17 显示了数据集成。

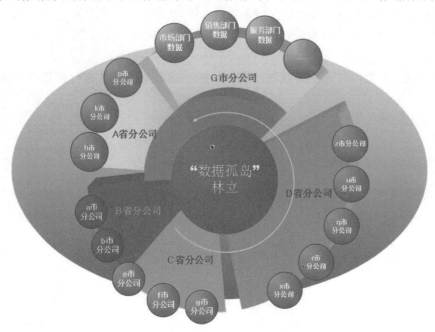

图 2-17　数据集成

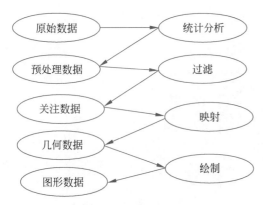

图 2-18　可视化从数据映射到图形的流程

3. 可视化映射

可视化映射是可视化流程的核心环节,用于把不同数据之间的联系映射为可视化视觉通道中的不同元素,例如标记的位置、大小、长度、形状、方向、色调、饱和度、亮度等。一般来讲,可视化从数据映射到图形需要以下流程(见图 2-18)。

(1) 原始数据:加载到页面上的 JSON 数组(或其他非结构化数据)。

(2) 统计分析:统计函数加工数据。

(3) 预处理数据:每个视图接收到的数据。

(4) 过滤:行过滤、列过滤。

(5) 关注数据:对数据进行行过滤、列过滤,当前图表关注的数据。

(6) 映射:将数据从数值域转换为几何属性,例如点、线、路径、面积、多边形等。

(7) 几何数据:将几何属性转换成不同的几何元素。

(8) 绘制:调用绘图库,绘制出图形。

(9) 图形数据:最终形成的图表。

可以看到,在数据进行图形映射的流程中,数据类型非常重要,不同的数据类型影响不同的映射方式。

4. 用户感知

用户感知是指从数据的可视化结果中提取有用的信息、知识和灵感。用户可以借助数据可视化结果感受数据的不同,从中提取信息、知识和灵感,并从中发现数据背后隐藏的现象和规律。

值得注意的是,在可视化系统的实际应用中会出现不同的可视化流程设计,图2-19显示了科学计算可视化中的常用模型。该模型描述了从原始数据到用户感知的整个可视化流程,该流程包含数据转换、视觉映射、图像转换以及人机交互等多个步骤。

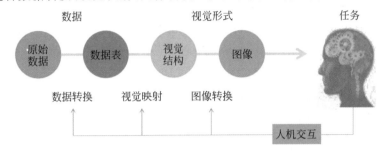

图2-19 科学计算可视化中的常用模型

2.5 数据可视化设计原则与技巧

2.5.1 数据可视化设计原则概述

扫一扫

视频讲解

由于技术的发展,实时数据采集、实时数据传输以及实时数据计算得以实现,人们终于得以欣赏到数据的灵动之美。以前人们只能看到事后数据形成的分析结果,看到的是数据的过去式,领略的是数据的静态之美,而现在通过实时计算及数据可视化,人们可以知道"当前时刻发生了什么",看到了数据的变化,领略到了数据的动态之美。

在现今的大数据可视化作品中,无论是风格、元素、配色、文字、交互还是细节,人们的可视化作品都越来越注重用户的视觉体验,希望能让用户一目了然,节省时间。在设计风格上,从3D拟物化到简洁扁平化再到拟物扁平化的发展变化,也在不断地为用户"做减法"。

在具体实现上,需要考虑的设计原则如下。
(1) 为用户设计作品。
(2) 将作品的内容分类。
(3) 版式中的元素对齐。
(4) 视觉要素的重复与统一。
(5) 作品内容的对比与强调。
(6) 表述准确、简洁。

2.5.2 数据可视化设计原则的实施

1. 为用户设计作品

所有数据可视化作品的设计细节都必须经过精心构思,都必须站在用户角度来思考。颜值高或者打扮好看的人总能牢牢地吸引别人的目光,相反,衣着邋遢、不修边幅的人往往是别人瞅一眼就嫌弃。那些聪明的人必然深谙这样的秘诀:好看的PPT报告总能在第一时间吸引受众,再加上生动的演讲,就会收到很多好评;广告牌做得越好,越吸引路人的注意力,越能让路人记住,广告效果也就越好。

2. 将作品的内容分类

在生活中,几乎每件事都有逻辑,人们也喜欢遵循一定的逻辑去理解世间之事,例如时间先后、空间、因果、总-分-总等逻辑结构。在做可视化设计的时候,所要表达的内容一定不能是一些无序呈现,否则会给读者造成理解上的混乱。可视化作品应当能够遵循多数读者所能理解的思维逻辑,将内容分成几部分按顺序一步一步地表达出来。相同部分的内容彼此相关,应当靠近,放在一起,这样阅读起来才能被理解成同一单元的内容,而不是多个孤立的不相关的内容;不同部分的内容应当明显地隔开,例如上、下部分内容之间用一个空行隔开或者将间距放大,这样有助于组织信息,减少混乱,为读者提供清晰的结构。

3. 版式中元素的对齐

在版式布局上,任何元素的摆放都可能会影响甚至主导用户的视觉流程,因此任何元素都不能随意摆放,否则会造成混乱,而混乱会令人感到不适。对齐使每个元素都与其他元素建立起某种视觉联系,对齐也让可视化作品更加清晰、精巧、清爽。

4. 视觉要素的重复与统一

人们都有"先入为主"的习惯,当看到与之前不和谐、不一致的东西时会常感突兀,甚至本能抗拒,因此在可视化作品中可以反复使用一些视觉要素,建立上下文之间的联系,增加条理性,保持视觉上的统一。任何视觉元素都可以在同一作品中重复使用,例如颜色、形状、材质、空间关系、线宽、字体、大小和图片等。

5. 作品内容的对比与强调

在做可视化设计时,人们的初心是以图文的形式把所要表达的信息清晰地传递给用户,让用户一目了然,尽量不需要太多思考和理解。为了达到这个目的,作品需要强调重点,弱化次要,避免作品中所有的元素看起来重要程度都是一样的。如果所有的东西都同等重要,那就相当于所有的东西都不重要。

6. 表述准确、简洁

在做可视化作品时,最好要保证所表达的信息能被用户正确理解。除使用上面几个原则外,还要附加一些辅助信息,例如文字、箭头等。在可视化作品中文字必不可少,但篇幅要加以控制。此外,文字的表达要准确、到位、简洁、易懂,要能引导用户正确地理解图表的意思,且不引起任何歧义。

2.5.3 数据可视化设计技巧

数据可视化设计中的技巧较多,下面介绍几个常用的技巧。

1. 建立视觉层次,用醒目的颜色突出数据,淡化其他元素

在可视化设计中,有层次感的图表更便于阅读,用户也能更快地抓住图表中的重点信息。相反,扁平图缺少流动感,用户相对较难理解。如果要建立视觉层次,可以用醒目的颜色突出显示数据,并淡化其他元素使其作为背景,一般来讲需要淡化的元素可采用淡色系或虚线。图 2-20 显示了对可视化图表的优化效果,通过建立视觉层次来更好地显示数据。

2. 高亮显示重点内容

高亮显示可以帮助人们在茫茫数据中一下找到重点,它既可以加深人们对已看到数据的印象,也可以让人们关注到那些应该注意的东西。需要注意的是,在使用"高亮"突出显示时,人们应尽可能使用当前图表中尚未使用的视觉暗示。图 2-21 显示了电商转化漏斗,其中下单步骤是最应当关注的环节,使用红色高亮能使人们的目光快速落在这一关键步骤上。

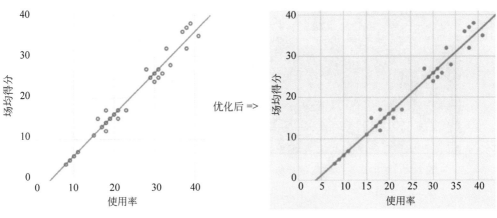

图 2-20　对可视化图表建立视觉层次

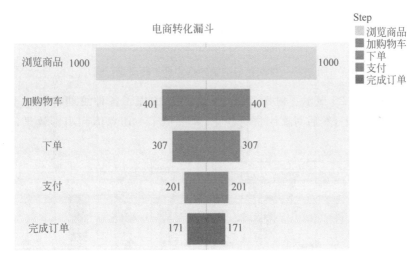

图 2-21　高亮显示重点内容

3. 提升不同区域的色阶跨度

如果在图表中所用颜色的色阶跨度太小,用户就难以区分差异,因此合理提升色阶跨度能有效增强比较。其中色阶是表示图像亮度强弱的指数标准,也就是人们所说的色彩指数,通常来讲图像的色彩丰满度和精细度都是由色阶决定的。

4. 借助场景来表现数据指标

数据指标之间往往具有一些关联特征,例如从简单到复杂、从低级到高级、从前到后等。如果用户无法找到已存在的对应场景,也可构建场景。图 2-22 通过构建阶梯式的图直观地反映某指标中的学历分布;图 2-23 通过构建颁奖平台样式图反映个人年度账单情况。

5. 将抽象的不易理解的数字转换为容易被人感知的图表

图 2-24 显示了将中国烟民的数量转换为具体的可被人理解的图表形式。

6. 尽量让图表简洁

图表中出现的视觉编码被用于传递真正的信息,而不是出现冗余,或者用于描述一些其他的东西,因此应当让可视化作品看起来显得简洁、美观。图 2-25 显示了一幅看上去较为烦

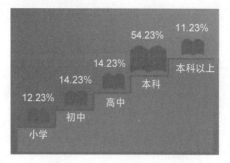
图 2-22 借助场景反映数据指标
（学历分布）

图 2-23 借助场景反映数据指标
（个人年度账单情况）

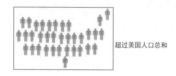

图 2-24 将抽象的数字转换为具体的图表形式

琐的可视化作品，图 2-26 显示了对图 2-25 的改进，它去掉了各种纹理背景和坐标轴，直接将数值显示在柱状图上，然后对文字进行淡化，并去掉了一切立体和阴影效果，从而让图表显得简洁、明了。

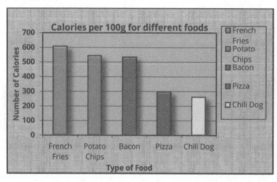
图 2-25 较为烦琐的可视化作品

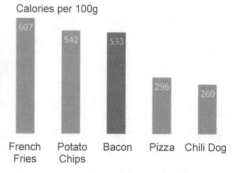
图 2-26 修改好的简洁的可视化作品

总之，在设计可视化作品时应当以用户体验为出发点，以数据为基础，不断改善图表的外观，这样才能制作出生动的、吸引人的优秀作品。

2.6 本章小结

（1）人能够看见物体是因为有光进入了人眼，光是一种肉眼可以看见的电磁波，它是人认识外部世界的工具，也是信息的理想载体或传播介质。光可以在真空、空气、水等透明的介质中传播。

（2）人眼类似于一个光学系统，但它不是普通意义上的光学系统，还受到神经系统的调节。

（3）色彩是通过眼、脑和人们的生活经验所产生的一种对光的视觉效应。在千变万化的色彩世界中,人的视觉感受到的色彩非常丰富。

(4) 视觉通道是指用于控制几何标记的展示特性,包括标记的位置、大小、长度、形状、方向、色调、饱和度、亮度等。

(5) 数据可视化是一个系统的流程,该流程以数据为基础,以数据流为导向,还包括数据采集、数据处理、可视化映射和用户感知等环节。

(6) 在设计可视化作品时应当以用户体验为出发点,以数据为基础,不断改善图表的外观,这样才能制作出生动的、吸引人的优秀作品。

2.7 实训

1．实训目的

通过本章实训了解大数据可视化的原理,能设计不同的数据可视化图表。

2．实训内容

(1) 通过构建场景来设计男、女人数的可视化分布图,如图 2-27 所示。

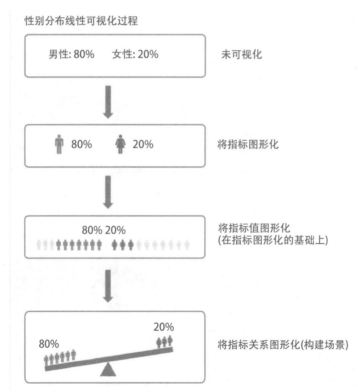

图 2-27　通过构建场景来设计可视化作品

(2) 仔细观察图 2-28 和图 2-29,简述图 2-29 与图 2-28 相比在哪些方面做了改进。

(3) 简述图 2-30 中的图形属性分别代表了哪些视觉通道类型。

(4) 仔细观察图 2-31 和图 2-32 两幅风景图,指出哪一幅图代表暖色,哪一幅图代表冷色,并说明原因。

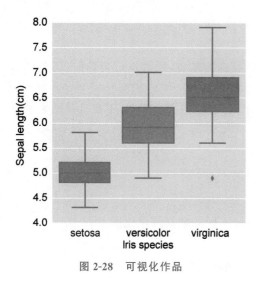

图 2-28 可视化作品　　　　　　　　　图 2-29 改进后的可视化作品

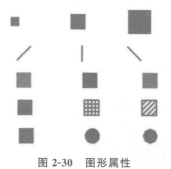

图 2-30 图形属性

图 2-31 风景图 1　　　　　　　　　　　图 2-32 风景图 2

习题 2

1. 请阐述人眼的构造。
2. 请阐述色彩的分类。
3. 视觉通道的类型有哪些?
4. 数据可视化的流程有哪些步骤?
5. 数据可视化的设计原则有哪些?

第 3 章 大数据可视化方法

本章学习目标
- 了解可视化图的分类。
- 了解统计图表的分类。
- 了解文本可视化的概念和流程。
- 掌握词云的实现。
- 了解网络可视化的概念。
- 掌握社交网络图的实现。
- 了解空间信息可视化的概念。

本章先向读者介绍大数据可视化图的分类,再介绍文本可视化的概念和流程,接着介绍词云的制作及社交网络图的实现,最后介绍空间信息可视化的概念。

3.1 可视化图表介绍

3.1.1 统计图表介绍

图是表达数据最直观、最强大的方式之一,通过图的展示能够对数据进行变换,从而让枯燥的数字能吸引人们的注意力。在实现数据可视化图时应当考虑有什么数据,需要用图做什么,该如何展示数据。

在统计图表的每一种类型的图表中都可包含不同的数据可视化图,例如柱状图、K线图、饼图、折线图、散点图、气泡图、雷达图、面积图、漏斗图、和弦图、环形图、直方图、热力图、仪表盘图以及密度图等。

1. 柱状图

柱状图使用垂直或水平的柱子显示类别之间的数值比较。在柱状图中一个轴表示需要对比的分类维度,另一个轴代表相应的数值。柱状图又可分为纵向柱状图和横向(或水平)柱状图。图 3-1 显示了纵向柱状图;图 3-2 显示了横向柱状图。

2. K 线图

K线图又称阴阳图、棒线、红黑线或蜡烛线,常用于展示股票交易数据。K线就是指将各种股票每日、每周、每月的开盘价、收盘价、最高价、最低价等涨跌变化状况用图形的方式表现出来。图 3-3 显示了 K 线图。

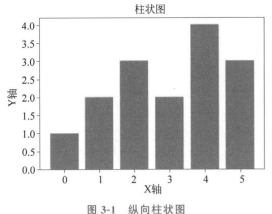

图 3-1 纵向柱状图　　　　　　　图 3-2 横向柱状图

图 3-3 K 线图

3. 饼图

饼图用于表示不同分类的占比情况,通过弧度大小来对比各种分类。饼图通过将一个圆饼按照分类的占比划分成多个区块,整个圆饼代表数据的总量,每个区块(圆弧)表示该分类占总体的比例大小,所有区块(圆弧)的和等于100%。图3-4显示了饼图。

4. 折线图

折线图用于显示数据在一个连续的时间间隔或者时间跨度上的变化,它的特点是反映事物随时间或有序类别变化的趋势。在折线图中,数据是递增还是递减、增减的速率、增减的规律(周期性、螺旋性等)、峰值等特征都可以清晰地反映出来。图3-5显示了折线图。

5. 散点图

散点图是指在回归分析中数据点在直角坐标系平面上的分布图,散点图表示因变量随自变量变化的大致趋势,据此可以选择合适的函数对数据点进行拟合。图3-6显示了散点图。

6. 气泡图

气泡图是一种多变量图表,是散点图的变体,也可以认为是散点图和百分比区域图的组合。图3-7显示了气泡图。

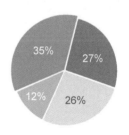

图 3-4 饼图

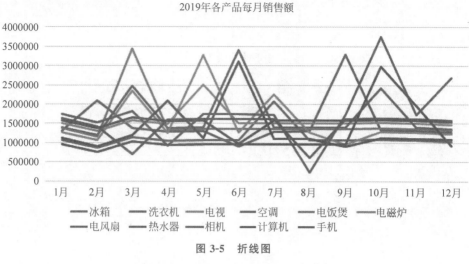

图 3-5 折线图

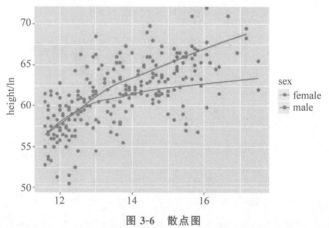

图 3-6 散点图

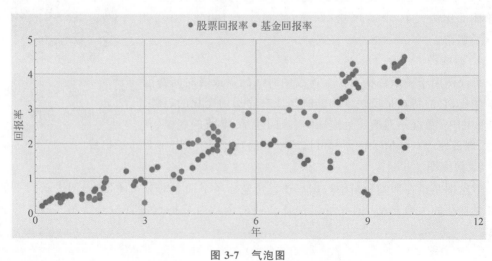

图 3-7 气泡图

7．雷达图

雷达图又叫戴布拉图、蜘蛛网图。传统的雷达图被认为是一种表现多维（4 维及以上）

数据的图表。它将多个维度的数据量映射到坐标轴上,这些坐标轴起始于同一个圆心点,通常结束于圆周边缘,将同一组的点使用线连接起来就成为雷达图。图3-8显示了雷达图。

8. 面积图

面积图又叫区域图。它是在折线图的基础之上形成的,它将折线图中折线与自变量坐标轴之间的区域使用颜色或者纹理填充,填充区域称为面积,颜色的填充可以更好地突出趋势信息。图3-9显示了面积图。

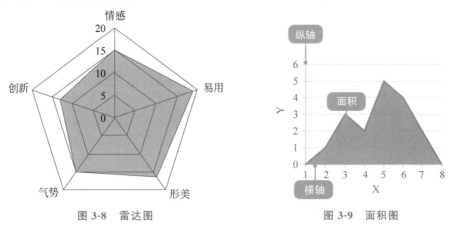

图3-8　雷达图　　　　　　　图3-9　面积图

9. 漏斗图

漏斗图适用于业务流程比较规范、周期长、环节多的单流程单向分析,通过漏斗各环节业务数据的比较能够直观地发现和说明问题所在的环节,进而做出决策。漏斗图从上到下有逻辑上的顺序关系,表现了随着业务流程的推进业务目标完成的情况。图3-10显示了漏斗图。

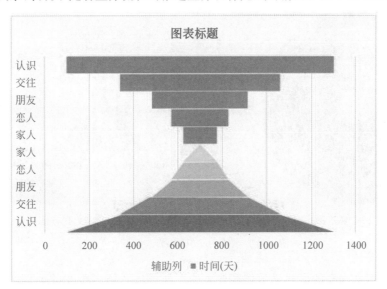

图3-10　漏斗图

10. 和弦图

和弦图是一种显示矩阵中数据间相互关系的可视化方法,在图中节点数据沿圆周径向排列,节点之间使用带权重(有宽度)的弧线连接。图3-11显示了和弦图。

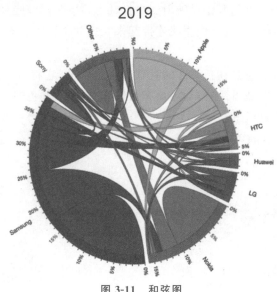

图 3-11　和弦图

11．环形图

环形图是由两个及两个以上大小不一的饼图叠在一起,挖去中间部分所构成的图形,主要用于区分或表明某种关系。图 3-12 显示了环形图。

12．直方图

直方图的形状类似于柱状图,却有着与柱状图完全不同的含义。直方图涉及统计学的概念,首先要对数据进行分组,然后统计每个分组内数据元的数量。图 3-13 显示了直方图。

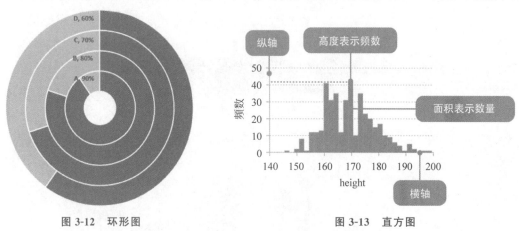

图 3-12　环形图　　　　　图 3-13　直方图

13．热力图

热力图以特殊高亮的形式显示访客热衷的页面区域和访客所在的地理区域的图示,热力图可以显示不可点击区域发生的事情。图 3-14 显示了热力图。

14．仪表盘图

仪表盘图是一种拟物化的图表,刻度表示度量,指针表示维度,指针角度表示数值。仪表盘图就像汽车的速度表一样,有一个圆形的表盘及相应的刻度,有一个指针指向当前数

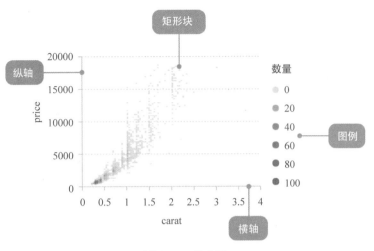

图 3-14　热力图

值。目前很多的管理报表或报告上都使用这种图表,以直观地表现出某个指标的进度或实际情况。图 3-15 显示了仪表盘图。

图 3-15　仪表盘图

15．密度图

密度图用于显示数据在连续时间段内的分布状况。这种图表是直方图的变种,使用平滑曲线来绘制数值水平,从而得出更平滑的分布。密度图的峰值显示数值在该时间段内高度集中的位置。图 3-16 显示了密度图。

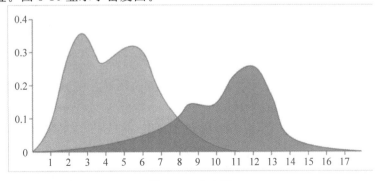

图 3-16　密度图

【例 3-1】 使用 Python 绘制折线图。

该例的代码如下：

```python
import matplotlib.pyplot as plt
plt.rcParams['font.sans-serif'] = ['SimHei']      #设置字体
game = ['1月', '2月', '3月', '4月', '5月', '6月']
scores = [23, 10, 38, 30, 36, 20]
plt.plot(game, scores)
plt.title("游戏得分")
plt.show()
```

该例的运行结果如图 3-17 所示。

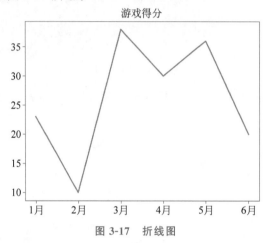

图 3-17　折线图

3.1.2　数据功能图表介绍

在大数据的可视化图中，按照数据的作用和功能可以把图分为比较类图、分布类图、流程类图、地图类图、占比类图、区间类图、关联类图、时间类图和趋势类图等。

1. 比较类图

比较类图可视化的方法通常是显示值与值之间的不同和相似之处，使用图形的长度、宽度、位置、面积、角度和颜色来比较数值的大小，用于展示不同分类间的数值对比以及不同时间点的数据对比。

常见的比较类图主要有柱状图、双向柱状图、气泡图、子弹图、色块图、漏斗图以及直方图等。图 3-18 显示了色块图。

2. 分布类图

分布类图可视化的方法通常是显示频率，将数据分散在一个区间或分组，并使用图形的位置、大小、颜色的渐变程度来表现数据的分布。分布类图通常用于展示连续数据上数值的分布情况。

常见的分布类图主要有箱形图、等高线图、热力图、散点图、分布曲线图、色块图以及直方图等。图 3-19 显示了箱形图。

3. 流程类图

流程类图可视化的方法通常是显示流程流转和流程流量。一般流程都会呈现出多个环节，每个环节之间会有相应的流量关系，因此这类图形可以很好地表示这些流量关系。

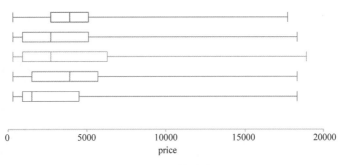

图 3-18 色块图

图 3-19 箱形图

常见的流程类图主要有漏斗图以及桑基图等。图3-20显示了桑基图。

4．地图类图

地图类图可视化的方法是显示地理区域上的数据，并在显示时使用地图作为背景，通过图形的位置来表现数据的地理位置。地图类图通常用来展示数据在不同地理区域上的分布情况。

常见的地图类图主要有带气泡的地图以及分级统计地图等。图3-21显示了带气泡的地图。

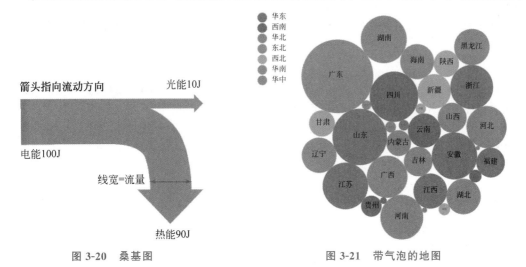

图 3-20 桑基图　　　　　　　　图 3-21 带气泡的地图

5．占比类图

占比类图可视化的方法是显示同一维度上的占比关系。

常见的占比类图主要有环图、马赛克图、饼图、堆叠柱状图以及矩形树图等。图3-22显示了堆叠柱状图。

6. 区间类图

区间类图可视化的方法是显示同一维度上值的上限和下限之间的差异。区间类图使用图形的大小和位置表示数值的上限和下限,通常用于表示数据在某一个分类(时间点)上的最大值和最小值。

常见的区间类图主要有仪表盘图以及堆叠面积图等。图3-23显示了堆叠面积图。

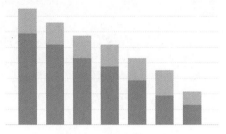

图3-22 堆叠柱状图

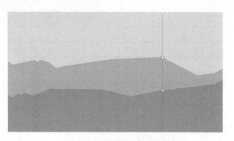

图3-23 堆叠面积图

7. 关联类图

关联类图可视化的方法显示数据之间的相互关系。关联类图使用图形的嵌套和位置表示数据之间的关系,通常用于表示数据之间的前后顺序、父子关系以及相关性。

常见的关联类图主要有和弦图、桑基图、矩形树图、树状图以及韦恩图等。图3-24显示了韦恩图。

图3-24 韦恩图

8. 时间类图

时间类图可视化的方法显示以时间为特定维度的数据。时间类图使用图形的位置表现出数据在时间上的分布,通常用于表现数据在时间维度上的趋势和变化。

常见的时间类图主要有面积图、K线图、折线图、卡吉图以及螺旋图等。图3-25显示了卡吉图。

9. 趋势类图

趋势类图可视化的方法分析数据的变化趋势。趋势类图使用图形的位置表现出数据在连续区域上的分布,通常展示数据在连续区域上的大小变化的规律。

常见的趋势类图主要有面积图、K线图、折线图以及回归曲线图等。图3-26显示了回归曲线图。

图3-25 卡吉图

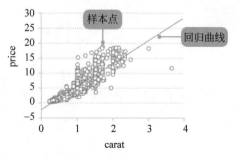

图3-26 回归曲线图

3.1.3 可视化图表的选择与使用技巧

1. 可视化图表的选择

在进行数据可视化时要选择合适的图表,这样才能精确地传达数据信息。下面以常见图表为例介绍可视化图表的基本类型和选用原则。

1)柱状图

柱状图利用柱子的高度比较清晰地反映数据的差异,通常用于不同时期或不同类别数据之间的比较,也可以用来反映不同时期和不同数据的差异。柱状图的局限在于它仅适用于中小规模的数据集,当数据较多时不易分辨。

例如,如果大家想研究网站中文章阅读量与互动率的趋势,则可以采用柱状图。

2)条形图

条形图用来反映分类项目之间的比较,适用于跨类别比较数据。在进行数据可视化时如果需要比较项类的大小、高低,则适合使用条形图。

3)折线图

折线图是数据随着时间推移发生变化的一种图表,可以预测未来的发展趋势,相对于柱状图,折线图能反映较大数据集的走势,还适合多个数据集走势的比较。描述事物随时间维度变化时常需要使用该图形。

4)饼图

饼图主要用来分析公司内部各个组成部分对事件的影响,其各部分的占比之和必须是100%。在需要描述某一部分占总体的百分比时适合使用饼图,例如占据公司全部资金一半的两个渠道、某公司员工的男女比例等。当需要比较数据时,尤其是比较两个以上整体的成分时,请务必使用条形图或柱形图,切勿要求看图人将扇形转换成数据在饼图间相互比较,因为人的肉眼对面积大小不敏感,会导致对数据的误读。

此外,为了使饼图发挥最大作用,在使用中一般不宜超过6个部分;如果要表达6个以上的部分,需要使用条形图。

5)散点图

散点图使用两组数据构成多个坐标点,分析坐标点的分布情况,判断两个变量之间的关联或分布趋势。如果需要表达数据之间的关联关系,则可以使用散点图或气泡图。

6)漏斗图

使用漏斗图可以清晰明了地看出每个层级的转化,如果想查看具体到每天的日期与实施转化数据的关系,则可以使用漏斗图。

表 3-1 显示了图表的应用场景及适用的类型;表 3-2 显示了图表较适合的数据维度。

表 3-1 图表的应用场景及适用的类型

数据关系	应用场景	图表类型
分类比较	地区产品销售量	柱状图、条形图
时间序列	近五年水质检测质量	折线图、柱状图
总体构成	网站推广渠道份额占比	饼图、条形图
频次分布	网站不同消费能力的用户占比	柱状图
关联关系	女性体重随年龄的分布	散点图、气泡图
转换关系	日期与工作转换率的关系	漏斗图

表 3-2 图表较适合的数据维度

图表类型	较适合的数据维度	图表类型	较适合的数据维度
柱状图	二维数据	饼图	一维数据
条形图	二维数据	散点图	三维数据
折线图	二维数据		

2. 可视化图表的使用技巧

1）折线图的使用技巧

折线图的使用技巧如下：

(1) 折线图中各点的连接可以使用曲线和直线，这样可以使曲线较为美观，直线数据展示更为清晰。

(2) 折线的颜色要清晰，尽量不要与背景色和坐标轴线的颜色相近。

(3) 折线图中的线条尽量不要超过 4 条，过多的线会导致界面混乱，从而无法阅读。

2）柱状图的使用技巧

柱状图的使用技巧如下：

(1) 柱状图中的颜色尽量不要超过 3 种。

(2) 柱状图中柱子间的宽度和间隙要适当。当柱子太窄时，用户的视觉可能会集中在两个柱子之间的负空间。

(3) 在对多个数据系列排序时，如果不涉及日期等特定数据，最好能符合一定的逻辑，用直观的方式引导用户更好地查看数据。此时可以通过升序或降序排列，例如按照数量从多到少对数据进行排列，也可以按照字母顺序等来排列。

3）饼图的使用技巧

饼图的使用技巧如下：

(1) 饼图适合用来展示单一维度数据的占比，要求其数值中没有零或负值，并确保各分块占比之和为 100%。

(2) 饼图不适合用于精确数据的比较，因此当各类别数据占比较接近时，人们很难识别出每个类别占比的大小。

(3) 大多数人的视觉习惯是按照顺时针和自上而下的顺序去观察，因此在绘制饼图时建议从 12 点开始沿顺时针右边的第一个分块绘制饼图最大的数据分块，这样可以有效地强调其重要性。

4）散点图的使用技巧

散点图的使用技巧如下：

(1) 如果一个散点图没有显示变量之间的任何关系，那么或许该图表类型不是此数据的最佳选择。

(2) 散点图只有在有足够多的数据点，并且数据之间有相关性时才能呈现很好的结果。如果一份数据只有极少的信息或者数据间没有相关性，那么绘制一个很空的散点图和不相关的散点图都是没有意义的。

(3) 如果数据包含不同系列，可以给不同系列使用不同的颜色。

3.2 文本可视化

3.2.1 文本可视化概述

文字是传递信息最常用的载体,文本信息是互联网中最主要的信息类型。与图形、语音和视频信息相比,文本信息的体积更小、传输更快,并且更容易生成。

将互联网中广泛存在的文本信息用可视化的方式表示能够更加生动地表达蕴含在文本中的语义特征,例如逻辑结构、词频、动态演化规律等。因此,针对一篇文章,文本可视化能更快地告诉读者文章在讲什么;针对社交网络上的发言,文本可视化可以帮读者将所有信息归类;针对一个大新闻,文本可视化可以帮读者捋顺事情发展的脉络;针对一本长篇小说,文本可视化能够帮读者厘清每个人物的关系;针对一系列的文档,读者可以通过文本可视化找到它们之间的联系;等等。图 3-27 显示了文本可视化的实例。

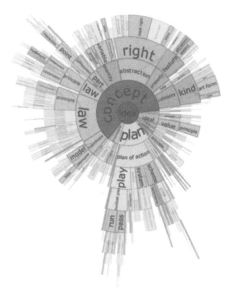

图 3-27 文本可视化的实例

1. 文本可视化的流程

文本可视化涵盖了信息收集、文本信息挖掘(文本预处理、文本特征抽取、文本特征度量)、视图绘制和交互设计等过程。其中,文本信息挖掘等技术充分发挥计算机的自动处理能力,将无结构的文本信息自动转换为可视的有结构信息,而视图绘制使人类视觉认知、关联、推理的能力得到充分的发挥。因此文本可视化有效地结合了机器智能和人工智能,为人们更好地理解文本和发现知识提供了新的有效途径。

文本可视化的流程如图 3-28 所示。

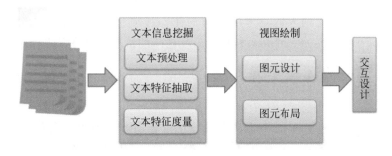

图 3-28 文本可视化的流程

从图 3-17 可以看出,文本可视化的流程主要包含以下 3 个方面。

(1) 文本信息挖掘:文本信息挖掘依赖于自然语言处理,因此词袋模型、命名实体识别、关键词抽取、主题分析、情感分析等是较常用的文本分析技术。文本信息挖掘主要是通过分词、抽取、归一化等操作提取出文本词汇及相关的内容。

(2) 视图绘制:可视化呈现是将文本分析后的数据用视觉编码的形式来处理,其中涉及的内容有尺寸、颜色、形状、方位、纹理等,并使用各种图表来描述。

(3) 交互设计:为了使用户能够通过可视化有效地发现文本信息的特征和规律,通常在可视化设计中根据使用的场景为系统设置一定程度的交互功能。

2. 文本可视化的实现

文本可视化的实现是文本可视化的重要步骤,大致要经历以下几步。

(1) 在文本中进行分词计算,提取关键词,并去掉冗余的文字。

(2) 为提取出来的关键词计算权重,即决定哪些词着重显示。一般来说,权重较高的词会显示在较引人注目的地方。

(3) 为可视化显示布局,在布局中要计算出每个词或英文单词的摆放位置,并最终呈现在用户面前。常见的文本可视化呈现的结果有标签云、文本地图、网络图以及叠式图等。图 3-29 显示了文本可视化分析的显示结果。

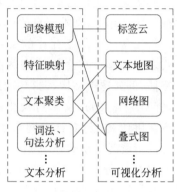

图 3-29　文本可视化分析的显示结果

3. 文本可视化的类型

文本可视化的类型,除了包含常规的图表类(例如柱状图、饼图、折线图等表现形式)外,在文本领域使用较多的可视化类型主要有以下 3 种。

(1) 基于文本内容的可视化:基于文本内容的可视化包括基于词频的可视化和基于词汇分布的可视化,常用的可视化形式有词云、分布图和 Document Cards 等。

(2) 基于文本关系的可视化:基于文本关系的可视化研究文本内外的关系,帮助人们理解文本内容和发现规律,常用的可视化形式有树状图、节点连接的网络图、力导向图、叠式图和 Word Tree 等。

(3) 基于多层面信息的可视化:基于多层面信息的可视化主要研究如何结合信息的多个方面帮助用户从更深层次理解文本数据,发现其内在规律。其中,包含时间信息和地理坐标的文本可视化近年来受到人们越来越多的关注。其常用的可视化形式有地理热力图、ThemeRiver、SparkClouds、TextFlow 和基于矩阵视图的情感分析可视化等。

3.2.2　词云概述及实现方法

1. 词云概述

词云也称为标签云或文字云,它是一种典型的文本可视化技术。词云对文本中出现频率较高的"关键词"予以视觉上的突出,从而形成"关键词云层"或"关键词渲染"。在词云中会过滤掉大量的文本信息,使网页浏览者只要一眼扫过文本就可以领略文本的主题。图 3-30 和图 3-31 所示为词云的显示效果。

从图 3-30 和图 3-31 中可以看出,在词云中一般用字号大小、字体颜色等图形属性对文本关键词进行可视化。其中字号大小常用于表示该关键词的重要性,字号越大表示该关键词越重要。

图 3-30　词云的显示效果 1

图 3-31　词云的显示效果 2

2．词云的实现

1）在线词云的制作

登录网址"http：//yciyun.com/"，选择"线上作品"，单击"基本"按钮，并选择不同的形状，即可直接生成词云，操作界面如图 3-32 所示。

每当用户使用鼠标单击并选择不同形状时都会生成不同的词云，如图 3-33 和图 3-34 所示。

图 3-32　生成词云的界面

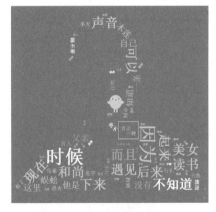
图 3-33　生成的词云 1

用户在登录后还可以在"数据"面板中选择不同的文字、文字大小以及文字颜色，操作界面如图 3-35 所示。

2）使用 Python 3 制作词云

使用 Python 3 制作词云需要导入 WordCloud 库，该库是 Python 中的一个非常优秀的词云展示第三方库。

图 3-34　生成的词云 2

图 3-35　选择不同的数据

从网上下载并安装 WordCloud 库，然后在 Windows 7 命令提示符窗口中输入以下命令：

import WordCloud

如果运行没有报错，则表示已经成功安装 WordCloud 库，如图 3-36 所示。

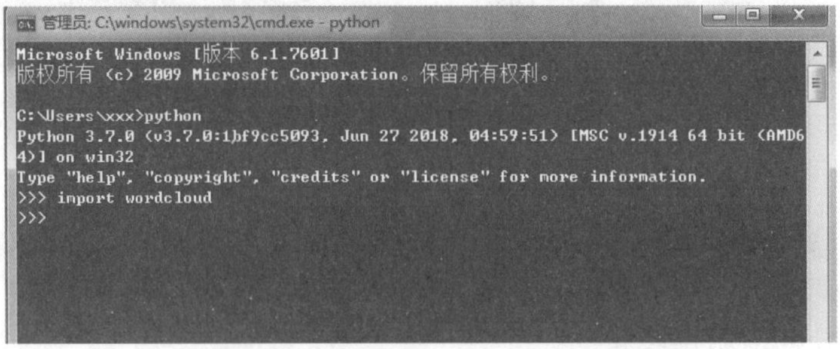

图 3-36　安装并导入 WordCloud 库

此外，为了能够在 Python 3 中显示中文字符，还需要安装另外一个库——jieba。该库也是一个 Python 第三方库，用于中文分词。在下载并安装 jieba 库后，在 Windows 7 命令提示符窗口中输入以下命令：

import jieba

如果运行没有报错，则表示已经成功安装 jieba 库，如图 3-37 所示。

图 3-37　安装并导入 jieba 库

jieba 涉及的算法如下。

（1）基于 Trie 树结构实现高效的词图扫描，生成句子中汉字所有可能成词的情况所构成的有向无环图（DAG）。

（2）采用了动态规划查找最大概率路径，找出基于词频的最大切分组合。

（3）对于未登录词，采用了基于汉字成词能力的 HMM 模型，使用了 Viterbi 算法。

jieba 支持的 3 种分词模式如下。

（1）精确模式：试图将句子最精确地切开，适合文本分析。

（2）全模式：把句子中所有可以成词的词语都扫描出来，速度非常快，但是不能解决歧义问题。

（3）搜索引擎模式：在精确模式的基础上对长词再次切分，提高召回率，适用于搜索引擎分词。

下面是几个制作词云的例子。

【例 3-2】　制作英文词云。

代码如下：

```
from wordcloud import WordCloud
import matplotlib.pyplot as plt
with open('1.txt','r') as f:
    mytext = f.read()
wordcloud = WordCloud().generate(mytext)
plt.imshow(wordcloud, interpolation = "bilinear")
plt.axis("off")
plt.show()
```

语句的含义如下。

- from wordcloud import WordCloud：导入 WordCloud 库。
- import matplotlib.pyplot as plt：导入 matplotlib 库，用于显示图形。
- with open('1.txt','r') as f：将 1.txt 文本中的数据导入程序中。
- mytext＝f.read()：读取该文本中的数据。
- wordcloud＝WordCloud().generate(mytext)：利用 mytext 中存储的文本内容制作词云。
- plt.imshow(wordcloud,interpolation＝"bilinear") plt.axis("off")：设置显示的词云图中无坐标轴。
- plt.show()：可视化显示。

1）txt 中的内容如下：

The reason for translating afresh Beccarias Dei Delitti e delle Pene（Crimes and Punishments）is，that it is a classical work of its kind，and that the interest which belongs to it is still far from being merely historical.

程序的运行结果如图 3-38 所示。

图 3-38　制作英文词云

【例 3-3】　制作中文词云。

代码如下：

```
from wordcloud import WordCloud
import jieba
with open('2.txt','r',encoding = 'utf - 8') as f:
    text = f.read()
cut_text = " ".join(jieba.cut(text))
cloud = WordCloud(
        #设置字体,不指定就会出现乱码
        font_path = "C:\Windows\Fonts\stxingka.ttf",
        # font_path = path.join(d,'simsun.ttc'),
        #设置背景色
        background_color = 'white',
        #词云形状
        max_words = 4000,
        #最大号字体
        max_font_size = 60
)
wCloud = cloud.generate(cut_text)
wCloud.to_file('cloud.jpg')
import matplotlib.pyplot as plt
plt.imshow(wCloud, interpolation = 'bilinear')
plt.axis('off')
plt.show()
```

语句的含义如下。
- import jieba：导入 jieba 库。
- with open('2.txt','r',encoding='utf-8') as f：设置输入为中文字符。
- cut_text = " ".join(jieba.cut(text))：使用全模式进行中文分词。

2）txt 中的内容如下：

程序设计语言是计算机能够理解和识别用户操作意图的一种交互体系，它按照特定规则组织计算机指令，使计算机能够自动进行各种运算处理。按照程序设计语言规则组织起来的一组计算机指令称为计算机程序。程序设计语言也叫编程语言。

程序的运行结果如图 3-39 所示。

图 3-39　制作中文词云

3.3　网络可视化

3.3.1　网络可视化概述

网络可视化通常展示数据在网络中的关联关系，一般用于描绘互相连接的实体，例如社交网络。腾讯微博、新浪微博等都是目前网络上较为知名的社交网站，基于这些社交网站提供的服务建立起来的虚拟化网络就是社交网络，社交网络通常反映了用户通过各种途径认识的人，例如家庭成员、工作同事、开会结识的朋友、高中同学、俱乐部成员、朋友的朋友等。图 3-40 显示了网络关联图；图 3-41 显示了知乎粉丝关系图。

从图 3-40 和图 3-41 可以看出，社交网络图侧重于显示网络内部的实体关系，它将实体作为节点，一张社交网络图可以由无数多个节点组成，并用边连接所有的节点。通过分析社交网络图可以直观地看出每个人或每个组织的相互关系。

图 3-40　网络关联图　　　　　　　　图 3-41　知乎粉丝关系图

　　社交网络是一种复杂网络,单纯地研究网络中的节点或计算网络中的统计信息并不能完全揭示网络中的潜在关系,因此对于社交网络来说最直观的可视化方式是网络结构。图 3-42 显示了家庭中的社会关系,该图一共有 10 个节点和 20 条边。

　　树状图是社交网络图的常见表现形式,也是一种流行的利用包含关系表达层次化数据的可视化方法。由于其呈现数据时高效的空间利用率和良好的交互性,受到人们众多的关注,得到深入的研究,并在科学、社会学、工程、商业等领域得到了广泛的应用。图 3-43 显示了树状图可视化。

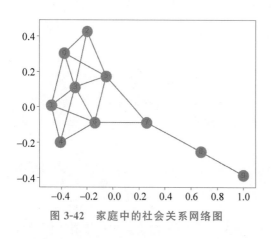
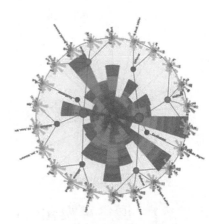

图 3-42　家庭中的社会关系网络图　　　　图 3-43　树状图可视化

　　值得注意的是,对于具有海量节点和边的大规模网络,例如节点规模达到上百万个的网络,如何在有限的空间中进行可视化,是网络可视化面临的一个难点。

3.3.2　使用 Python 3 制作社交网络图

　　在 Python 3 中可以制作社交网络图,在制作时需要先导入 networkx 库,该库是一个用 Python 语言开发的图论与复杂网络建模工具,内置了常用的图与复杂网络分析算法,可以方便地进行复杂网络数据分析、仿真建模等工作。

　　在使用 networkx 库绘制网络图时,常用 node 表示节点、cycle 表示环(通常环是封闭的)、edges 表示边。

【例 3-4】 使用 networkx 库绘制无向网络图。

代码如下：

```
from matplotlib import pyplot as plt
import networkx as nx
G = nx.Graph()
G.add_nodes_from([1,2,3])
G.add_edges_from([(1,2),(1,3)])
nx.draw_networkx(G)
plt.show()
```

语句的含义如下。

- from matplotlib import pyplot as plt：导入 matplotlib 库。
- import networkx as nx：导入 networkx 库。
- G=nx.Graph()：建立无向图。
- G.add_nodes_from([1,2,3])：创建节点 1、2、3。
- G.add_edges_from([(1,2),(1,3)])：加边集合 1,2 和 1,3。
- nx.draw_networkx(G)：绘制图形。
- plt.show()：显示图形。

程序的运行结果如图 3-44 所示。

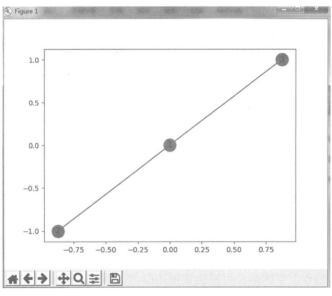

图 3-44 无向网络图

【例 3-5】 使用 networkx 库绘制有向网络图。

代码如下：

```
import networkx as nx
import matplotlib.pyplot as plt
```

```
G = nx.DiGraph()
G.add_nodes_from([0,1,2])
G.add_edges_from([(0,1),(1,2),(2,0)])
nx.draw_networkx(G,)
plt.show()
```

语句的含义如下。

- G = nx.DiGraph()：建立有向图。
- G.add_nodes_from([0,1,2])：添加节点。
- G.add_edges_from([(0,1),(1,2),(2,0)])：添加边。

程序的运行结果如图 3-45 所示。

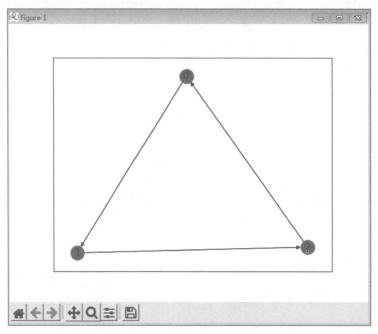

图 3-45　有向网络图

3.4　空间信息可视化

3.4.1　空间信息可视化概述

空间信息可视化是指运用计算机图形图像处理技术将复杂的科学现象和自然景观及一些抽象概念图形化的过程。空间信息可视化常用地图学、计算机图形图像技术将地学信息输入、查询、分析、处理，采用图形、图像，结合图表、文字、报表，以可视化形式实现交互处理和显示。

空间信息可视化是以可视化的方式显示输出空间信息，通过视觉传输和空间认知活动去探索空间事物的分布及其相互关系，以获取有用的知识，并进而发现规律。

空间信息可视化的主要表现形式有地图、多媒体信息、动态地图、三维仿真地图以及虚拟现实等。

(1) 地图：空间信息可视化的最主要形式，也是最古老的形式。

(2) 多媒体信息：使用文本、图形、图像、声音、录像、音频、视频等各种形式综合、形象地表现空间信息，是空间信息可视化的重要形式。

(3) 动态地图：一种处于运动状态的数字地图，借助于计算机综合处理多种媒体信息的功能，将文字、图形、图像、声音、动画及视频技术相结合，使多种信息逻辑地连接并集成为一个有机的具有人性化操作界面的空间信息传输系统。

(4) 三维仿真地图：利用地图动画技术直观而又逼真地显示地理实体运动变化的规律和特点。

(5) 虚拟现实：以视觉为主，也结合听、触、嗅甚至味觉来感知环境，使人们犹如进入真实的地理空间环境之中并与之发生交互作用。它除了对三维空间和一维时间仿真外，还包含对自然交互方式的仿真。

3.4.2 空间信息可视化建模

空间信息可视化建模与传统可视化建模的最大区别是用户可以自己在地理空间中交互，获取不同层面的信息。在空间信息可视化的实现中经常要使用到3D图形，3D图形可以让空间信息的展现变得真实。

在Python 3中可以通过导入Axes3D库来绘制3D图形。图3-46绘制了3D螺旋图；图3-47绘制了3D直方图；图3-48绘制了3D轮廓图。

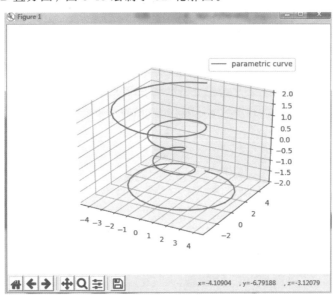

图 3-46　3D 螺旋图

【例 3-6】 使用 Python 绘制 3D 螺旋图。

该例的代码如下：

```
from mpl_toolkits.mplot3d import Axes3D
import numpy as np
import matplotlib.pyplot as plt
plt.rcParams['font.sans-serif'] = ['SimHei']      #设置字体
plt.rcParams['axes.unicode_minus'] = False        #设置负号
```

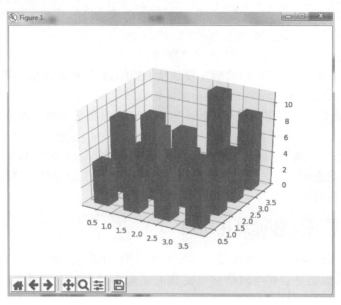

图 3-47　3D 直方图

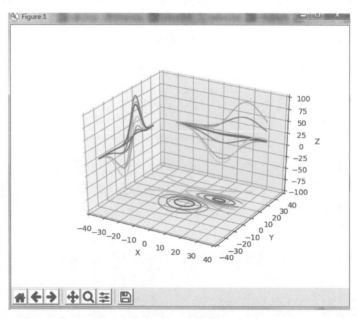

图 3-48　3D 轮廓图

```
fig = plt.figure()
ax = fig.add_subplot(projection = '3d')
theta = np.linspace(-4 * np.pi, 4 * np.pi, 100)
z = np.linspace(-2, 2, 100)
r = z**2 + 1
x = r * np.sin(theta)
y = r * np.cos(theta)
ax.plot(x, y, z, label = 'parametric curve')
ax.legend()
```

```
plt.title("3D螺旋图")
plt.show()
```

该例的运行结果如图 3-49 所示。

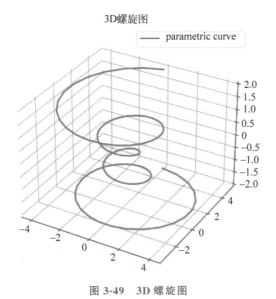

图 3-49 3D 螺旋图

3.4.3 空间信息可视化的应用

空间信息可视化的应用十分广泛,已经涉及大多数国民经济行业。图 3-50 显示了多媒体信息;图 3-51 显示了动态地图;图 3-52 显示了三维仿真地图;图 3-53 显示了虚拟现实(VR)图。

图 3-50 多媒体信息

图 3-51 动态地图

图 3-52 三维仿真地图

图 3-53　虚拟现实图

3.5　本章小结

（1）图是表达数据最直观、最强大的方式之一，通过图的展示能够对数据进行变换，从而让枯燥的数字能吸引人们的注意力。

（2）在统计图表的每一种类型的图表中都可包含不同的数据可视化图，例如柱状图、K线图、饼图、折线图、散点图、气泡图、雷达图、面积图、漏斗图、和弦图、环形图、直方图、热力图、仪表盘图以及密度图等。

（3）文本可视化涵盖了信息收集、文本信息挖掘（文本预处理、文本特征抽取、文本特征度量）、视图绘制和交互设计等过程。

（4）网络可视化通常展示数据在网络中的关联关系，一般用于描绘互相连接的实体。

（5）空间信息可视化是指运用计算机图形图像处理技术将复杂的科学现象和自然景观及一些抽象概念图形化的过程。

3.6　实训

1. 实训目的

通过本章实训了解大数据可视化图表的特点，能进行简单的与大数据可视化有关的操作，并掌握数据可视化图的绘制。

2. 实训内容

（1）中文词云的制作，代码如下：

```
from wordcloud import WordCloud
import jieba
# 读取标点符号库
with open('18.txt','r',encoding = 'utf-8') as f:
    text = f.read()
```

```
    cut_text = " ".join(jieba.cut(text))
    cloud = WordCloud(
        background_color = "white",                          #背景颜色
        max_words = 100,                                     #显示最大词数
          font_path = " C:\Windows\Fonts\stxingka.ttf",      #使用字体
        min_font_size = 40,
        max_font_size = 100,
        width = 800,                                         #图幅宽度
        height = 400
        )
    wCloud = cloud.generate(cut_text)
    import matplotlib.pyplot as plt
    plt.imshow(wCloud, interpolation = 'bilinear')
    plt.axis('off')
    plt.show()
```

18.txt 中的内容如下：

1982年《万历十五年》中文版在国内问世以来,这本书就一直畅销,经久不衰,无论是历史学者还是业余爱好者,无论是企业老板还是普通白领,都能从中获得一些启发和想法。也难怪,《人民的名义》中的高玉良都拿着《万历十五年》刻苦钻研。这是因为在这本书中,黄仁宇采用了一种新颖的写法,让任何人都可以几乎无障碍地接触正史,在他的笔下,历史不再是枯燥无味的归总和罗列。这种新颖的写法被黄仁宇本人称为"大历史观",它既不像编年体史书那样依照时间的脉络叙述一个王朝的兴衰,也不像纪传体史书那样单独介绍每个人物的一生,而是把历史剖开一个横截面,像纪录片导演穿越到过去一样,把当时的一位皇帝和五位著名的大臣以一种群像式的叙事手法缓缓展开,从中折射出16世纪中国社会的完整面貌,并且,如同管中窥豹一样,从各种细节中观察公元1587年表面一派太平的大明朝为何会一步一步走向衰落和灭亡。那位皇帝自然就是万历皇帝,五位大臣分别是大学士张居正和申时行,南京都察院都御史海瑞,蓟州总兵戚继光,以及前云南姚安知府李贽。用黄仁宇的话来说,他们或是身败,或是名裂,没有一个能够功德圆满。从他们身上可以看出,那些隐藏在历史深处的症结已经开始慢慢积累,直至无可逆转。

运行该程序,如图 3-54 所示。

图 3-54　中文词云

(2)绘制社交网络图,代码如下:

```
import networkx as nx
import matplotlib.pyplot as plt
G = nx.DiGraph()
G.add_nodes_from([1,2,3,4,5,6,7])
nx.add_cycle(G,[1,2,3])
G.add_edge(1,4)
G.add_edges_from([(3,5),(3,6),(6,7)])
nx.draw_networkx(G,)
plt.show()
```

语句 nx.add_cycle 表示添加封闭路径。

该程序的运行结果如图 3-55 所示。

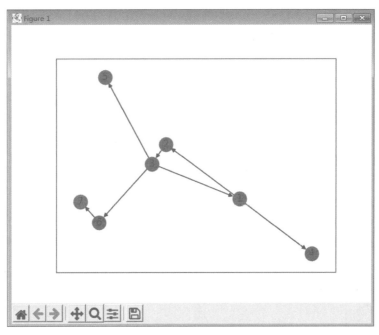

图 3-55　社交网络图

(3)为图 3-56 所示的网络图至少添加 3 个新的网络节点,运行如图 3-57 所示。

(4)流程图也叫"工作流程图",主要用于显示流程中的顺序步骤,这种图表使用一系列相互连接的符号绘制出整个过程,使得过程易于理解,并有助于与其他人沟通。流程图可用于解释复杂/抽象的过程、系统、概念或算法的运作模式。绘制流程图还可以帮助人们规划和发展流程,或改进现有的流程图。在流程图中,不同符号代表不同意思,每种符号都具有各自的特定形状。图 3-58 显示了流程图。

请根据该流程图自行设计流程图。

(5)树状图是一种常见的通过树状结构表示层次结构的图,该图通常从没有上级/父级成员的元素开始(根节点),然后加入节点,也称为分支,再用线连接根节点和分支节点表示成员之间的关系和连接。在树状图中处于最后的是枝叶节点(或称为末端节点),该节点是没有子节点的成员。图 3-59 显示了树状图。

请根据图 3-59 画出公司结构的树状图。

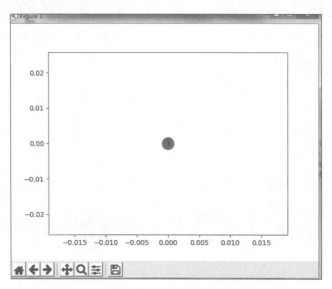

图 3-56　一个节点的网络图

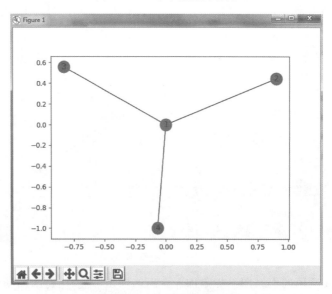

图 3-57　4 个节点的网络图

（6）甘特图通常用作项目管理的组织工具，显示活动（或任务）列表和持续时间，也显示每项活动何时开始和结束。甘特图适合用来规划和估计整个项目所需的时间，也可显示相互重叠的活动。在甘特图中常用水平行代表活动，垂直列代表时间刻度。每项活动的持续时间由沿着时间刻度绘制的条形长度来表示。条形的开始位置代表活动开始，条形的结束位置代表活动结束。图 3-60 显示了甘特图。

请根据图 3-60 画出完成某项任务的甘特图。

（7）登录网址"http://yciyun.com/"，选取自己感兴趣的文字内容制作一个词云，并下载。

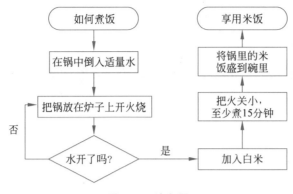

图 3-58 流程图

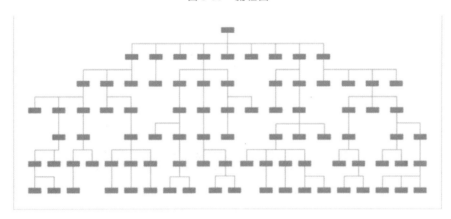

图 3-59 树状图

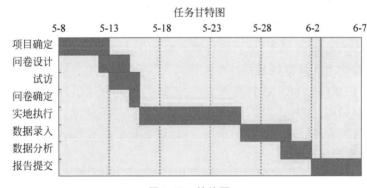

图 3-60 甘特图

习题 3

1. 数据可视化图按照数据功能可分为哪几类？
2. 在统计图表中包含哪些不同的数据可视化图？
3. 什么是文本可视化？
4. 如何使用 Python 3 实现文本可视化？
5. 什么是网络可视化？
6. 如何使用 Python 3 制作社交网络图？

第 4 章 数据可视化工具

本章学习目标
- 了解 Excel。
- 了解 ECharts。
- 了解 Tableau。
- 了解魔镜。
- 了解 D3.js。

本章向读者介绍 Excel、ECharts、Tableau、魔镜和 D3.js 的特点及应用。

4.1 Excel

扫一扫

视频讲解

4.1.1 Excel 简介

Excel 是微软公司为使用 Windows 和 Apple Macintosh 操作系统的计算机用户编写的一款电子表格软件,直观的界面、出色的计算功能和图表工具,再加上成功的市场营销,使 Excel 成为最流行的个人计算机数据处理软件。

作为一个入门级工具,Excel 拥有强大的函数库,也能创建供内部使用的数据图,因此是快速分析数据的理想工具。但是 Excel 的图形化功能并不强大,并且在制作可视化图表时图表中的颜色、线条和样式可选择的范围有限,这也意味着用 Excel 很难制作出符合专业出版物和网站需要的数据图。

此外,在 Excel 2010 及以后的版本中可以加载 PowerPivot 等一系列程序。这些程序为 Excel 添加了更多的数据模型和新功能,例如动态图表、数据透视图等,从而可以使开发者制作出更好的可视化图表。

4.1.2 Excel 的应用

初学者可以使用 Excel 制作各种精美的图表,包括条形图、饼图、气泡图、折线图、仪表盘图以及柱状图等。

图 4-1 显示了使用 Excel 绘制的条形图;图 4-2 显示了使用 Excel 绘制的饼图;图 4-3 显示了使用 Excel 绘制的气泡图;图 4-4 显示了使用 Excel 绘制的折线图;图 4-5 显示了使用 Excel 绘制的仪表盘图;图 4-6 显示了使用 Excel 绘制的柱状图。

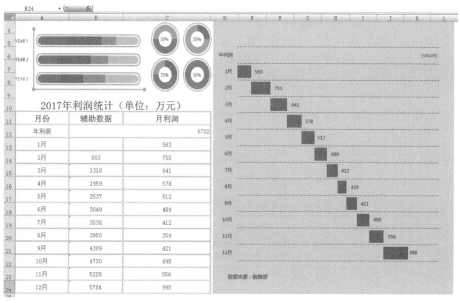

图 4-1 使用 Excel 绘制的条形图

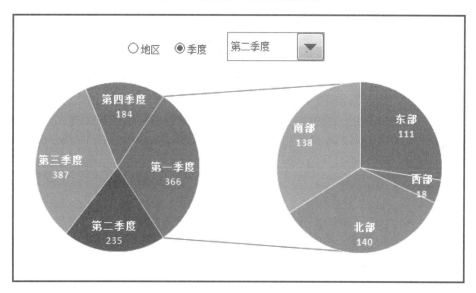

图 4-2 使用 Excel 绘制的饼图

图 4-3 使用 Excel 绘制的气泡图

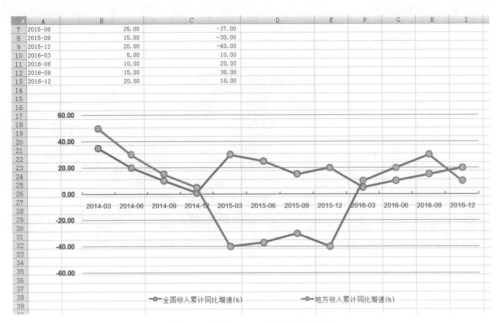

图 4-4 使用 Excel 绘制的折线图

图 4-5 使用 Excel 绘制的仪表盘图

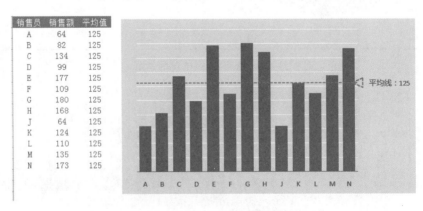

图 4-6 使用 Excel 绘制的柱状图

4.2 ECharts

4.2.1 ECharts 简介

ECharts 是百度公司开发的一个开源的数据可视化工具,是一个使用 JavaScript 实现的开源可视化库,可以流畅地运行在计算机和移动设备上,并能够兼容当前绝大部分浏览器。在功能上,ECharts 可以提供直观、交互丰富、可高度个性化定制的数据可视化图表;在使用上,ECharts 为开发者提供了非常炫酷的图形界面,提供了包含柱状图、折线图、饼图、气泡图以及四象限图等在内的一系列可视化图表。此外,ECharts 的使用简单,开发者只需从官网中下载相应的 JS 文件,然后应用在网页中就会得到完美的展示效果。

对于初学者而言,直接对 ECharts 官网上提供的各种图表模板进行简单的修改即可实现数据可视化图表的制作。

4.2.2 ECharts 的应用

ECharts 官网上提供了大量的可视化图表,例如折线图、柱状图、饼图、散点图、雷达图、关系图、热力图以及树状图等。

图 4-7 显示了使用 ECharts 绘制的折线图;图 4-8 显示了使用 ECharts 绘制的柱状图;图 4-9 显示了使用 ECharts 绘制的饼图;图 4-10 显示了使用 ECharts 绘制的散点图。

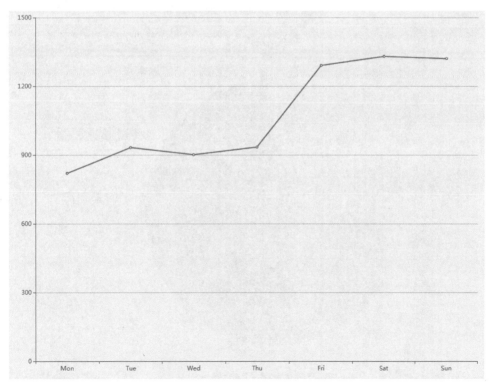

图 4-7 使用 ECharts 绘制的折线图

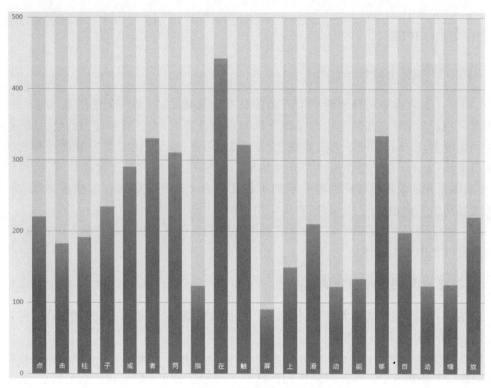

图 4-8　使用 ECharts 绘制的柱状图

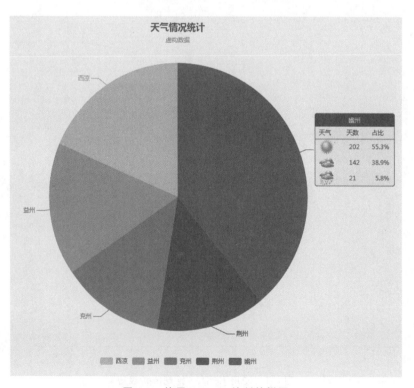

图 4-9　使用 ECharts 绘制的饼图

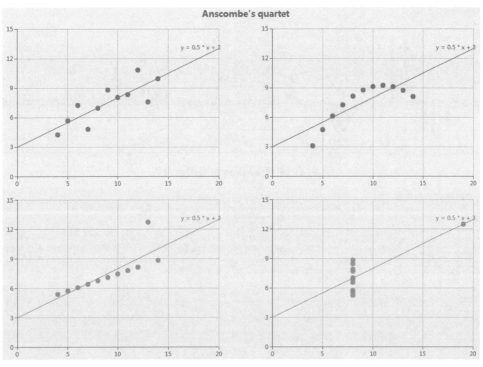

图 4-10 使用 ECharts 绘制的散点图

4.3 Tableau

4.3.1 Tableau 简介

Tableau 是一款十分流行的商业智能工具,它诞生于美国的斯坦福大学,主要用于数据分析。Tableau 的操作十分简单,使用者不需要精通复杂的编程和统计原理,只需要把数据直接拖放到工作簿中,通过一些简单的设置就可以得到自己想要的数据可视化图形。

Tableau 分为 Desktop 版和 Server 版,Desktop 版又分为个人版和专业版,个人版只能连接到本地数据源,专业版还可以连接到服务器上的数据库;Server 版主要用来处理仪表盘,上传仪表盘数据,进行共享,各个用户通过访问同一个 Server 就可以查看到其他同事处理的数据信息。

除此之外,Tableau 还可以与 Amazon AWS、MySQL、Hadoop、Teradata 以及 SAP 等平台或系统协作,使之成为一个能够创建详细图形和展示直观数据的多功能工具,这样企业中的高级管理人员和中间链管理人员都能够通过阅读包含大量信息且容易读懂的 Tableau 图形作出基础决策。

4.3.2 Tableau 的应用

使用 Tableau 可以绘制各种精美的图表,图 4-11 显示了使用 Tableau 绘制的条形图;图 4-12 显示了使用 Tableau 绘制的散点图;图 4-13 和图 4-14 显示了使用 Tableau 绘制的折线图;图 4-15 显示了使用 Tableau 绘制的柱状图。

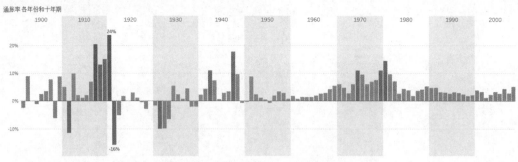

图 4-11 使用 Tableau 绘制的条形图

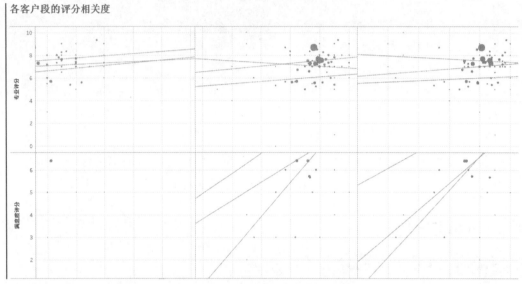

图 4-12 使用 Tableau 绘制的散点图

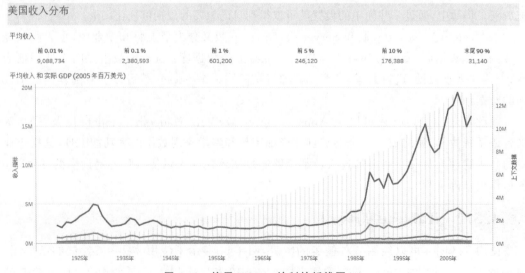

图 4-13 使用 Tableau 绘制的折线图（1）

图 4-14　使用 Tableau 绘制的折线图（2）

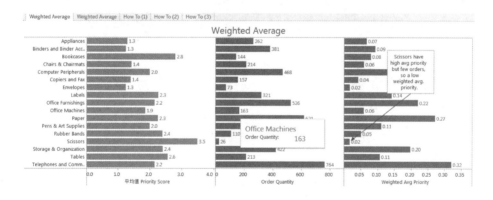

图 4-15　使用 Tableau 绘制的柱状图

4.4　魔镜

4.4.1　魔镜简介

魔镜是中国的一个大数据可视化分析平台，该平台积累了大量来自内部和外部的数据，用户可以自由地对这些数据进行整合、分析、预测和可视化。该平台拥有丰富的数据公式和算法，让用户可以真正探索和分析数据，例如通过一个直观的拖放界面就可以创造交互式的图表和数据挖掘模型。

4.4.2 魔镜的应用

魔镜的登录网址为"http://www.moojnn.com/"。用户可使用自行准备的数据源实现各种可视化图表的制作,图 4-16 显示了使用魔镜绘制的柱状图;图 4-17 显示了使用魔镜绘制的面积图;图 4-18 显示了使用魔镜绘制的折线图;图 4-19 显示了使用魔镜绘制的柱状折线图;图 4-20 显示了使用魔镜绘制的散点图。

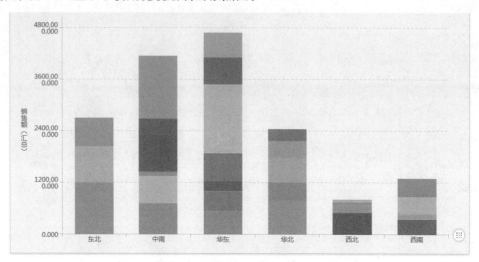

图 4-16 使用魔镜绘制的柱状图

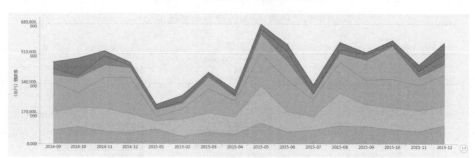

图 4-17 使用魔镜绘制的面积图

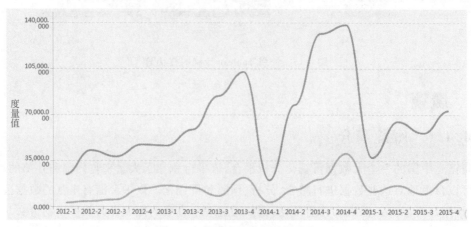

图 4-18 使用魔镜绘制的折线图

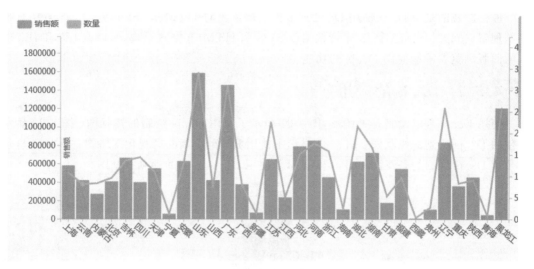

图 4-19　使用魔镜绘制的柱状折线图

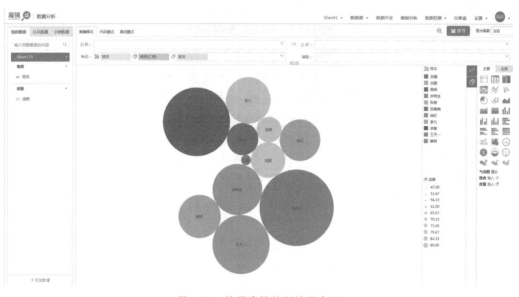

图 4-20　使用魔镜绘制的散点图

4.5　D3.js

4.5.1　D3.js 简介

  D3 的全称是 Data-Driven Documents。顾名思义,它是一个被数据驱动的文档,其实也就是一个 JavaScript 函数库,开发者可以使用该函数库实现数据可视化。由于 JavaScript 文件的扩展名通常为.js,所以 D3 也常叫作 D3.js。D3 提供了各种简单、易用的函数,大大简化了 JavaScript 操作数据的难度。由于它本质上是 JavaScript,所以用 JavaScript 可以实现其所有功能。

值得注意的是，用户在使用 D3 处理数据之前需要对 HTML、CSS 以及 JavaScript 有很好的理解。除此以外，这个 JS 库将数据以 SVG 和 HTML5 格式呈现，所以像 IE7 和 IE8 这样的旧版浏览器不能使用 D3.js 的功能。

4.5.2　D3.js 的应用

使用 D3.js 可以绘制各种图形，图 4-21 显示了使用 D3.js 绘制的柱状图；图 4-22 显示了使用 D3.js 绘制的树状图；图 4-23 显示了使用 D3.js 绘制的可视化网络图；图 4-24 显示了使用 D3.js 绘制的条形图；图 4-25 显示了使用 D3.js 绘制的动画桑基图。

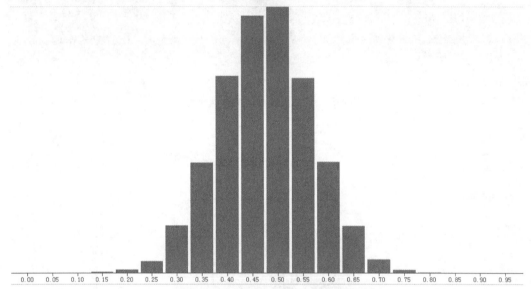

图 4-21　使用 D3.js 绘制的柱状图

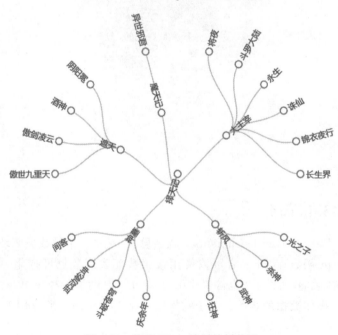

图 4-22　使用 D3.js 绘制的树状图

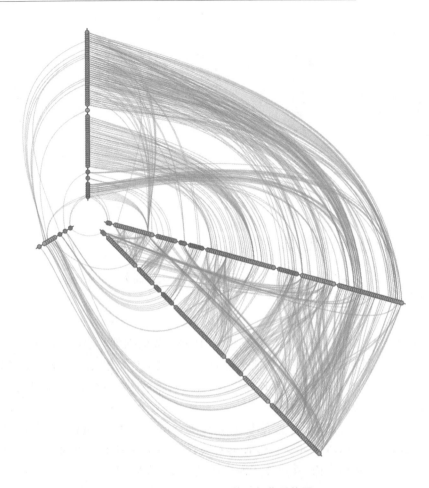

图 4-23 使用 D3.js 绘制的可视化网络图

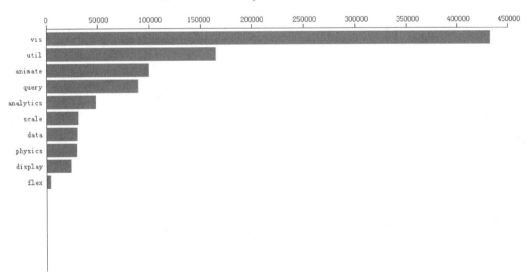

图 4-24 使用 D3.js 绘制的条形图

图 4-25 使用 D3.js 绘制的动画桑基图

4.6 可视化开发语言

使用可视化工具是为了让开发者的工作变得简单且高效,如果开发者能掌握一门以上的编程语言,可视化设计就会变得更加容易。

1. R 语言

R 是属于 GNU 系统的一个自由、免费、源代码开放的软件,主要用于统计分析和绘图。R 是由数据操作、计算和图形展示功能整合而成的套件,包括有效的数据存储和处理功能,一套完整的数组(特别是矩阵)计算操作符,拥有完整体系的数据分析工具,为数据分析和显示提供的强大图形功能。

R 是一个免费的自由软件,它有 UNIX、Linux、macOS 和 Windows 版本,都是可以免费下载和使用的。在网络上可以下载 R 的安装程序、各种外挂程序和文档。在 R 的安装程序中只包含了 8 个基础模块,其他外在模块可以通过 CRAN 获得。

R 的源代码可自由下载使用,也有已编译的执行档版本可以下载,可在多种平台下运行,包括 UNIX(也包括 FreeBSD 和 Linux)、Windows 和 macOS。R 主要以命令行操作,有人开发了几种图形用户界面。

图 4-26 显示了 R 可视化作品。

【例 4-1】 R 语言可视化绘图。

折线图是通过在多个点之间绘制线段来连接一系列点所形成的图形。这些点按其坐标(通常是 x 坐标)的值排序。它通常用来识别数据的趋势。在 R 语言中可以使用 plot()函数来创建折线图,它的基本语法结构如下。

```
plot(v, type, main, col, xlab, ylab)
```

其中:

- v 为包含数值的向量。
- type 表示绘制图表的类型,取值"p"表示仅绘制点,"l"表示仅绘制线条,"o"表示仅绘制点和线。
- main 为图表的标题。
- col 用于绘制点和线两种颜色。
- xlab 为 X 轴的标签。

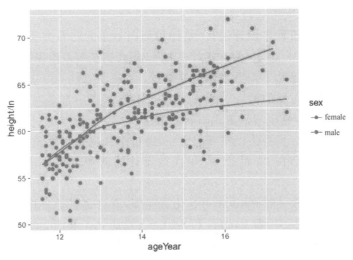

图 4-26 R 可视化作品

- ylab 为 Y 轴的标签。

R 生成折线图的代码如下：

```
> sale1 <- c(10, 11, 13, 21, 27)         #某一团队的销售额
> months <- c("一月","二月","三月","四月","五月")
> plot(sale1, type = "o", main = "销售额趋势图", col = "red", xlab = "月份", ylab = "销售额")
```

程序运行如图 4-27 所示。

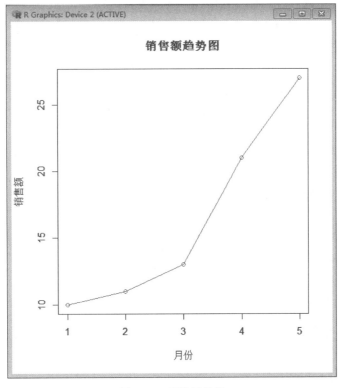

图 4-27 折线图示例

2. Python

Python是一种计算机程序设计语言,是一种面向对象的动态类型语言。Python最早是由Guido van Rossum于20世纪80年代末和90年代初在荷兰国家数学和计算机科学研究所设计出来的,目前由一个核心开发团队在维护。

Python是完全面向对象的语言。函数、模块、数字、字符串都是对象,并且完全支持继承、重载、派生、多继承,有利于增强源代码的复用性。

matplotlib是Python可视化程序库的泰斗,经过十几年它仍然是Python使用者最常用的画图库。它的设计和在20世纪80年代被设计的商业化程序语言MATLAB非常接近。

由于matplotlib是第一个Python可视化程序库,有许多其他程序库都是建立在它的基础之上或者直接调用它。比如Pandas和Seaborn就是matplotlib的外包,它们让开发者能用更少的代码去调用matplotlib的方法,以便更方便地实现数据可视化。

图4-28显示了Python可视化作品。

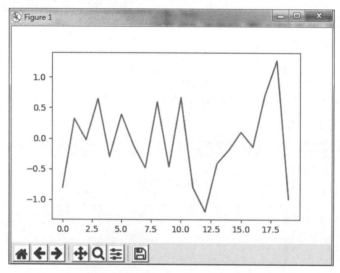

图4-28 Python可视化作品

【例4-2】 Python可视化绘图。

在Python中导入扩展库matplotlib以及NumPy绘制折线图,代码如下。

```
import matplotlib.pyplot as plt
import numpy as np
plt.rcParams['font.sans-serif'] = ['SimHei']    #设置字体
x = [1,2,2,1,1]
y = [1,1,2,2,1]
plt.plot(x,y)
plt.title("直线")
plt.xlabel("X轴")
plt.ylabel("Y轴")
plt.show()
```

程序运行如图4-29所示。

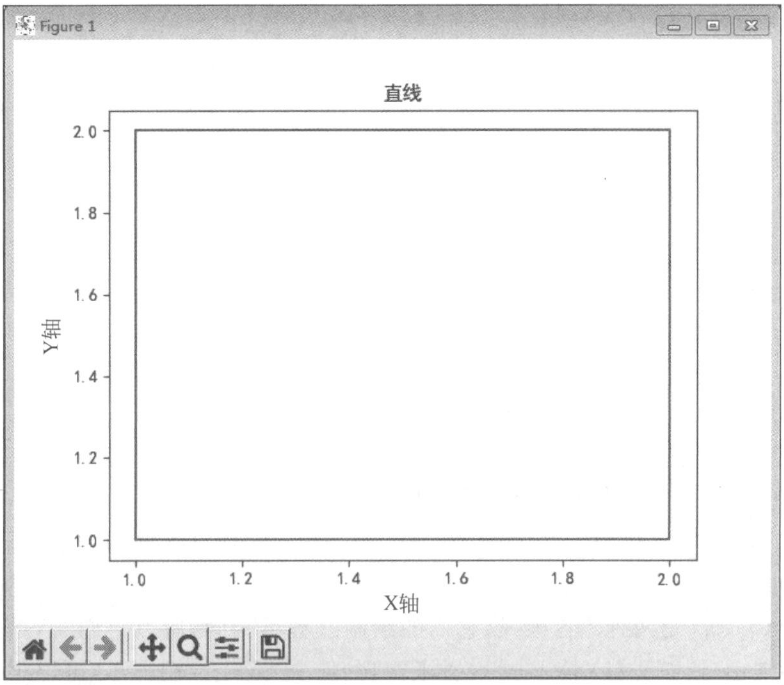

图 4-29　Python 可视化绘图

3. HTML、CSS、JavaScript

在可视化设计中,人们还可以使用 HTML、CSS、JavaScript 来开发在浏览器中的数据展示。一般使用 HTML 设计网页内容,使用 CSS 设计网页格式及元素的排列,使用 JavaScript 控制网页的动态功能。

JavaScript 在开发可视化作品时具有很大的灵活性,可以做出用户想要的各种效果。如果人们在网页中看到的数据是在线的并且是交互式的,那么极有可能是用 JavaScript 进行开发的。

图 4-30 显示了 HTML、CSS、JavaScript 可视化作品。

HTML5 是 HTML 的最新版本,在 HTML5 中包含了 SVG 技术,同时提供了实时二维绘图技术 Canvas。

(1) SVG：SVG 的英文全称为 Scalable Vector Graphics,由 W3C 制定,其基于可扩展标记语言 XML,是一种用于描述二维矢量图形的图形格式。由于它是一种基于 XML 的语言,所以它继承了 XML 的跨平台性和可扩展性。例如,在 SVG 文档中可以嵌入其他的 XML 或者 HTML 内容,在 XML 或者 HTML 中可以内嵌 SVG,而各个不同的 SVG 图形可以方便地组合,构成新的 SVG 图形。SVG 还具有很多优点,比如很好的可扩充性和交互性。SVG 支持无限放大,SVG 图片以任意比例放大均不会损坏显示效果,其他诸如 PNG、GIF、BMP、JPEG 格式的图片放大则会影响视觉效果。同时,SVG 还提供了很好的动画交互效果,通过定义鼠标事件和键盘事件以及相关的脚本编程就可以实现 SVG 图形的动画效果及交互操作。

(2) Canvas：Canvas 最初由苹果公司内部使用自己的 macOS X WebKit 推出,苹果公司大力推广使用 HTML5,促进了 Canvas 的发展和应用。HTML5 提供了画布元素 <Canvas>,同时定义了很多 API 支持脚本化客户端绘图操作。<Canvas>元素本身是没有

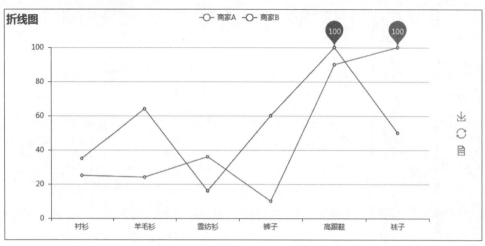

图 4-30　HTML、CSS、JavaScript 可视化作品

任何外观的,但是它在 HTML 文章中创建了一个画板,通过绘图 API 可以在画板中绘制位图模式的图形。

SVG 和 Canvas 是两种图像模式,它们的绘制过程不相同,所以它们有各自的优缺点。SVG 是矢量图,它通过一棵 XML 元素树来实现,使用 SVG 绘制图形,可以很简单地通过移除、增加相应的元素来编辑图形元素。SVG 的矢量特性有时会对性能造成很大的影响,所以 SVG 的整体性能要比 Canvas 差。Canvas 是位图,它通过调用 API 实现绘图,其 API 基于 JavaScript,相对简洁。

【例 4-3】　HTML5 可视化绘图。

在 HTML5 中使用 SVG 绘制图形,代码如下。

```
<!DOCTYPE html>
<html>
  <body>
    <svg xmlns="http://www.w3.org/2000/svg" version="1.1">
      <circle cx="40" cy="60" r="40" fill="green"/>
    </svg>
  </body>
</html>
```

语句 <circle cx="40" cy="60" r="40" fill="green"/> 表示绘制一个圆,颜色为绿色。将此代码保存为 1.html,并在浏览器中运行,如图 4-31 所示。

图 4-31　HTML5 可视化绘图

4.7　本章小结

(1) 数据可视化工具较多,常见的有 Excel、ECharts、Tableau、魔镜以及 D3.js 等。

(2) 使用可视化工具是为了让开发者的工作变得简单且高效,如果开发者能掌握一门以上的编程语言,可视化设计会变得更加容易。常见的可视化编程语言包含 R 语言、Python、HTML、CSS、JavaScript。

4.8 实训

1. 实训目的

(1) 通过本章实训了解数据可视化的工具,能下载并安装可视化工具。

(2) 通过本章实训了解数据可视化的主流编程语言,能使用编程语言开发简单的可视化作品。

2. 实训内容

(1) 下载并安装 Tableau。

① 在网上搜索 Tableau,并根据自己的计算机系统下载对应的版本保存到本地计算机中。本书编者下载的是 Tableau Desktop Pro 2018.3.2 x64,解压后如图 4-32 所示。

图 4-32　下载 Tableau

② 打开文件夹,双击应用程序执行安装。安装完成后,双击在桌面上生成的 Tableau 应用程序图标,如图 4-33 所示。

图 4-33　安装后双击该应用程序图标

③ 运行后进入 Tableau 界面,如图 4-34 所示。

(2) 使用 HTML5 绘制 Canvas 图形,代码如下:

```
<!DOCTYPE html>
<html>
<body>
<canvas id="myCanvas" width="200" height="200" style="border:solid 1px red;">
您的浏览器不支持 Canvas,建议使用最新版的 Chrome
</canvas>
<script>
var c = document.getElementById("myCanvas");        //找到画布
var ctx = c.getContext("2d");                        //获取该 Canvas 的 2D 绘图环境对象
ctx.beginPath();
```

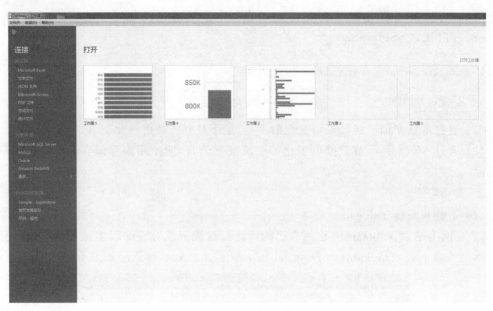

图 4-34　启动界面

```
ctx.arc(100,75,50,0,2*Math.PI);
ctx.stroke();
ctx.strokeRect(30,125,150,30);
ctx.strokeRect(30,10,20,115);
</script>
</body>
</html>
```

该例使用语句<canvas id="myCanvas" width="200" height="200" style="border:solid 1px red;">绘制了 Canvas 区域，使用语句 ctx.arc(100,75,50,0,2*Math.PI)绘制了圆形，使用语句 ctx.strokeRect(30,125,150,30)和 ctx.strokeRect(30,10,20,115)绘制了矩形，运行结果如图 4-35 所示。

（3）使用 HTML5 编写 SVG 图形，代码如下：

```
<!DOCTYPE html>
<html>
<body>
<svg xmlns="http://www.w3.org/2000/svg" version="1.1" height="190">
  <polygon points="100,10 40,180 190,60 10,60 160,180"
    style="fill:pink;stroke:red;stroke-width:5;fill-rule:evenodd;" />
</svg>
</body>
</html>
```

该例使用语句<svg xmlns="http://www.w3.org/2000/svg" version="1.1" height="190">绘制 SVG 图形，使用语句<polygon points="100,10 40,180 190,60 10,60 160,180"绘制点，使用语句 style="fill:pink;stroke:red;stroke-width:5;fill-rule:evenodd;"绘制填充颜色及线条属性，运行结果如图 4-36 所示。

图 4-35　使用 Canvas 绘制图形　　　　图 4-36　使用 SVG 绘制图形

(4) 用 R 语言编写可视化实例。

在安装了 R 以后,输入 plot() 函数绘制散点图,显示广告投入与销售额之间的关系。

```
> x <- c(2,5,1,3,4,1,5,3,4,2)                    # 广告投入
> y <- c(50, 57, 41, 51, 54, 38, 63, 48, 59, 46)  # 销售额
> plot(x, y, xlab = "广告投入(万元)", ylab = "销售额(百万元)", main = "广告投入与销售额
的关系")
```

程序的运行结果如图 4-37 所示。

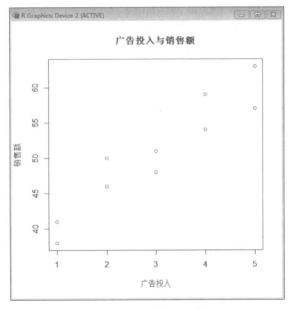

图 4-37　R 散点图示例

(5) 使用 D3.js 实现可视化实例。

```
<!DOCTYPE html>
<html>
<head>
<title>d3.js</title>
<script src = "http://d3js.org/d3.v5.min.js"></script>
</head>
<body>
<script>
        var width = 600;
```

```
            var height = 600;
            var svg = d3.select("body").append("svg")
                        .attr("width",width)
                        .attr("height",height);
            var dataset = [ 30 , 20 , 45 , 32 , 21 ];
            svg.selectAll("rect")
              .data(dataset)
              .enter()
              .append("rect")
              .attr("x",10)
              .attr("y",function(d,i){
                  return i * 30;
              })
              .attr("width",function(d,i){
                  return d * 10;
              })
              .attr("height",28)
              .attr("fill","red");
</script>
</body>
</html>
```

程序的运行结果如图 4-38 所示。

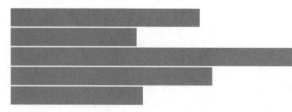

图 4-38　D3.js 可视化

习题 4

1. 请阐述有哪些主流的数据可视化工具。
2. 请阐述 Excel 的可视化特点。
3. Desktop 版和 Server 版的 Tableau 有什么区别？
4. 请阐述有哪些可视化开发语言。

第 5 章 Excel 数据可视化

本章学习目标
- 掌握 Excel 函数。
- 掌握 Excel 图表。
- 掌握 Excel 数据源。
- 掌握 Excel 可视化应用。

本章首先向读者讲解 Excel 函数和图表,再介绍 Excel 数据源,最后以实例形式展示 Excel 的可视化应用。

5.1 Excel 函数与图表

Excel 是大家熟悉的电子表格软件,自 1993 年被微软公司作为 Office 组件发布出来后,已被广泛使用了三十多年。Excel 的主要功能是处理各种数据,不仅可以对记录在案的数据进行排序、筛选,还可以整列、整行地进行自动计算;通过转换,Excel 的图表功能可以使数据更加简洁、明了地呈现出来。但软件本身的默认设置很少能满足所有可视化需求,Excel 的局限在于它一次所能处理的数据量有限,在针对不同的数据集绘制图表时非常麻烦,这就需要用到 VBA 和 Excel 内置编程语言。

扫一扫

视频讲解

5.1.1 Excel 函数

Excel 中的函数其实是预定义的内置公式,它们使用一些被称为参数的特定数值,按照语法所列的特定顺序或结构进行计算。每个函数描述都包括一个语法行,所有的函数必须以等号"="开始,必须按语法的特定顺序进行计算。

在 Excel 中,用户可以通过各类函数来计算平均值,分析销售数据,确定贷款额度,执行排序和筛选数据等一系列的操作。

1. 函数的组成

在 Excel 中,一个完整的函数式通常由 3 部分构成,分别是标识符、函数名称和函数参数,说明如下:

1) 标识符

在单元格中输入计算函数时,必须先输入一个等号"=",这个"="称为函数的标识符。如果不输入"=",Excel 通常将输入的函数式作为文本处理,不返回运算结果。

2) 函数名称

函数标识符后面的英文是函数名称,大多数函数名称是对应英文单词的缩写。有些函数名称是由多个英文单词(或缩写)组合而成的。例如,条件求和函数 SUMIF 是由求和函数 SUM 和条件函数 IF 组成的。

3) 函数参数

函数参数主要有以下几种类型。

(1) 常量参数:常量参数主要包括数值(例如 54.321)、文本(例如计算器)和日期(例如 2019-5-25)等。

(2) 逻辑值参数:逻辑值参数主要包括逻辑真(true)、逻辑假(false)以及逻辑判断表达式(例如,单元格 A1 不等于空表示为"A1 <>()")的结果等。

(3) 单元格引用参数:单元格引用参数主要包括单个单元格的引用和单元格区域的引用等。

(4) 名称参数:在工作簿文档的各个工作表中自定义的名称可以作为本工作簿内的函数参数直接引用。

(5) 其他函数式:用户可以用一个函数式的返回结果作为另一个函数式的参数,对于这种形式的函数式通常称为"函数嵌套"。

(6) 数组参数:数组参数可以是一组常量(例如 1、3、5),也可以是单元格区域的引用。

2. 函数的分类

Excel 2019 提供了丰富的内置函数,按照函数的应用领域分为 13 大类,用户可以根据需要直接进行调用,函数类型及其作用如下所述。

(1) 财务函数:其作用是进行一般的财务计算;

(2) 日期和时间函数:其作用是分析和处理日期及时间;

(3) 数学与三角函数:其作用是在工作表中进行简单的计算;

(4) 统计函数:其作用是对数据区域进行统计分析;

(5) 查找与引用函数:其作用是在数据清单中查找特定数据或查找一个单元格引用;

(6) 数据库函数:其作用是分析数据清单中的数值是否符合特定条件;

(7) 文本函数:其作用是在公式中处理字符串;

(8) 逻辑函数:其作用是进行逻辑判断或者复合检验;

(9) 信息函数:其作用是确定存储在单元格中数据的类型;

(10) 工程函数:其用于工程分析;

(11) 多维数据集函数:其用于从多维数据库中提取数据集和数值;

(12) 兼容性函数:表示这些函数已由新函数替换,新函数可以提供更好的精确度,且通过名称更好地反映其用法;

(13) Web 函数:其作用是通过网页链接直接用公式获取数据。

用户在 Excel 中使用函数时需要注意以下几点:

(1) 函数前必须有"=",然后再输入参数或条件。

(2) 函数中的常量、单元格引用、函数名、运算符等,所有符号必须是英文状态。

(3) 括号必须成对出现,特别是嵌套函数,嵌套了几层就有几对括号。

(4) 如果运算出现错误,在单元格中会显示出相应的错误信息代码。

5.1.2 Excel 图表

图表可以非常直观地反映工作表中数据之间的关系,方便对比与分析数据。用图表表达数据,可以使表达结果更加清晰、直观和易懂,为使用数据提供了便利。本章以 Excel 2019 为例讲解 Excel 数据可视化的实现。

Excel 2019 提供有 17 种内部的图表类型,每一种图表类型又有多种子类型,用户还可以自己定义图表。如图 5-1 所示,用户可以根据实际情况选择原有的图表类型或者自定义图表。

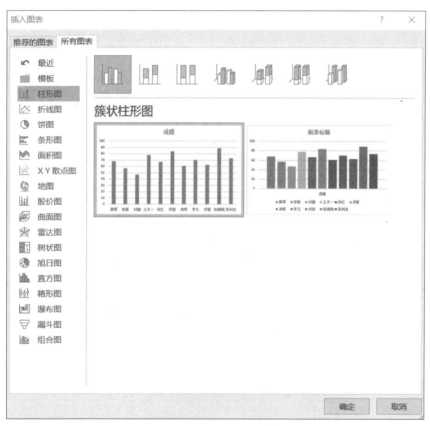

图 5-1 插入图表示意图

1. 图表的构成

图表主要由图表区、绘图区、图表标题、坐标轴、图例、数据表、数据标签和背景等组成。

1) 图表区

整个图表以及图表中的数据称为图表区。在图表区中,当鼠标指针停留在图表元素上方时,Excel 会显示元素的名称,从而方便用户查找图表元素。

2) 绘图区

绘图区主要显示数据表中的数据,数据随着工作表中数据的更新而更新。

3) 图表标题

在创建图表后,图表中会自动创建标题文本框,用户只需在文本框中输入标题即可。

4）坐标轴

在默认情况下，Excel 会自动确定图表坐标轴中的刻度值，用户也可以自定义刻度，以满足使用需要。当在图表中绘制的数值涵盖的范围较大时，可以将垂直坐标轴改为对数刻度。

5）图例

图例用方框表示，用于标识图表中数据系列所指定的颜色或图案。在创建图表后，图例以默认的颜色显示图表中的数据系列。

6）数据表

数据表是反映图表中源数据的表格，图表一般都不显示数据表。

7）数据标签

图表中绘制的相关数据点的数据来自数据的行和列。如果要快速标识图表中的数据，可以为图表的数据添加数据标签，在数据标签中可以显示系列名称、类别名称和百分比。

8）背景

背景主要用于衬托图表，以使图表更加美观。

2. 创建图表的方法

Excel 2019 可以创建嵌入式图表和工作表图表，嵌入式图表就是与工作表数据在一起或者与其他嵌入式图表在一起的图表，而工作表图表是特定的工作表，只包含单独的图表。

【例 5-1】 创建图表。

1）使用快速分析工具创建图表

具体步骤如下：

（1）打开“表 5-1 成绩表.xlsx”工作簿，选择 A1：D12 单元格区域，如图 5-2 所示。

	A	B	C	D	E	F
1	姓名	语文	数学	英语	总分	平均分
2	蔡明	68	88	90	246	82
3	张敏	57	98	70	225	75
4	刘健	47	85	90	222	74
5	王大一	78	67	92	237	79
6	徐红	67	72	56	195	65
7	洪智	84	88	71	243	81
8	周明	61	74	75	210	70
9	李凡	70	62	87	219	73
10	刘甜	63	92	79	234	78
11	张晓晓	89	78	64	231	77
12	宋树生	73	56	72	201	67
13						

图 5-2　选择单元格区域示意图

（2）单击快速分析工具图表或按快捷键 Ctrl＋Q，根据所选区域的数据创建图表，如图 5-3 所示。

（3）选中需要创建的图表类型，可在当前工作表中快速插入相应图表，如图 5-4 所示。

2）使用功能区创建图表

在 Excel 2019 的功能区中也可以方便地创建图表，具体的操作步骤如下：

（1）打开“表 5-1 成绩表.xlsx”工作簿，选择 A1：D12 单元格区域。选择“插入”|“图表”选项组，单击“插入柱形图或条形图”按钮，在弹出的下拉列表中选择“二维柱形图”|“簇状柱形图”选项，如图 5-5 所示。

（2）查看该工作表中生成的柱形图表，效果如图 5-6 所示。

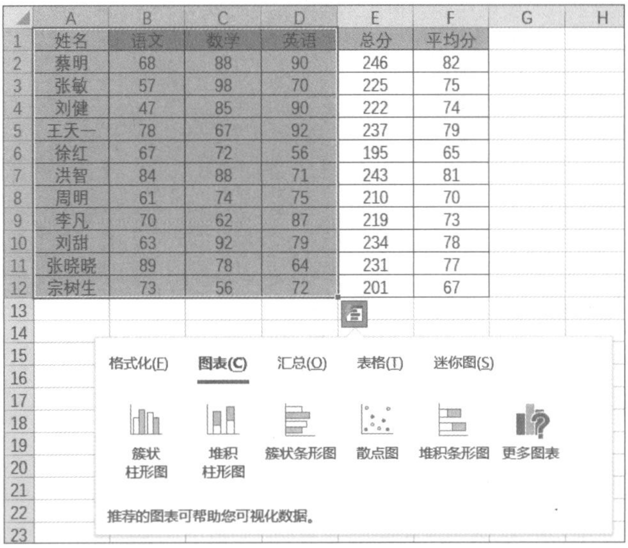

第 5 章　Excel数据可视化

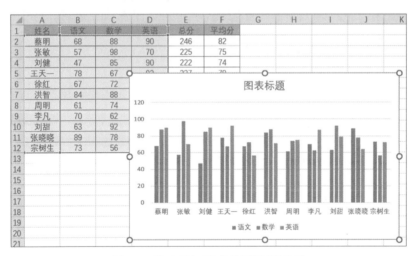

图 5-3　快速分析工具界面示意图

图 5-4　快速插入"簇状柱形图"示意图

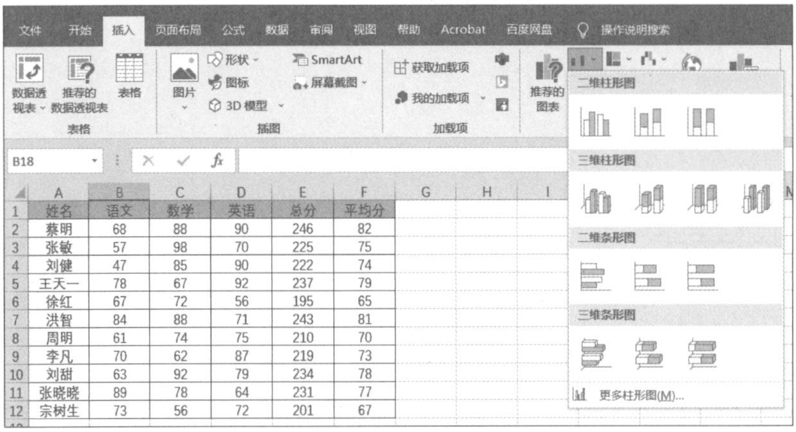

图 5-5　插入"簇状柱形图"示意图

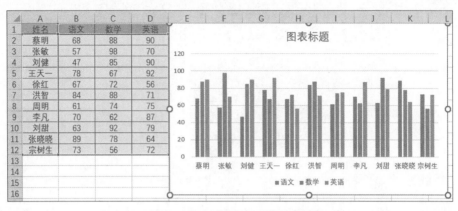

图 5-6　生成"簇状柱形图"示意图

3）使用图表向导创建图表

使用图表向导也可以创建图表,具体的操作步骤如下:

(1) 打开"表 5-1 成绩表.xlsx"工作簿,选择 A1：D12 单元格区域。在"插入"选项卡中单击"图表"选项组右下角的"查看所有图表"按钮,弹出"插入图表"对话框,如图 5-7 所示。

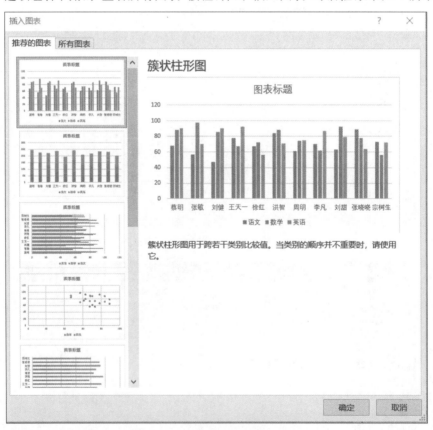

图 5-7　"插入图表"对话框示意图

(2) 在弹出的对话框中可以选择"推荐的图表"选项卡下的图表,也可以在"所有图表"选项卡中查看所有图表类型,选择要插入的图表,单击"确定"按钮,如图 5-8 所示。

第 5 章　Excel 数据可视化

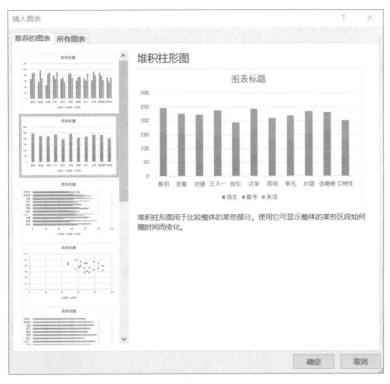

图 5-8　选择"推荐的图表"示意图

5.2　Excel 数据源

5.2.1　导入外部数据

扫一扫

视频讲解

Excel 连接外部数据的好处主要是可以在 Excel 中定期分析此数据,而不用重复地复制数据,复制操作不仅耗时而且容易出错。在连接到外部数据之后,还可以自动刷新(或更新)来自原始数据源的 Excel 工作簿,而不论该数据源是否用新信息进行了更新。

Excel 可以导入很多类型的数据,最为常见的是 Access 数据,下面所举的实例是导入文本文件。

【例 5-2】　在 Excel 中导入外部数据。

(1) 打开一个 Excel 文件的空白表格,如图 5-9 所示。

(2) 在功能区中可以找到"数据"选项卡,单击"数据"选项卡可以看到关于"数据"的横向列表项,如图 5-10 所示。

(3) 此处以导入文本文件类型为例,依次选择"自文件"|"从文本/CSV"选项,如图 5-11 所示。

(4) 在弹出的对话框中找到需要导入的名称为"表 5-2 测试文本"的文本文件的具体位置,单击"导入"按钮,弹出"文本相关内容"对话框,如图 5-12 所示。

(5) 在图 5-12 所示的"文本相关内容"对话框中单击"加载"按钮,实现 Excel 外部数据的导入,进入如图 5-13 所示的界面。

图 5-9　打开"空白 Excel 文件"界面示意图

图 5-10　打开"数据"项界面示意图

图 5-11　选择"从文本/CSV"选项示意图

图 5-12 "文本相关内容"对话框示意图

图 5-13 "Excel外部数据导入"实现示意图

扫一扫

视频讲解

5.2.2 随机产生数据

在日常工作中有许多情景需要生成随机数字,例如抽奖、分班等。在 Excel 中有两个函数可以快速生成随机数据:一个是 RAND 函数,它可以生成 0~1 的随机实数(包含小数位数);另一个是 RANDBETWEEN 函数,它可以随机生成指定范围的随机整数,在设置好相应参数后,按 F9 键刷新随机数据。

【例 5-3】 在 Excel 中随机产生数据。

该例在"表 5-3 随机数表.xlsx"的表格中随机生成 50~100 的随机数据。

(1) 新建"表 5-3 随机数表.xlsx",写入所需内容,并选中需要生成随机数据的单元格,选中后单元格会变成灰色,如图 5-14 所示。

图 5-14 选中需要生成随机数据的单元格

(2) 单击"公式"选项卡中的"插入函数"按钮,弹出"插入函数"对话框,如图 5-15 所示。

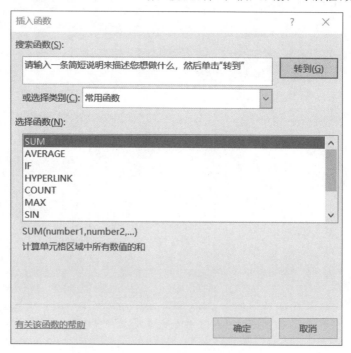

图 5-15 "插入函数"对话框

(3) 类别选择"数学与三角函数",函数选择 RANDBETWEEN,然后单击"确定"按钮,如图 5-16 所示。

图 5-16　选择"数学与三角函数"中的 RANDBETWEEN 函数

(4) 弹出"函数参数"对话框,在 Bottom(最小值)中输入 50,在 Top(最大值)中输入 100,单击"确定"按钮,如图 5-17 所示。

图 5-17　设置函数参数

(5) 返回单元格区域,用鼠标拖动填充其他需要生成随机数的单元格,即可生成 50～100 的随机数据,如图 5-18 所示。

图 5-18　Excel 生成随机数

5.3　Excel 数据可视化的应用

本节将介绍 Excel 中常用的 5 种图表。本节使用的"表 5-4 部分学生成绩表"数据如图 5-19 所示。

5.3.1　直方图

直方图主要用于显示一段时间内的数据变化或显示各项之间的比较情况，从外观上看，直方图与柱形图非常相似，但两者在功能上有明显的不同。一般来说，

图 5-19　"表 5-4 部分学生成绩表"数据

直方图展示的是数据的分布情况，而柱形图则用来比较数据的大小。从统计学上看，直方图描述的是一组数据的频次分布，例如观察某个数值在某一段数据区域中的位置，在一定时间范围内数据是否发生了异常变化，存不存在数据缺口，这些时候都需要用到直方图。

在直方图中，X 轴表示连续的、固定的数据区间，因此图表中柱子的排列是连续的，没有间隙的，并且由于数据区间有长有短，柱子的宽度也会随之改变；Y 轴表示数据的分布情况，通过观察 Y 轴的形状大致可以分析出数据出现的频次和组距。

直方图包括簇状柱形图、堆积柱形图、百分比堆积柱形图、三维簇状柱形图、三维堆积柱形图、三维百分比堆积柱形图和三维柱形图。

【例 5-4】在 Excel 中制作直方图，分析学生在两个学期的成绩。

（1）打开"表 5-4 部分学生成绩表"，选择 A1：C7 单元格区域，然后单击"插入"选项卡中的"查看所有图表"按钮，弹出"插入图表"对话框，在"所有图表"选项卡中选择"柱形图"中的任意一种柱形图类型，例如选择"三维柱形图"，如图 5-20 所示。

（2）单击"确定"按钮，即可在当前工作表中创建一个三维柱形图图表，如图 5-21 所示。

可以看出，在此图表中两排图柱直观地显示出了学生在第一学期和第二学期的成绩差距。

5.3.2　折线图

折线图可以显示随时间（根据常用比例设置）变化的连续数据，因此非常适用于显示相

第 5 章 Excel数据可视化

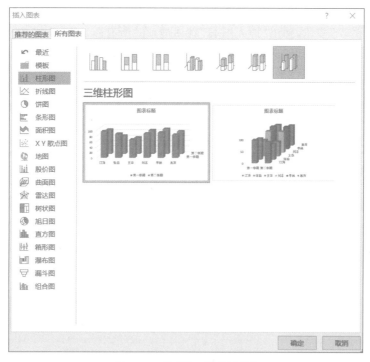

图 5-20　选择"三维柱形图"

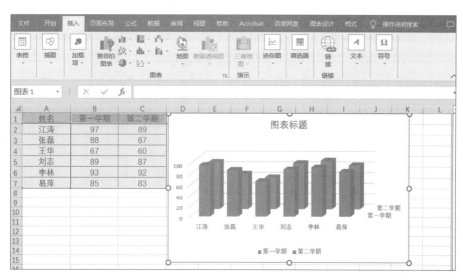

图 5-21　创建三维柱形图图表

等时间间隔下的数据变化趋势。在折线图中,类别数据沿水平轴均匀分布,所有值数据沿垂直轴均匀分布,折线图中的 X 轴通常表示时间段或有序类别,Y 轴表示数值。根据这一特性,折线图多用来强调趋势。在分析结果中,趋势比单个数据点更重要,这也是折线图与其他可视化图表的不同之处。

　　折线图包括折线图、堆积折线图、百分比堆积折线图、带数据标记的折线图、带标记的堆积折线图、带数据标记的百分比堆积折线图和三维折线图。

　　【例 5-5】　在 Excel 中制作折线图,描绘学生成绩变化情况。

(1) 打开"表 5-4 部分学生成绩表",选择 A1:C7 单元格区域,然后单击"插入"选项卡中的"查看所有图表"按钮,弹出"插入图表"对话框,在"所有图表"选项卡中选择"折线图"中的任意一种折线图类型,例如选择"堆积折线图",如图 5-22 所示。

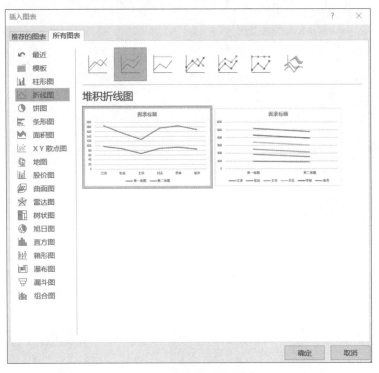

图 5-22　选择"堆积折线图"

(2) 单击"确定"按钮,即可在当前工作表中创建一个堆积折线图图表,如图 5-23 所示。

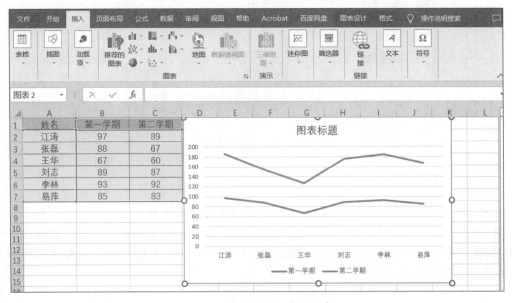

图 5-23　创建堆积折线图图表

从图 5-23 可以看出,折线图不仅能显示学生在两个学期的学习成绩差距,还可以显示学生在两个学期的学习成绩变化。

5.3.3 饼图

饼图用于显示一个数据系列中各项的大小与各项总和的比例,用户在工作中如果遇到需要计算总费用或金额的各个部分构成比例的情况,一般通过各个部分与总额相除来计算,这种表示方法很抽象,使用饼图可以直接以图形的方式显示各个组成部分所占的比例。

饼图包括饼图、三维饼图、字母饼图、复合条饼图和圆环图。

【例 5-6】 在 Excel 中制作饼图,显示学生在第一学期的总成绩的构成情况。

(1)打开"表 5-4 部分学生成绩表",选择 A1:C7 单元格区域,然后单击"插入"选项卡中的"查看所有图表"按钮,弹出"插入图表"对话框,在"所有图表"选项卡中选择"饼图"中的任意一种饼图类型,例如选择"饼图",如图 5-24 所示。

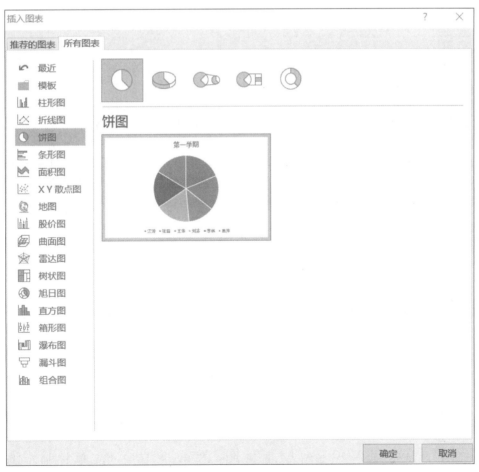

图 5-24 选择"饼图"

(2)单击"确定"按钮,即可在当前工作表中创建一个饼图,如图 5-25 所示。

从图 5-25 可以看出,饼图中显示了各元素所占的比例情况,以及各元素和整体之间、元素和元素之间的对比情况。

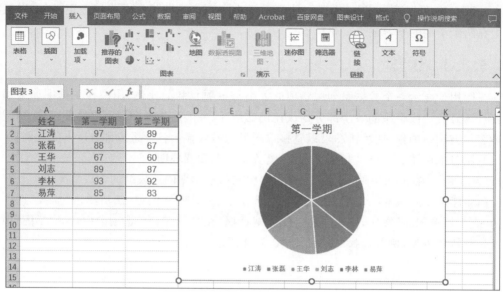

图 5-25　创建饼图

5.3.4　散点图

XY 散点图表示因变量随自变量变化的大致趋势，据此可以选择合适的函数对数据点进行拟合，如果用户要分析多个变量间的相关关系，可利用散点图矩阵同时绘制各自变量间的散点图，这样可以快速发现多个变量间的主要相关性，例如科学数据、统计数据和工程数据。

气泡图与散点图相似，用户可以把气泡图当作显示一个额外数据系列的 XY 散点图，额外的数据系列以气泡的尺寸代表。与 XY 散点图一样，其所有的轴线都是数值，没有分类轴线。

XY 散点图包括散点图、带平滑线和数据标记的散点图、带平滑线的散点图、带直线和数据标记的散点图、带直线的散点图，以及气泡图和三维气泡图。

【例 5-7】　在 Excel 中制作 XY 散点图，描绘学生在两个学期的成绩情况。

（1）打开"表 5-4 部分学生成绩表"，选择 A1：C7 单元格区域，然后单击"插入"选项卡中的"查看所有图表"按钮，弹出"插入图表"对话框，在"所有图表"选项卡中选择"XY 散点图"中的任意一种 XY 散点图类型，例如选择"带平滑线和数据标记的散点图"，如图 5-26 所示。

（2）单击"确定"按钮，即可在当前工作表中创建一个带平滑线和数据标记的散点图，如图 5-27 所示。

（3）打开"表 5-4 部分学生成绩表"，选择 A1：C7 单元格区域，然后单击"插入"选项卡中的"查看所有图表"按钮，弹出"插入图表"对话框，在"所有图表"选项卡中选择"XY 散点图"中的任意一种气泡图类型，例如选择"三维气泡图"，如图 5-28 所示。

（4）单击"确定"按钮，即可在当前工作表中创建一个三维气泡图，如图 5-29 所示。

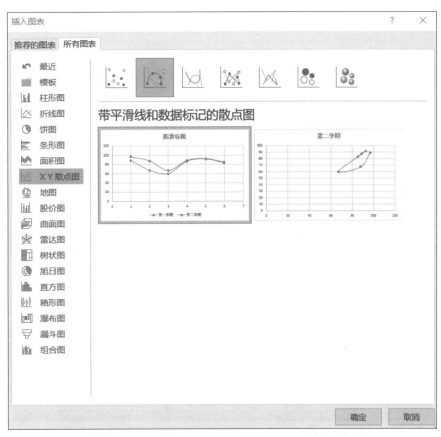

图 5-26　选择"带平滑线和数据标记的散点图"

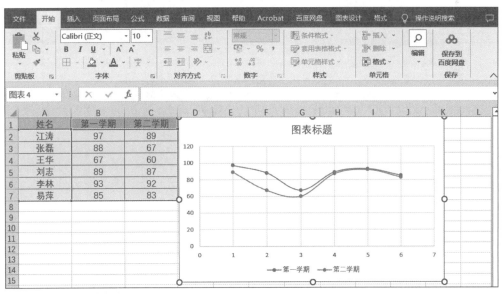

图 5-27　创建带平滑线和数据标记的散点图

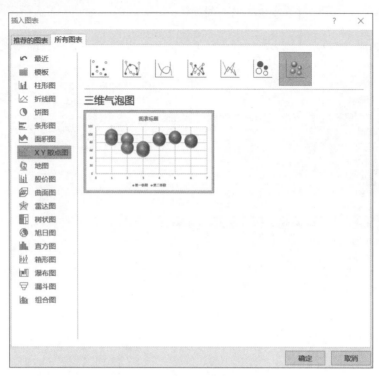

图 5-28 选择"三维气泡图"

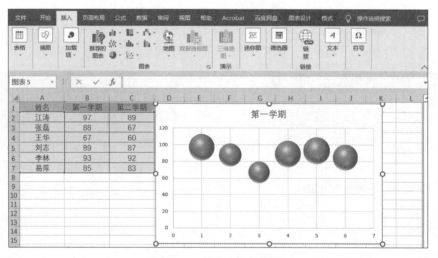

图 5-29 创建三维气泡图

5.3.5 箱形图

箱形图又称为盒须图、盒式图或箱线图,它显示数据到四分位点的分布,突出显示平均值和离群值。箱形图可能具有可垂直延长的名为"须线"的线条,这些线条指示超出四分位点上限和下限的变化程度,处于这些线条或须线之外的任何点都被视为离群值。当有多个数据集以某种方式彼此相关时就可以使用箱形图。

【例 5-8】 在 Excel 中制作箱形图,描绘学生在两个学期的成绩情况。

(1) 打开"表 5-4 部分学生成绩表",选择 A1：C7 单元格区域,然后单击"插入"选项卡中的"查看所有图表"按钮,弹出"插入图表"对话框,在"所有图表"选项卡中选择"箱形图"中的"箱形图"类型,如图 5-30 所示。

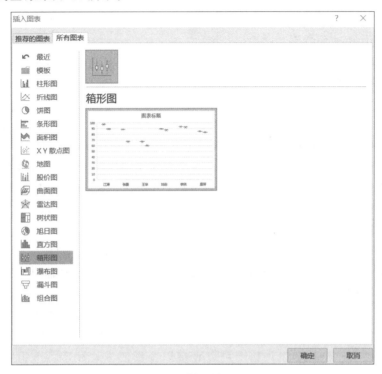

图 5-30　选择"箱形图"

(2) 单击"确定"按钮,即可在当前工作表中创建一个箱形图,如图 5-31 所示。

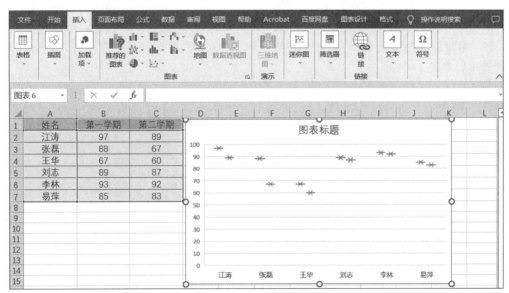

图 5-31　创建箱形图

5.4 本章小结

(1) Excel 中的函数其实是一些预定义的公式,它们使用一些被称为参数的特定数值按特定的顺序或结构进行计算。每个函数描述都包括一个语法行,所有的函数必须以等号"＝"开始,必须按语法的特定顺序进行计算。

(2) 图表可以非常直观地反映工作表中数据之间的关系,可以方便地对比与分析数据。用图表表达数据,可以使表达结果更加清晰、直观和易懂,为使用数据提供了便利。图表主要由图表区、绘图区、图表标题、坐标轴、图例、数据表、数据标签和背景等组成。

(3) Excel 连接外部数据的好处主要是可以在 Excel 中定期分析此数据,而不用重复地复制数据,复制操作不仅耗时而且容易出错。在连接到外部数据之后,还可以自动刷新(或更新)来自原始数据源的 Excel 工作簿,不论该数据源是否用新信息进行了更新。

(4) 在 Excel 中可以使用 RAND 以及 RANDBETWEEN 函数生成随机数。

(5) 直方图也叫柱形图,是较为常用的一种图表类型,主要用于显示一段时间内的数据变化或显示各项之间的比较情况,易于比较各组数据之间的差别。

(6) 折线图可以显示随时间(根据常用比例设置)变化的连续数据,因此非常适用于显示在相等时间间隔下的数据变化趋势。在折线图中,类别数据沿水平轴均匀分布,所有值数据沿垂直轴均匀分布。

(7) 饼图用于显示一个数据系列中各项的大小与各项总和的比例,用户在工作中如果遇到需要计算总费用或金额的各个部分构成比例的情况,一般通过各个部分与总额相除来计算,这种表示方法很抽象,使用饼图可以直接以图形的方式显示各个组成部分所占的比例。

(8) XY 散点图表示因变量随自变量变化的大致趋势,据此可以选择合适的函数对数据点进行拟合。气泡图与散点图相似,用户可以把气泡图当作显示一个额外数据系列的 XY 散点图,额外的数据系列以气泡的尺寸代表。

(9) 箱形图又称为盒须图、盒式图或箱线图,它显示数据到四分位点的分布,突出显示平均值和离群值。

5.5 实训

1. 实训目的

(1) 通过本章实训掌握函数和公式的原理。
(2) 掌握在单元格或编辑栏中直接输入带函数的公式的方法。
(3) 掌握 Excel 2019 中数据可视化的实现方法。
(4) 掌握 Excel 2019 中数据透视图的实现方法。

2. 实训内容

(1) 用直接输入的方法以及使用"直接输入"和"插入函数"混合的方法分别求解每位同学的计算机成绩与计算机的平均成绩之差。表格内容如图 5-32 所示。

	A	B	C
1	姓名	计算机	与平均成绩之差
2	何叶	73	
3	胡天	90	
4	李林	76	
5	王平	62	
6	张龙	76	
7	赵飞	91	
8	陈磊	88	
9	田丰	78	

图 5-32 表格内容

① 选中需要求解平均成绩之差的单元格,在 C2 单元格或编辑栏中直接输入"=B2-AVERAGE(B＄2:B＄9)",该公式的含义是用 B2 单元格的值减去 B2 到 B9 单元格的平均值,从而得到 B2 单元格的值与平均成绩之差,按 Enter 键或单击"输入"按钮确认,如图 5-33 所示。

图 5-33 公式中套用函数

② 同理在 C3 单元格或编辑栏中直接输入"=B3-AVERAGE(B＄2:B＄9)",在 C4 单元格或编辑栏中直接输入"=B4-AVERAGE(B＄2:B＄9)",C5 至 C9 单元格以此类推,也可以使用公式填充的方式完成求解平均成绩之差。最终得到的结果如图 5-34 所示。

图 5-34 公式中套用函数示意图 1

③ 选中需要求解平均成绩之差的单元格,在 C2 单元格或编辑栏中直接输入"=B2-",再选择功能区中"公式"下的"插入函数",弹出"插入函数"对话框,选择"AVERAGE"函数并单击"确定"按钮,如图 5-35 所示。

④ 设置函数参数如图 5-36 和图 5-37 所示。

⑤ 单击"确定"按钮,得到的结果如图 5-38 所示。

(2) 在表格中创建以"职务"为数据系列、以"部门"为分类,对基本工资汇总求和的数据透视图。表格内容如图 5-39 所示。

① 选择数据透视表的数据清单中的任意一个单元格。

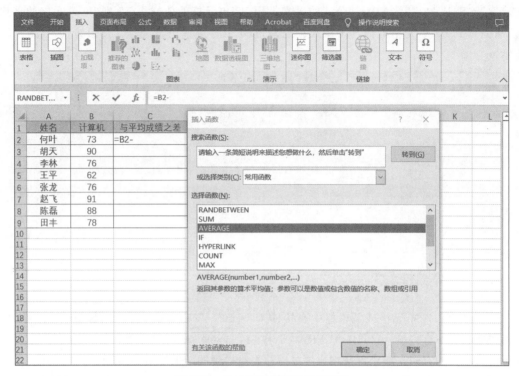

图 5-35　公式中套用函数示意图 2

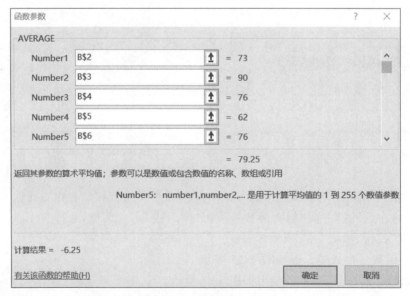

图 5-36　设置函数参数示意图 1

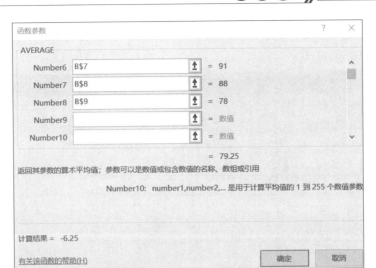

图 5-37　设置函数参数示意图 2

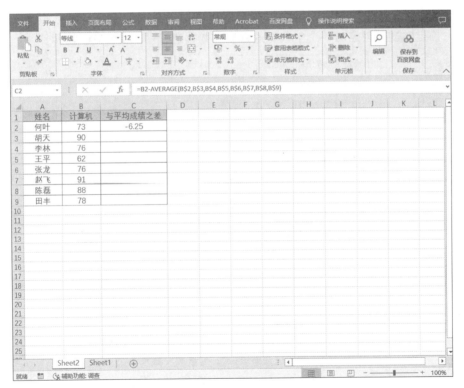

图 5-38　公式中插入函数

编号	姓名	性别	部门	职务	基本工资	奖金	应发工资
1	张敏	女	企划	职员	3000	100	3100
2	谢林	男	销售	经理	4500	300	4800
3	李婷	女	企划	职员	1800	200	2000
4	王珊	女	生产	职员	2750	200	2950
5	赵风	男	生产	经理	5000	200	5200
6	陈力	男	服务	职员	2800	100	2900

图 5-39　表格内容

② 在"插入"选项卡的"图表"选项组中打开"数据透视图"按钮的下拉列表,选择"数据透视图"选项,如图 5-40 所示。

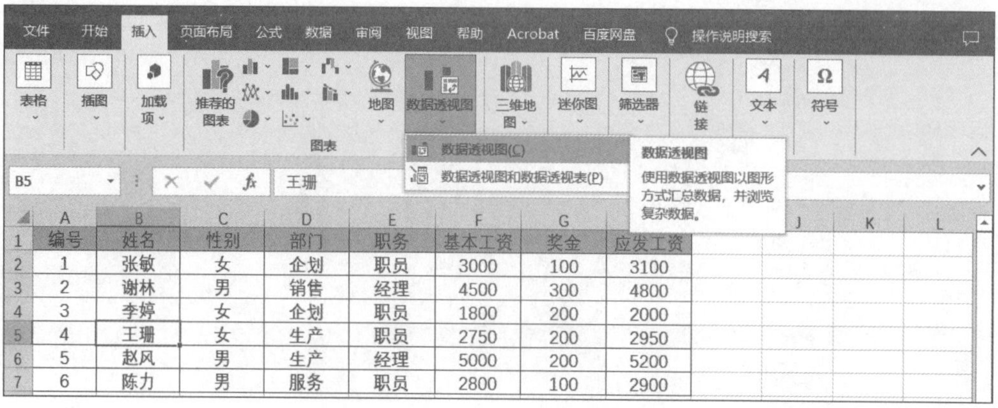

图 5-40 选择"数据透视图"示意图

③ 弹出"创建数据透视图"对话框,按照创建数据透视图的方法设置数据源和放置位置,单击"确定"按钮,创建出一个空数据透视表和数据透视图,如图 5-41 所示。

图 5-41 "创建数据透视图"的参数设置示意图

④ 在"数据透视表字段列表"任务窗格中,"图例(系列)"对应了数据透视表中的"列标签",此处拖动"职务"到"图例(系列)"中;"轴(类别)"对应了数据透视表中的"行标签",此处拖动"部门"到"轴(类别)"中;拖动"基本工资"到"Σ值"求和项中。将各个字段拖动到相应的编辑框中,获得数据透视表和透视图,得到如图 5-42 所示的数据透视图结果。

(3) 根据某时期淘宝和天猫上购买婴儿用品的情况,运用 Excel 进行图表绘制并分析数据。

① 明确问题/提出问题:

- 哪一类商品销量最高?

第 5 章　Excel数据可视化

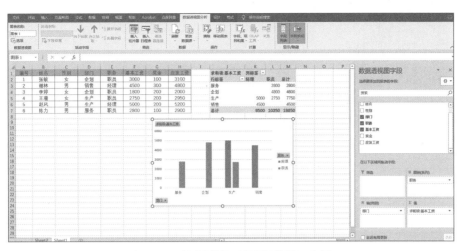

图 5-42　创建"数据透视图"结果示意图

- 每个季度的销量如何？

② 理解数据：主要观察数据的组成，包括哪些字段，每个字段的含义是什么，和其他字段的关系如何。

"表 5-5 商品信息表"中有以下 7 个字段。

- 用户 ID：买家的唯一标识用户 ID，与婴儿信息表关联。
- 商品编号：商品的唯一编号。
- 商品一级分类：衣、食、住、行比较大的分类，例如衣服、辅食等。
- 商品二级分类：相对于一级分类较小的分类，例如衣服大类下的上衣、下衣等。
- 商品属性：商品的尺寸、颜色等，例如一件 T 恤的尺寸、颜色。
- 购买数量。
- 购买时间。

"表 5-5 商品信息表"的部分数据如图 5-43 所示。

③ 清洗数据：清洗数据主要是对用户要观察的数据进行列重命名（便于理解）、删除重复值、处理缺失值、一致化、数据排序、异常值处理等操作。

因为同一个用户会有多次购买的情况，不需要删除重复值，若商品属性中有缺失值，可以用 0 补齐。首先选中要处理的列，然后单击"查找与选择"，在下拉列表中选择"替换"选项，如图 5-44 所示。

在"查找和替换"对话框中设置"查找内容"为空、"替换为"为 0，单击"全部替换"按钮，如图 5-45 所示。

最后就可以填满该列的所有空值为 0 了，一共完成了 144 处替换，如图 5-46 所示。

对商品购买时间进行日期一致化处理。首先选中要处理的列，然后在"数据"选项卡中单击"分列"按钮，如图 5-47 所示。

根据文本分列向导进行操作，如图 5-48 所示。

单击"完成"按钮，日期格式进行了统一，如图 5-49 所示。

④ 数据分析/构建模型：可以借助 Excel 的数据透视表功能来帮助人们了解表中的数据，具体操作是选中要分析的数据，单击功能区中的"插入"，然后选择数据透视表，再单击"确定"按钮，如图 5-50 所示。

	A	B	C	D	E	F	G	H
1	用户ID	商品编号	商品二级分类	商品一级分类	商品属性	购买数量	购买时间	
2	786295544	41098319944	50014866	50022520	21458:86755362;13023209:3	2	2014/9/19	
3	532110457	17916191097	50011993	28	21458:11399317;1628862:32	1	2013/10/11	
4	249013725	21896936223	50012461	50014815	21458:30992;1628665:92012	1	2013/10/11	
5	917056007	12515996043	50018831	50014815	21458:15841995;21956:3494	2	2014/10/23	
6	444069173	20487688075	50013636	50008168	21458:30992;13658074:3323	1	2014/11/3	
7	152298847	41840167463	121394024	50008168	21458:3408353;13023209:72	1	2014/11/3	
8	513441334	19909384116	50010557	50008168	25935:21991;1628665:29784	1	2012/12/12	
9	297411659	13540124907	50010542	50008168	21458:60020529;25935:3138	1	2012/12/12	
10	82830661	19948600790	50013874	28	21458:11580;21475:137325	1	2012/11/1	
11	475046636	10368360710	203527	28	22724:40168;22729:40278;2	1	2012/11/1	
12	734147966	15307958346	50018202	38	21458:3270827;7361532:287	2	2012/11/1	
13	68547330	21162876126	50012365	122650008	1628665:3233941;1628665:3	1	2012/11/23	
14	697081418	15898050723	50013636	50008168	21458:19726868;1633959:17	1	2012/11/23	
15	377550424	15771663914	50015841	28	1628665:3233941;1628665:3	1	2012/11/23	
16	88313935	22532727492	50013711	50008168	1628665:3233941;1628665:3	1	2013/10/5	
17	25918750	16078389250	50012359	122650008	21458:3405407;1633959:618	1	2013/10/5	
18	350288528	35086271572	50010544	50008168	21458:61813;25935:21991;1	1	2013/11/29	
19	348090113	17436967558	50009540	50014815	21458:21910;3110425:30696	1	2013/11/29	
20	1635282280	36153356431	50013207	50008168	1628665:29784;1628665:297	1	2013/11/29	
21	530850018	22058239899	50024147	28	21458:205007542;43307470:	1	2014/2/10	
22	749507708	19171641742	50018860	28	21458:3602856;1628665:323	1	2014/2/10	
23	201088567	38564176352	50013207	50008168	1628665:3233941;1628665:3	1	2014/5/2	
24	469517728	8232924597	211122	38	21458:21782;36786:4278102	6	2014/5/2	
25	691367866	17712372914	121434042	50014815	21458:49341152;8021059:55	1	2014/8/4	
26	77193822	35537441586	50006520	50014815	22277:6262384;21458:30992	2	2014/8/4	
27	605678021	15502618744	50010555	50008168	25935:31381;1628665:32339	1	2013/2/26	
28	47702620	26481508332	121412034	50014815	21458:49341152;11057903:4	1	2014/9/18	
29	763560371	40945285800	50012365	122650008	21458:30992;1628665:32339	1	2015/2/1	
30	408028533	35838498718	50012442	50008168	21458:3596449;6811831:344	1	2014/10/9	
31	53566371	27177784760	121394024	50008168	21458:42090508;1628665:32	1	2014/10/9	
32	69873877	40133707057	50010555	50008168	21458:30992;25935:31381;1	1	2014/10/17	
33	1609185254	42001753405	121394024	50008168	21458:30992;1628665:32339	1	2014/12/28	
34	1746148145	41181827319	50012365	122650008	21458:621749996;13023209:	1	2014/12/28	
35	256475742	39059292616	121452056	50008168	1628665:29784;1628665:297	1	2014/7/11	
36	405194127	15462429573	50007011	50008168	21458:35624651;1633959:73	1	2012/8/19	
37	938309370	14149079479	50023669	28	21458:4204704;11820090:10	1	2012/8/19	
38	84258337	14653740604	50016704	50022520	21458:3394654;5261331:437	1	2012/8/19	
39	14466144	17610665576	50011993	28	21458:104000;21475:137325	1	2013/3/27	
40	177724549	14228645401	50018824	38	21475:108284;6933666:9605	1	2013/3/27	
41	727823869	39674261411	121466023	50008168	21458:14332755;1628665:32	2	2014/8/13	
42	659020106	40484992676	50011993	28	21458:16162126;13023209:1	1	2014/8/13	

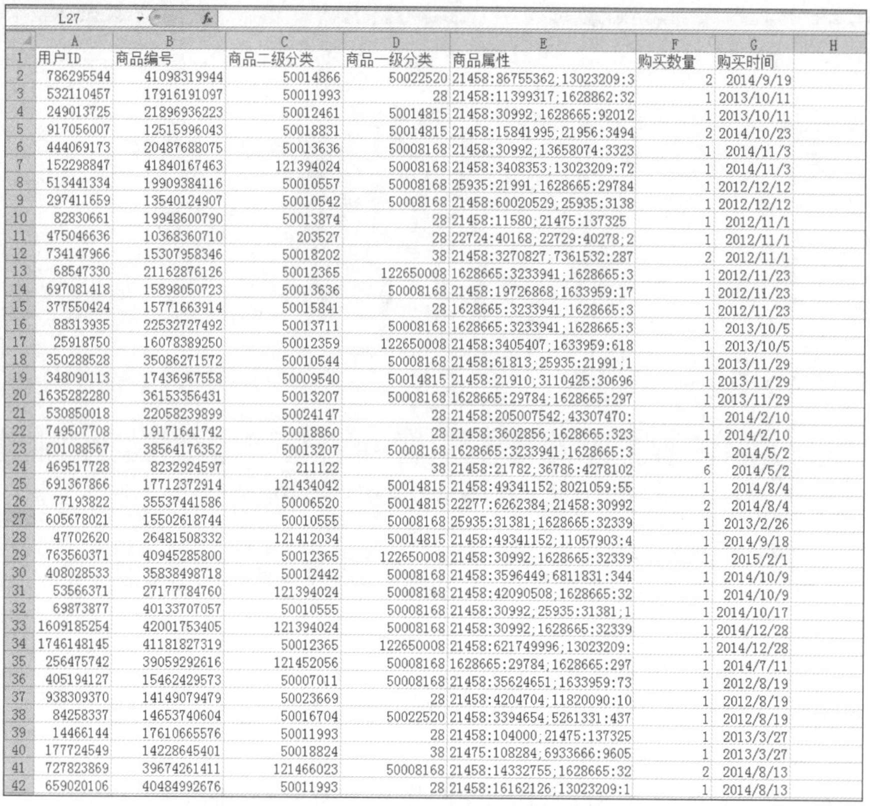

图 5-43　商品信息表的部分数据

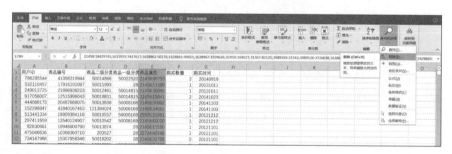

图 5-44　选择“替换”选项

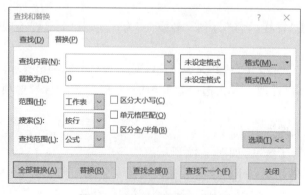

图 5-45　“查找和替换”对话框

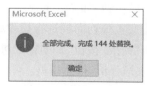

图 5-46　查找和替换结果

第 5 章　Excel数据可视化

图 5-47　单击"分列"按钮

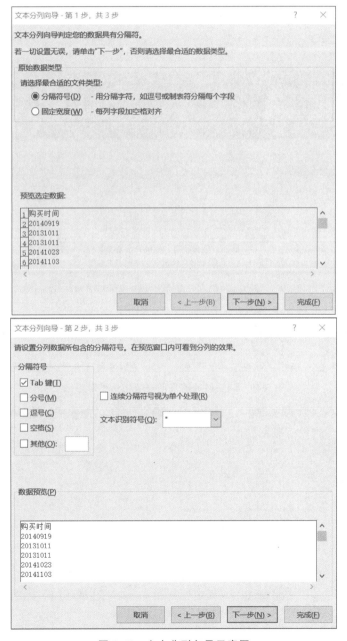

图 5-48　文本分列向导示意图

图 5-48 （续）

	A	B	C	D	E	F	G
1	用户ID	商品编号	商品二级分类	商品一级分类	商品属性	购买数量	购买时间
2	786295544	41098319944	50014866	50022520	21458:86755	2	2014/9/19
3	532110457	17916191097	50011993	28	21458:11399	1	2013/10/11
4	249013725	21896936223	50012461	50014815	21458:30992	1	2013/10/11
5	917056007	12515996043	50018831	50014815	21458:15841	2	2014/10/23
6	444069173	20487688075	50013636	50008168	21458:30992	1	2014/11/3
7	152298847	41840167463	121394024	50008168	21458:34083	1	2014/11/3
8	513441334	19909384116	50010557	50008168	25935:21991	1	2012/12/12
9	297411659	13540124907	50010542	50008168	21458:60020	1	2012/12/12
10	82830661	19948600790	50013874	28	21458:11580	1	2012/11/1

图 5-49 购买时间的日期一致化结果示意图

图 5-50 创建数据透视表的示意图

将"商品一级分类"拖至行,对购买数量进行求和计算与计数,得到的结果如图 5-51 所示,可以看到一级商品分类号为 28 的商品销量最高,有 28545 次,但购买次数却不是最大的,为 6963,说明用户对该类商品会一次购买多件,应该是衣服之类的一些小的日常用品。

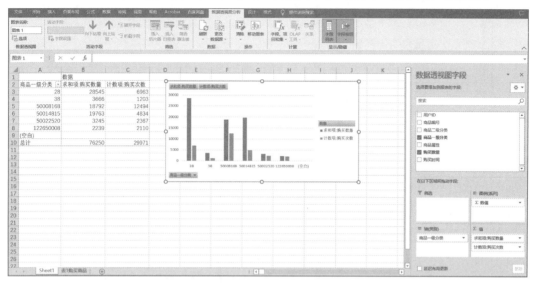

图 5-51　分析一级商品销量

继续观察该大类下的二级商品的销量,其中 50011993 类的销量最高,如图 5-52 所示。

商品一级分类	商品二级分类	数据	
		计数项:购买次数	求和项:购买数量
⊟28	50011993	864	3609
	50003700	407	2145
	50023670	250	412
	251725	229	423
	50012424	199	258

图 5-52　分析 28 类下二级商品的销量

接下来查看所有一级商品销量的整体统计情况,可以看到每种商品的单次购买最大值和最小值以及平均每次购买量,如图 5-53 所示。

	A	B	C	D	E	F
1		数据				
2	商品一级分类	求和项:购买数量	计数项:购买次数	最大值项:购买数量	最小值项:购买数量	平均值项:购买数量
3	28	28545	6963	2800	1	4.099526066
4	38	3666	1203	100	1	3.047381546
5	50008168	18792	12494	2748	1	1.504081959
6	50014815	19763	4834	10000	1	4.088332644
7	50022520	3245	2367	200	1	1.370933671
8	122650008	2239	2110	27	1	1.061137441
9	(空白)					
10	总计	76250	29971	10000	1	2.544125988

图 5-53　一级商品销量的整体统计情况

再回到一级分类为 28 的品类的销量上,观察其 4 个季度的销量,可以看到 2012 年、2013 年、2014 年内该品类在第一、二、三、四季度的销量逐渐升高,如图 5-54 所示。可以预测 2015 年第二季度的销量会高于第一季度的 2560,插入图形更容易看出趋势,如图 5-55 所示。

	A	B	C	D	E	F	G	H	I	J
1	求和项:购买数量			商品一级分类						
2	年	季度	购买时间	28	38	50008168	50014815	50022520	122650008	总计
3	⊟2012年	⊟第三季		868	245	949	475	179	61	2777
4		⊟第四季		1489	221	1081	971	221	163	4146
5	2012年 汇总			2357	466	2030	1446	400	224	6923
6	⊟2013年	⊟第一季		1726	195	762	607	205	148	3643
7		⊟第二季		1571	268	1307	763	509	184	4602
8		⊟第三季		2998	342	1501	770	246	125	5982
9		⊟第四季		4922	314	1639	1115	307	289	8586
10	2013年 汇总			11217	1119	5209	3255	1267	746	22813
11	⊟2014年	⊟第一季		2275	320	1108	732	291	200	4926
12		⊟第二季		3100	327	2334	1235	365	297	7658
13		⊟第三季		3478	489	4971	1263	350	234	10785
14		⊟第四季		3558	643	2417	11370	454	430	18872
15	2014年 汇总			12411	1779	10830	14600	1460	1161	42241
16	⊟2015年	⊟第一季		2560	302	723	462	118	108	4273
17	2015年 汇总			2560	302	723	462	118	108	4273
18	总计			28545	3666	18792	19763	3245	2239	76250

图 5-54 4 个季度的销量变化

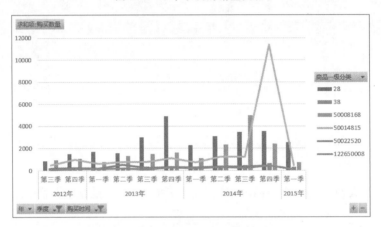

图 5-55 各季度销量的趋势图

习题 5

1. 请阐述 Excel 2019 中函数的组成。
2. Excel 2019 提供了多少种内部的图表类型?
3. 直方图有哪些类型?
4. 折线图有哪些类型?
5. 饼图有哪些类型?
6. XY 散点图(气泡图)有哪些类型?

第 6 章 Tableau数据可视化

本章学习目标
- 了解 Tableau 产品。
- 了解 Tableau 界面。
- 掌握 Tableau 的使用方法。
- 掌握如何使用 Tableau 绘制可视化图表。
- 掌握 Tableau 数据分析。

本章先向读者介绍 Tableau 技术及产品分类,再介绍 Tableau 的界面,接着介绍 Tableau 的使用方法,最后介绍使用 Tableau 绘制可视化图表以及 Tableau 数据分析在可视化设计中的应用。

6.1 Tableau 和 Tableau 界面

扫一扫

视频讲解

6.1.1 Tableau 介绍

1. Tableau 技术介绍

Tableau 是用于可视化分析数据的商业智能工具,也是目前全球最易于上手的报表分析工具。商业智能的概念最早在 1996 年提出,当时将商业智能定义为一类由数据仓库(或数据集市)、查询报表、数据分析、数据挖掘、数据备份和恢复等部分组成的以帮助企业决策为目的的技术及其应用。

Tableau 能够根据用户的业务需求对报表进行迁移和开发,实现业务分析人员独立自主、简单快速、以界面拖曳操作方式对业务数据进行联机分析处理、即时查询等功能。同样,普通用户也可以创建与分发交互式和可共享的仪表板,以图形和图表的形式描绘数据的趋势、变化和密度。正因为 Tableau 程序很容易上手,所以各大公司都可以用它将大量数据拖放到数字"画布"上,以创建各种类型的可视化图表。

Tableau 软件的理念是界面上的数据越容易操控,公司对自己在所在业务领域里的所作所为到底是正确还是错误了解得越透彻。

在使用中,Tableau 可以连接到一个或多个数据源,支持单数据源的多表连接和多数据源的数据融合,可以轻松地对多源数据进行整合分析而无须任何编程基础。在连接数据源后只需用拖曳的方式就可以快速地创建出交互、精美、智能的视图和仪表板。任何 Excel 用户甚至是零基础的用户都能很快、很轻松地使用 Tableau Desktop 直接面对数据进行分析,从而摆脱对开发人员的依赖。

目前，Tableau 的应用已经遍及商业服务、电信、能源、交通、互联网、金融保险、医疗卫生、制造业、娱乐业以及政府部门中，因此在大数据可视化的学习中掌握该软件的应用十分有必要。

Tableau 主要有以下几个特点。

(1) 安全性：Tableau 可以安全地连接到本地或云端的任何数据源，以实时连接或数据提取的形式发布和共享数据源，让每个人都可以使用客户的数据，并且兼容热门的企业数据源，例如 Cloudera Hadoop、Oracle、AWS Redshift、多维数据集、Teradata、Microsoft SQL Server 等。

(2) 易用性：Tableau 提供了一个非常新颖且易用的使用界面，使得在处理规模巨大、多维的数据时也能即时从不同角度和设置下看到数据所呈现出的规律。此外，Tableau 通过数据可视化方面的技术使数据挖掘变得平民化，而其自动生成和展现出的图表丝毫不逊色于互联网上美工编辑的水平。

(3) 自助式开发：Tableau 开发者只需用拖曳的方式就可以快速地创建出交互、美观、智能的视图和仪表板，以及各种图表类型，例如饼图、柱状图、条形图、气泡图、热力图、瀑布图、突出表、折线图、散点图、交叉表等，并且 Tableau 拥有自动推荐图形的功能，用户只要选择好字段，软件就会自动推荐一种图形来展示这些字段。

(4) 有效管控：Tableau 是一个现代企业分析平台，可在管控之下提供大规模自助式分析功能。Tableau 可帮助组织为所有用户提供受信任的数据源，以便他们使用适当的数据快速地作出正确决策。

2．Tableau 产品介绍

Tableau 主要包括个人计算机所安装的桌面端软件 Desktop 和企业内部数据共享的服务器端软件 Server 两种形式，通过 Desktop 与 Server 配合可实现报表从制作到发布共享再到自动维护报表的过程。

1) Tableau Desktop

Tableau Desktop 是一款桌面端分析工具。此工具支持现有的主流的各种数据源类型，包括 Microsoft Office 文件、逗号分隔文本文件、Web 数据源、关系数据库和多维数据库。

Tableau Desktop 适用于多种数据文件与数据库，它具有良好的数据可扩展性，不受限于所处理数据的大小，并将数据分析变得轻而易举。

Tableau Desktop 分为个人版和专业版，个人版只能连接到本地数据源；专业版还可以连接到服务器上的数据库。

2) Tableau Server

Tableau Server 是一款基于 Web 平台的商业智能应用程序，可以通过用户权限和数据权限管理使用 Tableau Desktop 制作的仪表板，同时也可以发布和管理数据源。当业务人员用 Tableau Desktop 制作好仪表板后，可以把交互式仪表板发布到 Tableau Server。

从技术上看，Tableau Server 是基于浏览器的分析技术，其他查看报告的人员可以通过浏览器或者使用 iPad 或 Android 平板中免费的 APP 浏览、筛选、排序分析报告。此外，它还支持数据的定时、自动更新，无须业务人员定期重复地制作报告。

从安全性上看，客户无论是将数据存放在本地还是云端，Tableau Server 都能让客户灵活集成到现有的数据基础架构中。在本地的 Windows 或 Linux 系统上安装 Tableau Server,可在防火墙的保护下实现最佳控制。另外,借助 AWS、Azure 或 Google Cloud Platform 实现公有云部署,可以利用现有云端投资。

Tableau Server 还支持行业标准身份验证,包括 Active Directory、Kerberos、OpenID Connect、SAML、受信任票证和证书等。Tableau Server 还具备自己的内置用户身份服务——本地身份验证,Tableau Server 会为系统中的每位指定用户创建并维护一个账户,该账户在多个会话间保留,实现一致的个人化体验。作者和发布者还可在其发布的视图中使用服务器范围的身份信息,以控制其他用户可以查看和下载哪些数据。

因此,Tableau Server 提供了全面的功能和深入的集成,帮助用户应对企业安全的方方面面。

3) Tableau Online

Tableau Online 是 Tableau Server 的软件及服务托管版本,也是完全托管在云端的分析平台,它利用云端分析可视化技术让商业分析比以往更加快速、轻松。用户可以利用 Tableau Online 发布仪表板,然后与同事、合作伙伴或者客户共享。

利用 Tableau Online 可以省去硬件与安装时间。利用 Web 浏览器或移动设备中的实时交互式仪表板可以让公司的每一个人都成为数据分析高手,例如在仪表板上批注、分享发现等,而这一切都可以在安全的 Web 平台上完成。

4) Tableau Mobile

Tableau Mobile 可以帮助用户随时掌握数据,但需要搭配 Tableau Online 或 Tableau Server 账户才能使用。

5) Tableau Public

Tableau Public 是 Tableau 的免费版本,主要用于在短时间内创建图表、地图、仪表板、应用程序等,适合所有想在 Web 上讲述交互式故事的人。

3. Tableau 的文件类型

用户可以使用多种不同的 Tableau 文件类型,例如 Tableau 工作簿、打包工作簿、Tableau 数据提取、Tableau 数据源和 Tableau 书签等,以保存和共享工作成果与数据源。常见的文件类型主要包含以下几种。

(1) Tableau 工作簿(.twb):可视化内容,但无源数据,下次打开时需要打开源数据。

(2) 打包工作簿(.twbx):创建工作簿的所有信息和资源。

(3) Tableau 数据源(.tds):包含新建数据源所需的信息,例如数据源类型和数据源连接信息,数据源上的字段属性,以及在数据源上创建的组、集和计算字段等。

(4) Tableau 数据源(.tdsx):包含数据源(.tds)文件中的所有信息以及任何本地文件数据源(Excel、Access、文本和数据提取)。

(5) Tableau 书签(.tbm):如果原始工作簿是一个打包工作簿,创建的书签就包含可视化内容和书签。

(6) Tableau 数据提取(.tde):部分或整个数据源的一个本地副本。

4. Tableau 的数据类型

Tableau 中常见的数据类型包含数字(十进制)、数字(整数)、日期和时间、日期、字符串、

5. Tableau 的图表类型

Tableau 中常见的图表类型包含热力图、文本表、地图、饼图、水平条、堆叠条、并排条、树状图、圆视图、并排圆、线图、面积图、散点图、直方图、盒须图、甘特图、气泡图。

6.1.2 Tableau 界面介绍

1. Tableau 开始界面

本书以 Tableau Desktop Pro 2018.3.2 为例介绍 Tableau 的使用。运行 Tableau,进入开始界面,如图 6-1 所示。

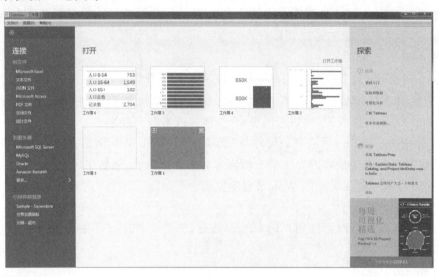

图 6-1 Tableau 开始界面

图 6-2 Tableau"连接"区域

从图 6-1 可以看出,Tableau 开始界面主要分为 3 个部分,即左侧的"连接"区域、中间的"打开"区域和右侧的"探索"区域。

(1) "连接"区域：该区域主要用于将要显示的数据文件与 Tableau 建立连接。该区域分为 3 个部分,即"到文件""到服务器"和"已保存数据源",如图 6-2 所示。

(2) "打开"区域：该区域用于打开已经创建好的工作簿,如图 6-3 所示。

(3) "探索"区域：该区域主要用于获取相应的资源,如图 6-4 所示。

2. 工作表工作区

在 Tableau 开始界面中选择"文件"|"新建"命令,即可进入 Tableau 工作区中,如图 6-5 和图 6-6 所示。

从图 6-6 可以看出,Tableau 工作区是一个图形化操作界面,用户可以在此界面中执行数据可视化的操作。

Tableau 工作区是制作工作表、设计仪表板、生成故事、发布和共享工作簿的工作环境,其主要功能如下。

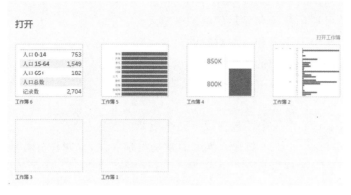

图 6-3 Tableau"打开"区域

图 6-4 Tableau"探索"区域

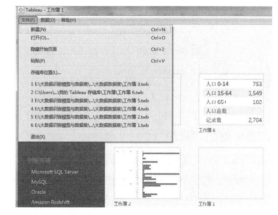

图 6-5 新建工作表工作区

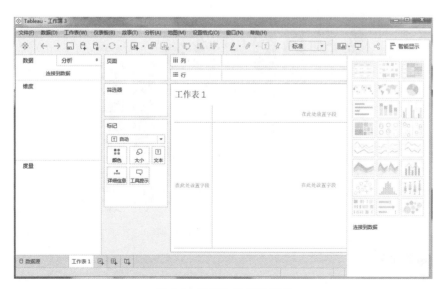

图 6-6 工作表工作区界面

(1) 工作表：可视化分析和显示的最基本单元。

(2) 仪表板：多个工作表和一些对象的组合。

(3) 故事：按照顺序排列的工作表或者仪表板的组合。

(4) 工作簿：包含一个或多个工作表、仪表板和故事，它是存放用户在 Tableau 中的工作成果的容器。

此外，在 Tableau 工作区中还包含以下两个重要的参数。

图 6-7 维度与度量显示区域

(1) 维度：维度通常是类别字段，也叫作分类数据，例如"订单优先级""姓名""地区"等。具体来说，Tableau 中的维度用于设置粒度，即视图中的详细级别。

(2) 度量：度量通常是指标，即数字数据，也叫作定量数据，例如"运费成本""成绩""人均医疗费用"等。在 Tableau 中度量即聚合，它们在视图中聚合到维度所设置的粒度，因此度量的价值取决于维度环境。

在 Tableau 中为了使用户更好地区分维度与度量，维度一般用蓝色的字段表示，度量一般用绿色的字段表示。维度与度量显示区域如图 6-7 所示。

在 Tableau 中维度与度量的最大区别是，在将数据字段拖入视图中时，通常情况下维度会创建标题，而度量会建立坐标轴。如图 6-8 所示，"姓名"表示维度，"成绩"代表度量。

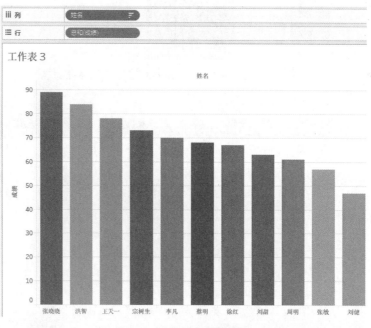

图 6-8 维度与度量的区别

3. 故事工作区

故事是 Tableau 8.2 之后新增的特性，一般将故事用作演示工具，按顺序排列视图或仪表板。选择"故事"|"新建故事"命令即可打开故事工作区，操作如图 6-9 所示。

第6章 Tableau数据可视化

图 6-9 新建故事

故事工作区界面如图 6-10 所示。

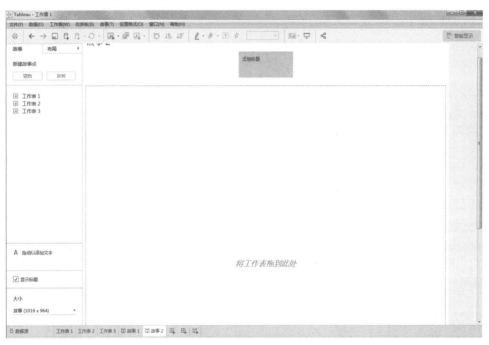

图 6-10 故事工作区界面

从图 6-10 可以看出，故事是一系列通过共同作用来传达信息的虚拟化项。用户可以创建故事来讲述数据、提供上下文、演示决策与结果的关系，或者只创建一个极具吸引力的案例。

6.2 利用 Tableau 实现可视化

在本节中通过一个案例来展示 Tableau 数据可视化的完整过程，以帮助读者快速地利用 Tableau 创建基本的视图。

利用 Tableau 实现可视化一般包含以下几个常见步骤：

（1）导入数据。

（2）添加字段到功能区中。

（3）选择图表。

（4）可视化展示。

6.2.1 数据的导入及展示

在本节的样本数据中数据格式为 Excel 数据表，内容如图 6-11 所示，并保存为 file3-12.xls。

图 6-11　Excel 数据

（1）打开 Tableau，在开始界面中选择"连接到文件"|Microsoft Excel，在弹出的对话框中将 file3-12.xls 导入 Tableau 中，如图 6-12 和图 6-13 所示。

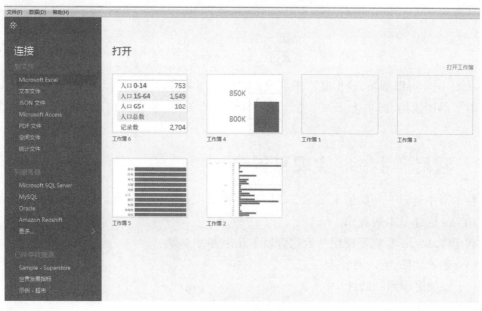

图 6-12　连接到 Excel

第 6 章　Tableau数据可视化

图 6-13　导入数据源

(2) 在打开的"Tableau-工作簿 1"界面左侧的工作表区域中单击 Sheet1 右侧的"查看数据"按钮,可以显示刚才导入的 Excel 数据,如图 6-14 所示。

图 6-14　查看导入的数据

(3) 单击"Tableau-工作簿 1"界面下方的"工作表 1"选项,进入工作表 1 的界面中,如图 6-15 所示。

值得注意的是,在同一个工作簿中可以创建多个工作表,并可以分别命名。

(4) 在工作表 1 中,将左侧维度区域中的"姓名"字段拖曳到行功能区中,如图 6-16 所示。

(5) 将度量区域中的"成绩"字段拖曳到列功能区中,并在右侧的智能显示区域中选择"水平条"视图,即可生成条形图表,如图 6-17 所示。

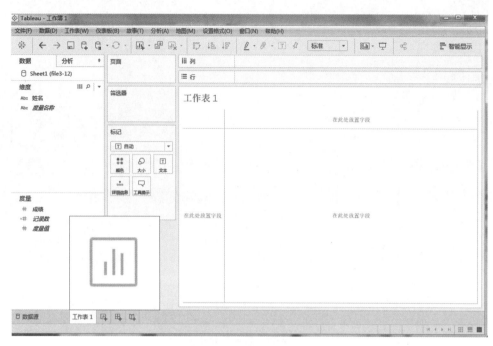

图 6-15 工作表 1 的界面

图 6-16 将维度区域中的"姓名"拖曳到行功能区

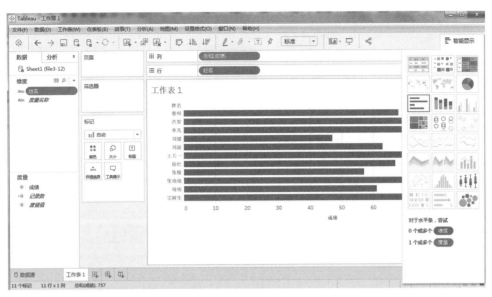

图 6-17　生成条形图表

（6）用户可在标记区域中自行选择"颜色""大小""标签"等选项，以更改图表的属性。例如在"颜色"选项中重新设置条形图的颜色，如图 6-18 所示。

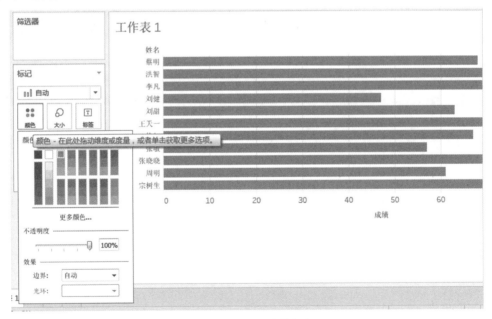

图 6-18　更改图表的颜色

（7）用户可在智能显示区域中选择多种数据表，例如选择"圆视图"，运行如图 6-19 所示。

（8）此时可看见在列功能区中缺少数据项，将维度区域中的"姓名"字段拖曳到列功能区中，运行如图 6-20 所示。

（9）在列功能区中选中"姓名"字段后右击，即可对该字段进行筛选。用户也可以对维度进行设置，或者移除该字段，具体内容如图 6-21 所示。

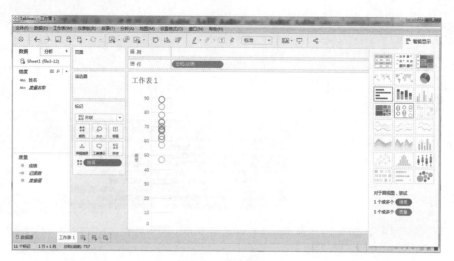

图 6-19　圆视图

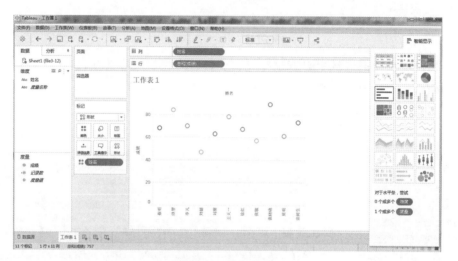

图 6-20　增加维度

图 6-21　在列功能区中设置字段

6.2.2 筛选器

在Tableau中如果只想显示某一部分数据,例如只想显示成绩超过80分的学生的姓名,或者只想显示当月销售额最高的几个员工的姓名,就可以通过筛选器来完成。

(1) 以file3-12.xls为例,在将该表导入Tableau中之后,选中行功能区中的"成绩"字段并右击,在弹出的快捷菜单中选择"筛选器"命令,即可进入筛选器界面中,如图6-22所示。

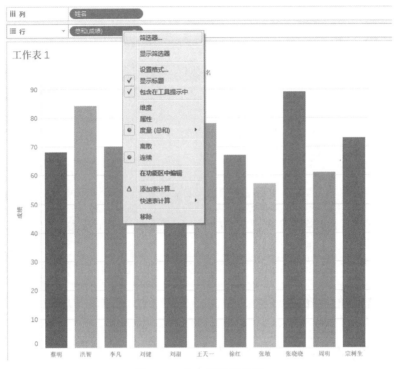

图 6-22　进入筛选器界面

(2) 在筛选器界面中显示了4个筛选功能,包括"值范围""至少""至多""特殊值"。如果要显示成绩超过80分的学生的姓名,可在"值范围"中选取相应的取值范围,即80~100,如图6-23所示。

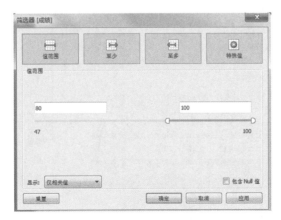

图 6-23　选取相应的取值范围

（3）执行完上述操作后单击"确定"按钮，即可在工作表 2 中显示筛选后的数据表，如图 6-24 所示。

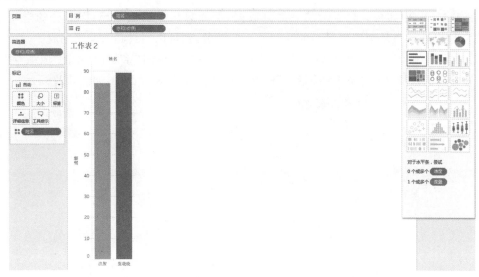

图 6-24　筛选后的数据表

从图 6-24 可以看出，经过筛选，最终在图表上只显示了两个数据值，分别是洪智和张晓晓，都为成绩在 80 分以上的学生。

值得注意的是，针对 Tableau 中的不同数据或不同字段，可以进行不同的筛选操作。

6.2.3　保存工作表

在执行完所有操作之后，可以选择"文件"|"另存为"命令，将工作簿保存为形如 *.twb 的文件，如图 6-25 和图 6-26 所示。

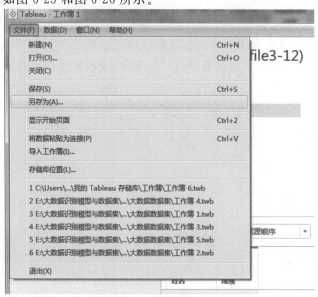

图 6-25　将工作簿保存

第6章 Tableau数据可视化

图 6-26 输入保存的名称

6.3 Tableau 数据分析实例

扫一扫

视频讲解

该实例主要使用 Tableau 自带的"示例-超市"数据源,该数据源部分数据如图 6-27 所示。

图 6-27 数据部分内容

1. 使用"示例-超市"数据源完成不同产品销售额瀑布图的制作

(1) 将"子类别"拖放到"列",将"销售额"拖放到"行",生成如图 6-28 所示的条形图。

(2) 在行中的"总和(销售额)"下拉菜单中选择"快速表计算"|"汇总"命令,如图 6-29 所示。

(3) 在执行汇总后得到产品销售额经过汇总的条形结果显示,如图 6-30 所示。

(4) 在"标记"下选择"甘特条形图",结果如图 6-31 所示。

(5) 为了准确显示瀑布图效果,需要将销售额计算显示为负值。在"分析"菜单中创建计算字段,名为"负销售额",计算为"−[销售额]",生成新的计算字段,如图 6-32 所示。

(6) 将计算得到的"负销售额"字段拖曳到"标记"的"大小"下,结果如图 6-33 所示。

133

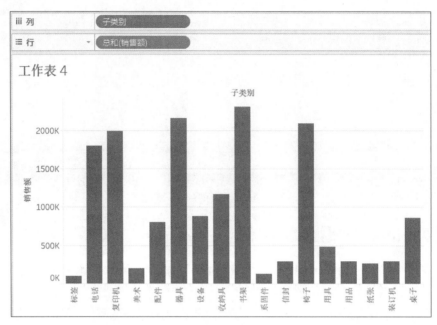

图 6-28 产品销售条形图

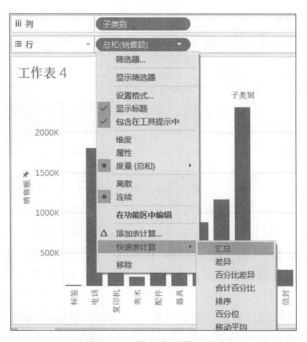

图 6-29 快速表计算汇总

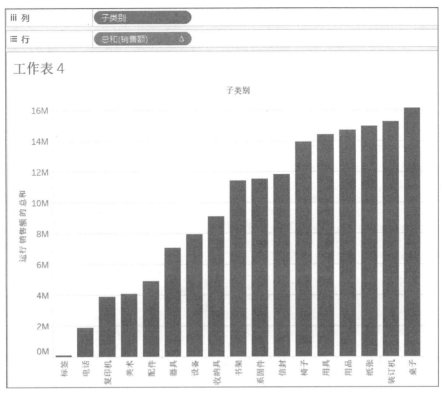

图 6-30　经过汇总计算后的产品销售条形图

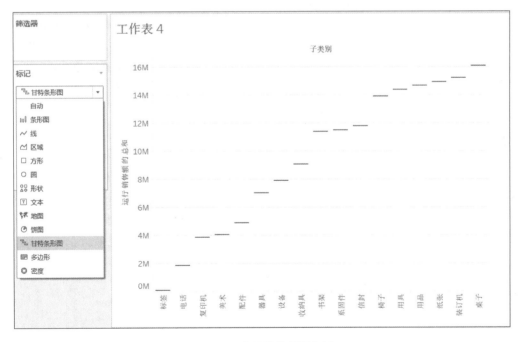

图 6-31　产品销售额瀑布图

图 6-32 创建"负销售额"字段

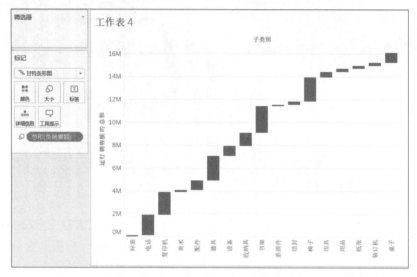

图 6-33 产品销售额瀑布图

(7) 在"分析"菜单中选择"合计"菜单项中的"显示行总和",视图中将出现销售总和数据条,再拖放计算的"负销售额"字段到"标记"的"颜色"下,适当设定其他相关格式,例如字体、填充、边界等,即可完成实例效果,如图 6-34 所示。如果需要显示数据标签,可以将"销售额"拖放至"标记"的"标签"下。

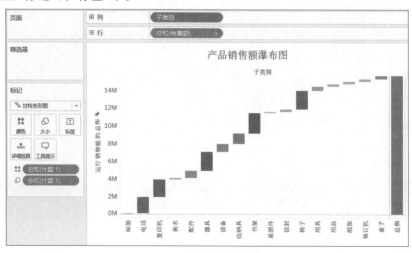

图 6-34 完成实例效果

2. 使用"示例-超市"数据源完成条形图的制作

(1) 将"总和(销售额)"拖放到"列",将"国家""省/自治区""城市"和"客户名称"拖放到"行",如图 6-35 所示。

图 6-35　操作实例图

(2) 选中"城市"选项,在"筛选器"中筛选"重庆",如图 6-36 所示。

图 6-36　筛选"重庆"

(3) 在右侧的图表类型中选中"水平条",显示重庆客户的销售总额,如图 6-37 所示。

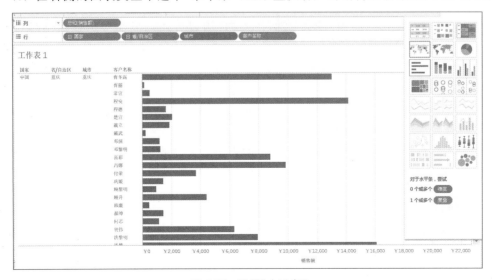

图 6-37　设置"水平条"

(4) 在工作表中选中"客户名称",再选中"总和(销售额)",对客户排序,如图 6-38 和图 6-39 所示。

图 6-38 设置客户名称

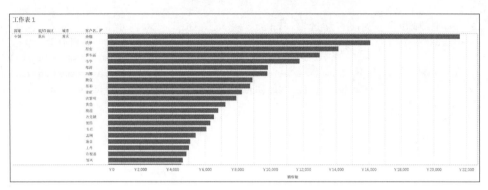

图 6-39 对客户排序

6.4 本章小结

(1) Tableau 是用于可视化分析数据的商业智能工具,也是目前全球最易于上手的报表分析工具。

(2) Tableau 主要包括个人计算机所安装的桌面端软件 Desktop 和企业内部数据共享的服务器端软件 Server 两种形式,通过 Desktop 与 Server 配合可实现报表从制作到发布共享再到自动维护报表的过程。

(3) Tableau 开始界面主要分为 3 个部分,即左侧的连接区域、中间的打开区域和右侧的探索区域。

(4) Tableau 工作区是一个图形化操作界面,用户可在此界面中执行数据可视化的操作。

(5) Tableau 工作区是制作工作表、设计仪表板、生成故事、发布和共享工作簿的工作环境。

(6) 在 Tableau 中,工作表是可视化分析和显示的最基本单元,而工作簿可包含一个或多个工作表、仪表板和故事,它是存放用户在 Tableau 中工作成果的容器。

(7) 在 Tableau 中如果只想显示某一部分数据,例如只想显示成绩超过 80 分的学生的姓名,或者只想显示当月销售额最高的几个员工的姓名,就可以通过筛选器来完成。

6.5 实训

1. 实训目的

通过本章实训了解 Tableau 的特点,能进行简单的与 Tableau 有关的操作,能够制作 Tableau 可视化图表。

2. 实训内容

1）使用 Tableau 绘制数据可视化图表

（1）打开 Tableau Desktop Pro 2018.3.2，在"连接"区域中选择"已保存数据源"下的"世界发展指标"，如图 6-40 所示。

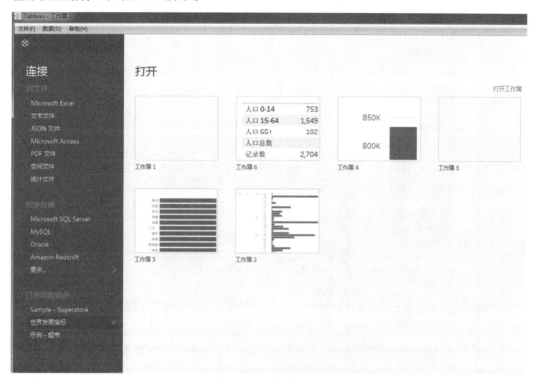

图 6-40　选择数据源

（2）进入工作簿 1，在"数据"窗格中可以看到"维度"区域中包含区域、国家/地区、年份以及度量名称；在"度量"区域中包含人口、医疗、商业、开发等一系列数据，如图 6-41 所示。

（3）将"维度"区域中的"区域"字段和"年份"字段拖曳到列功能区中，将"度量"区域中的"城市人口"字段拖曳到行功能区中，如图 6-42 所示。

（4）在列功能区中选择"年份"字段并右击，在弹出的快捷菜单中选择"筛选器"命令，然后在"常规"选项卡中设置筛选年份为 2012 年，如图 6-43 所示。

（5）在工作簿 1 的"智能显示"区域中选择图表类型为"并排条"，如图 6-44 所示。在工作表 1 中显示的图表如图 6-45 所示，该图表查看全球各区域内 2012 年的城市人口总数。

（6）要查看全球各区域的城市人口与出生率图表，将"度量"区域中的"出生率"字段拖曳到列功能区中生成图表，如图 6-46 所示。

（7）查看中国在 2010—2012 年的人均医疗费用图表，将维度区域中的"国家/地区"字段以及"年份"字段拖曳到列功能区中，并将"人均医疗费用"字段拖曳到行功能区中。在"国家/地区"字段中，当筛选国家为"中国"时，因国家较多，可首先单击"全部"按钮，接着选中"排除"复选框，最后选中"中国"复选框，如图 6-47 所示。

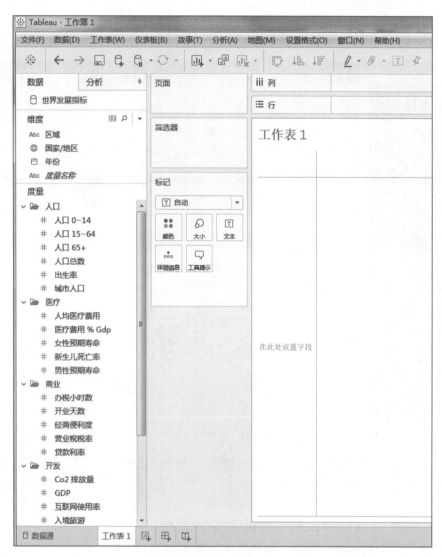

图 6-41 工作簿界面

图 6-42 行/列功能区的字段设置

第 6 章　Tableau数据可视化

图 6-43　筛选年份

图 6-44　选择图表类型

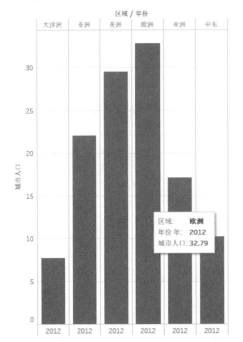

图 6-45　显示的并排条图表

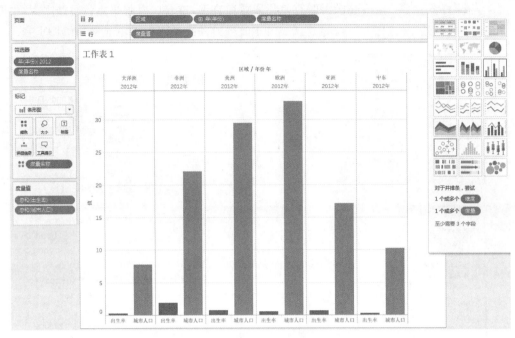

图 6-46　生成图表

图 6-47　筛选国家为"中国"

同时在"年份"字段中筛选年份,选中 2010、2011、2012 复选框,如图 6-48 所示。此外,在智能显示区域中选择图表类型为"并排条"。图 6-49 显示了最终的图表。

第 6 章　Tableau数据可视化

图 6-48　筛选年份

图 6-49　最终的图表

2）使用 Tableau 制作词云

（1）该实例主要使用 Tableau 自带的"示例-超市"数据源，该数据源的部分数据如图 6-50 所示。

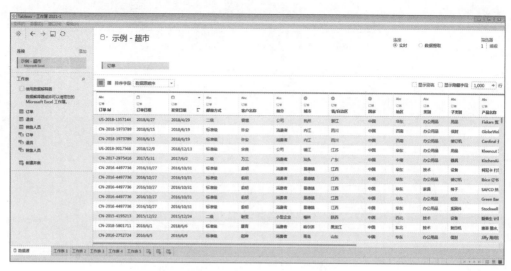

图 6-50　数据源的部分数据

(2) 将"利润"拖曳到"列",将"销售额"拖曳到"行",生成如图 6-51 所示的结果。

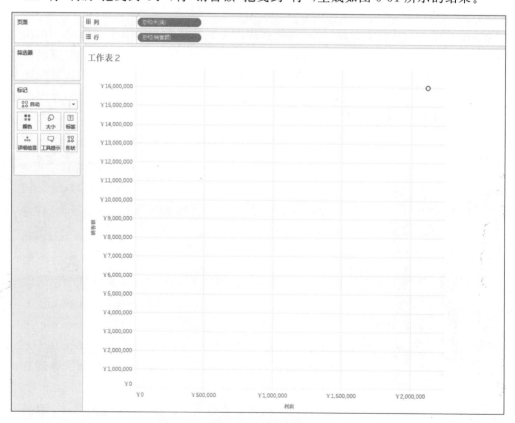

图 6-51　设置度量

(3) 将"子类别"拖曳到"颜色"中,并选择图表类型为"气泡图",运行如图 6-52 所示。
(4) 在"标记"中选择形状类型为"文本",生成的词云图如图 6-53 所示。

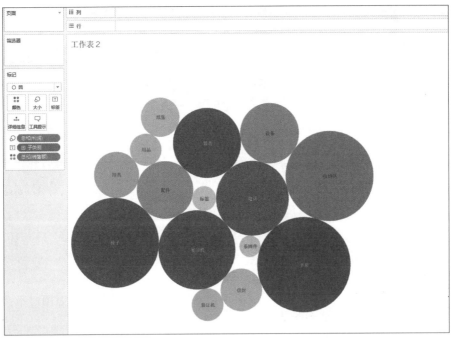

图 6-52　设置图表类型

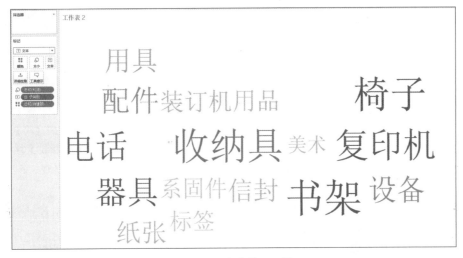

图 6-53　生成的词云图

习题 6

1. 请阐述 Tableau 产品的分类。
2. Tableau 工作区主要由哪几个部分构成？
3. 在 Tableau 中维度和度量有何区别？
4. 在 Tableau 中如何导入外部数据和内部数据？
5. 在 Tableau 中如何制作可视化图表？

第 7 章 ECharts与pyecharts数据可视化

本章学习目标
- 掌握 ECharts 的下载和安装。
- 掌握 ECharts 的使用。
- 了解 ECharts 中基本图表的制作方式。
- 掌握 pyecharts 的下载和安装。
- 掌握 pyecharts 的使用。
- 了解 pyecharts 中基本图表的制作方式。

本章先向读者介绍 ECharts 的下载和安装,再介绍 ECharts 的使用,接着介绍 pyecharts 的下载和安装,最后介绍 pyecharts 的使用。

7.1 ECharts 的下载与使用

7.1.1 ECharts 的下载

ECharts 是一个使用 JavaScript 实现的开源可视化库,可以流畅地运行在计算机和移动设备上,并能够兼容当前绝大部分浏览器。在功能上,ECharts 可以提供直观、交互丰富、可高度个性化定制的数据可视化图表。

普通用户想要使用 ECharts 必须进入官网下载其开源版本,然后才能绘制各种图形。其网址为"https://www.echartsjs.com/download.html",下载界面如图 7-1 所示。

图 7-1　ECharts 下载界面

第7章 ECharts与pyecharts数据可视化

在该界面中用户可以选择下载不同的 ECharts 版本，包含常用版、精简版、完整版以及源代码。例如单击"常用"即可下载对应的 ECharts 版本，下载界面如图 7-2 所示。

图 7-2 下载 ECharts

下载到本地的 ECharts 文件是一个名为 echarts.min 的 Script 文件，在编写网页文档时将该文件放入 HTML 页面中即可制作各种 ECharts 开源图表，文档结构如图 7-3 所示。

图 7-3 文档结构

7.1.2 ECharts 使用基础

扫一扫

视频讲解

1. HTML5 基础知识

ECharts 是基于 HTML 页面的可视化图表，HTML5 页面的代码实现如下：

```
<!DOCTYPE html>
< html lang = "zh">
< head >
< title >这是我的网页</title >
</head >
< body >
< h1 >我的第一个网页</h1 >
< p >正文</p >
</body >
</html >
```

标记< head ></head >代表 HTML5 的头部，标记< body ></body >代表 HTML5 的正文部分，将该文档保存为 *.html 后即可使用浏览器运行。

2. Canvas 基础知识

Canvas（画布）是 HTML5 中的一大特色，它是一种全新的 HTML 元素。Canvas（画布）元素最早由 Apple 在 Safari 中引入，随后 HTML 为了支持客户端的绘图行为也引入了该元素。目前 Canvas 已经成为 HTML 标准中的一个重要标签,各大浏览器也都支持该标签的使用。使用 Canvas 元素可以在 HTML5 网页中绘制各种形状、处理图像信息以及制作动画等。值得注意的是,Canvas 元素只是在网页中创建了图像容器,必须使用 JavaScript 语言来书写脚本以绘制对应的图形。

在 HTML5 中创建画布的语法如下:

`< canvas id = "MyCanvas" width = "100" height = "100"></canvas>`

在 HTML5 中使用 Canvas 元素来绘制画布,为了能让 JavaScript 引用该元素,一般需要设置 Canvas 的 id。此外,在 Canvas 中还包含两个基本属性——width 和 height,用来设置画布的宽度和高度,例如在这里设置了画布的宽和高均为 100 像素。

【例 7-1】 制作画布实例。

在浏览器中运行程序,结果如图 7-4 所示。

图 7-4 Canvas 的实例

代码如下:

```
<!DOCTYPE html>
<html>
<body>
<canvas id="myCanvas" width="200" height="200" style="border:solid 1px #ccc;">
您的浏览器不支持 Canvas,建议使用最新版的 Chrome
</canvas>
<script>
var c = document.getElementById("myCanvas");
var ctx = c.getContext("2d");        //获取该 Canvas 的 2D 绘图环境对象
ctx.fillRect(10,10,50,50);           //以画布上的(10,10)坐标点为起始点,绘制一个宽、高均为
                                     //50 像素的实心矩形
ctx.strokeRect(70,10,50,50);         //以画布上的(70,10)坐标点为起始点,绘制一个宽、高均为
                                     //50 像素的描边矩形
</script>
</body>
</html>
```

该例使用 Canvas 绘制了矩形,过程如下。

(1) 设置画布元素,如果浏览器不支持,会出现提示语句"您的浏览器不支持 Canvas,建议使用最新版的 Chrome"。

(2) 通过< script >标签来书写画布内容。

① var c=document.getElementById("myCanvas"):获取网页中画布对象的代码。

② var ctx=c.getContext("2d"):创建 Context 对象,在 JavaScript 中可以绘制多种图形。

③ ctx.fillRect(10,10,50,50):绘制实心矩形,fillRect 表示填充,Rect 用于描述矩形,(10,10,50,50)表示坐标点为(10,10),以及矩形的宽度值和高度值分别为 50、50。

④ ctx.strokeRect(70,10,50,50):绘制空心矩形,strokeRect 表示边线,(70,10,50,50)表示矩形的坐标点为(70,10),以及矩形的宽度值和高度值分别为 50、50。

【例 7-2】 使用 HTML5+Canvas 绘制图形。

代码如下:

```
<!DOCTYPE html>
<html>
<body>
<canvas id = "can" width = "300" height = "300" style = "border:solid 1px">
</canvas>
<script>
var c = document.getElementById("can");
var ctx = c.getContext("2d");

ctx.fillStyle = "green";
ctx.fillRect(30,150,30,100);
ctx.fillStyle = "green";
ctx.fillRect(70,180,30,70);
ctx.fillStyle = "green";
ctx.fillRect(110,140,30,110);
ctx.fillStyle = "green";
ctx.fillRect(150,130,30,120);
ctx.fillStyle = "green";
ctx.fillRect(190,150,30,100);
ctx.font = "15px Arial";
ctx.fillText("语文",32,270);
ctx.font = "15px Arial";
ctx.fillText("数学",72,270);
ctx.font = "15px Arial";
ctx.fillText("英语",112,270);
ctx.font = "15px Arial";
ctx.fillText("物理",152,270);
ctx.font = "15px Arial";
ctx.fillText("化学",192,270);
ctx.fillStyle = "black";
ctx.font = "35px Arial";
ctx.fillText("成绩",120,40);
</script>
</body>
</html>
```

该例的运行结果如图 7-5 所示。

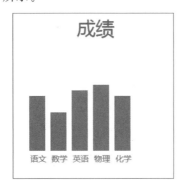

图 7-5　使用 HTML5＋Canvas 绘制图形

7.1.3　ECharts 使用实例

1. ECharts 可视化步骤

使用 ECharts 制作图表的步骤如下：

(1) 新建 HTML 页面,一般为 HTML5 页面。
(2) 在 HTML 页面头部中导入 JS 文件。
(3) 在 HTML 页面正文中用 JavaScript 代码实现图表的显示。

值得注意的是,由于 ECharts 中的代码是用 JavaScript 实现的,所以读者在学习 ECharts 可视化之前应该具备最基本的 JavaScript 编程知识。

使用 ECharts 制作图表的具体实现如下。

(1) 引入 ECharts。

```
<head>
<meta charset="utf-8">
<title>ECharts</title>
<script src="echarts.min.js"></script>
</head>
```

(2) 准备容器。

```
<body>
<div id="main" style="width:800px;height:800px;"></div>
</body>
```

(3) 初始化实例。

```
<body>
<div id="main" style="width:800px;height:800px;"></div>
<script type="text/javascript">
var myChart = echarts.init(document.getElementById('main'));
</script>
</body>
```

(4) 指定图表的配置项和数据。

```
var option = {
title:{
    text:'ECharts 实例'
},
//提示框组件
tooltip:{
    //采用坐标轴触发,主要用于柱状图、折线图等
    trigger:'axis'
},
//图例
legend:{
    data:['销量']
},
//横轴
xAxis:{
    data:["衬衫","短袖","短裤","大衣","高跟鞋","帽子"]
},
//纵轴
```

```
    yAxis:{},
    //系列列表,每个系列通过 type 决定不同的图表类型
    series:[{
        name:'销量',
        //折线图
        type:'line',
        data:[5, 20,40, 10, 10, 30]
    }]
};
```

(5) 显示图表。

```
myChart.setOption(option);
```

值得注意的是,在显示图表的时候可以使用语句 myChart.setOption(option)来实现,也可以这样书写:

```
myChart.setOption()
```

例如:

```
<script type = "text/javascript">
var myChart = echarts.init(document.getElementById('main'));
    var option = {
};
myChart.setOption(option);
</script>
```

或者:

```
<script type = "text/javascript">
myChart.setOption({
</script>
```

2. ECharts 可视化实例

【例 7-3】 制作 ECharts 图表。

代码如下:

```
<!DOCTYPE html>
<html>
<head>
<meta charset = "utf - 8">
<title>ECharts</title>
<script src = "echarts.min.js"></script>
</head>
<body>
<div id = "main" style = "width: 800px;height:800px;"></div>
<script type = "text/javascript">
    var myChart = echarts.init(document.getElementById('main'));
        var option = {
        title: {
            text: 'ECharts 实例'
        },
        tooltip: {},
        legend: {
```

```
                data:['考试分数']
            },
            xAxis: {
                data: ["语文","数学","英语","地理","生物","化学"]
            },
            yAxis: {},
            series: [{
                name: '分数',
                type: 'bar',
                data: [75, 80, 76, 90, 80, 60]
            }]
        };
        myChart.setOption(option);
</script>
</body>
</html>
```

部分语句的含义如下。

- < script src="echarts.min.js"></script>：引入 echarts.js。
- < div id="main" style="width:800px;height:800px;"></div>：定义图表的大小。
- var myChart=echarts.init(document.getElementById('main'))：初始化 ECharts 实例,echarts.init()是 ECharts 中的接口方法。
- var option：指定图表的配置项和其中的数据。
- title：定义图表的标题。
- tooltip：提示框,鼠标悬浮交互时的信息提示。
- legend：图例名称。
- xAxis：定义图表的横坐标。
- yAxis：定义图表的纵坐标。
- series：定义图表的显示效果,例如 type：'bar'是将图表显示为柱状图。
- myChart.setOption(option)：使用刚指定的配置项和数据显示图表。

该例使用 ECharts 绘制了柱状图,运行结果如图 7-6 所示。

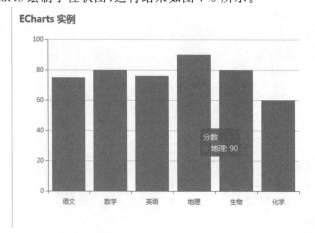

图 7-6　ECharts 柱状图

值得注意的是,在 series 语句中,name:'分数'表示显示的柱状图的属性是分数;data:[75,80,76,90,80,60]表示显示的每个柱状图的值,也就是图中的高度值。

ECharts 图表中常见的配置项参数如表 7-1 所示;ECharts 中常见的图表名称及含义如表 7-2 所示。

表 7-1　ECharts 图表中常见的配置项参数

参　　数	含　　义
option	图表的配置项和数据内容
backgroundColor	全图默认背景
color	数值系列的颜色列表
animation	是否开启动画,默认开启
title	定义图表标题,其中还可以包含 text(主标题)和 subtext(子标题)
tooltip	提示框,鼠标悬浮交互时的信息提示
legend	图例,每个图表最多只有一个图例
toolbox	工具箱,每个图表最多只有一个工具箱
dataView	数据视图
dataRange	值域
dataZoom	区域缩放控制器,仅对直角坐标系图表有效
timeline	时间轴
grid	网格
categoryAxis	类目轴
series	设置图表的显示效果
roamController	缩放漫游组件,仅对地图有效
xAxis	直角坐标系中的横坐标
yAxis	直角坐标系中的纵坐标
polar	极坐标
symbolList	默认标志图形类型列表
calculable	可计算特性

表 7-2　ECharts 中常见的图表名称及含义

名　　称	含　　义	名　　称	含　　义
Bar	条形图/柱状图	Geo	地理坐标系
Scatter	散点图	Boxplot	箱形图
Funnel	漏斗图	EffectScatter	带有涟漪特效动画的散点图
Gauge	仪表盘图	Radar	雷达图
Line	折线图/面积图	Chord	和弦图
Pie	饼图	Force	力导布局图
Map	地图	Tree	树状图
Overlap	组合图	EventRiver	事件河流图
Line3D	3D 图	Heatmap	热力图
Liquid	水滴球图	Candlestick	K 线图
Parallel	平行坐标图	WordCloud	词云
Graph	关系图		

【例7-4】 绘制并列柱状图。

代码如下：

```html
<!DOCTYPE html>
<html lang="zh-cn">
<head>
<title>导航</title>
<script src="echarts.min.js"></script>
</head>
<body>
  <!-- 主体内容 -->
<div id="main" style="width:1200px;height:800px;"></div>
<script type="text/javascript">
var mychart = echarts.init(document.getElementById('main'),'light');
option = {
    title: {
        text:'产品一周销量情况',
        subtext:'九月份'
    },
tooltip: {
            show : true
    },
    xAxis: {
        type: 'category',
        data: ['A商场', 'B商场', 'C商场', 'D商场', 'E商场', 'F商场', 'G商场']
    },
    yAxis: {
        type: 'value'
    },
    legend: {
        data:['A产品','B产品']
    },
    series: [{
        name:'A产品',
        data: [100, 150, 120, 90, 50, 130, 110],
        type: 'bar',
        itemStyle:{ normal:{ color:'#4ad2ff' } }
    },
    {
        name: 'B产品',
        data: [120, 130, 110, 70, 60, 110, 140],
        type: 'bar',
        itemStyle:{ normal:{ color:'red' } }
    }]
};
mychart.setOption(option);
</script>
</body>
</html>
```

该例绘制了并列柱状图，运行结果如图7-7所示。

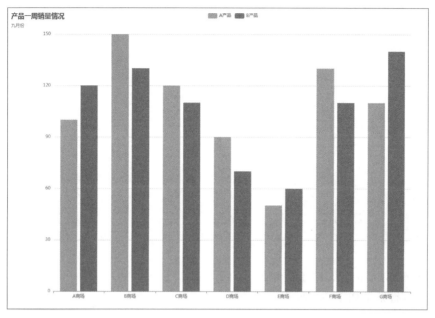

图7-7 并列柱状图

7.2 ECharts 可视化应用

在下载 echarts.min 文件之后，可配合 HTML 网页制作各种 ECharts 可视化图形，下面分别介绍具体方法。

1. 绘制饼图

饼图主要是通过扇形的弧度表现不同类目的数据在总和中的占比，它的数据格式比柱状图更简单，只有一维的数值，也不需要定义横坐标和纵坐标。在 ECharts 中显示饼图类型的代码如下：

```
type: 'pie',
```

【例7-5】 制作 ECharts 饼图。

代码如下：

```
<!DOCTYPE html>
<html>
<head>
<meta charset="utf-8">
<title>ECharts</title>
<script src="echarts.min.js"></script>
</head>
<body>
    <div id="main" style="width: 600px;height:400px;"></div>
<script type="text/javascript">
        var myChart = echarts.init(document.getElementById('main'));
        myChart.setOption({
series: [
```

```
            {
                name: '访问来源',
                type: 'pie',
                radius: '70%',
                data:[
                    {value:235, name:'视频广告'},
                    {value:274, name:'事件营销'},
                    {value:310, name:'邮件营销'},
                    {value:335, name:'市场营销'},
                    {value:400, name:'搜索引擎'}]
            }
        ]
    })
        //使用刚指定的配置项和数据显示图表
        myChart.setOption(option);
</script>
</body>
</html>
```

语句"radius: '70%',"用于控制图形的大小。

程序的运行结果如图 7-8 所示。

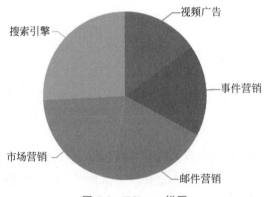

图 7-8 ECharts 饼图

2. 绘制散点图

散点图在回归分析中的使用较多,它将序列显示为一组点。散点图中每个点的位置可代表相应的一组数据值,因此通过观察散点图上数据点的分布情况可以推断出变量间的相关性。

在 ECharts 中显示散点图类型的代码如下:

```
type: 'scatter'
```

【例 7-6】 制作 ECharts 散点图。

代码如下:

```
<!DOCTYPE html>
<html>
<head>
<meta charset = "utf-8">
<title>ECharts</title>
```

```
    < script src = "echarts.min.js"></script>
</head>
<body>
    <div id = "main" style = "width: 600px;height:400px;"></div>
<script type = "text/javascript">
    var myChart = echarts.init(document.getElementById('main'));
    //指定图表的配置项和数据
    option = {
xAxis: {},
yAxis: {},
series: [{
    symbolSize: 30,
    data: [
    [1, 2],
    [8.0, 6.95],
    [13.0, 7.58],
    [9.0, 8.81],
    [11.0, 8.33],
    [14.0, 9.96],
    [6.0, 7.24],
    [4.0, 4.26],
    [12.0, 14],
    [7.0, 4.82],
    [5.0, 5.68]
        ],
    type: 'scatter'
    }]
};
    myChart.setOption(option);
</script>
</body>
</html>
```

部分语句的含义如下。

- symbolSize：30：设置散点的大小。
- data：设置每个点的坐标值，例如[1，2]表示该点的横坐标为1、纵坐标为2。

程序的运行结果如图7-9所示。

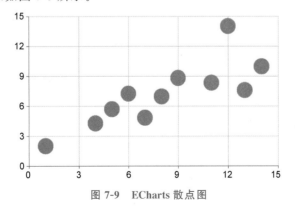

图7-9　ECharts散点图

3. 绘制折线图

折线图是一种较为简单的图形，通常用于显示随时间变化而变化的连续数据。在折线图中,类别数据沿水平轴均匀分布,所有值数据沿垂直轴均匀分布。

在 ECharts 中显示折线图类型的代码如下:

type: 'line'

【例 7-7】 制作 ECharts 折线图。

代码如下:

```html
<!DOCTYPE html>
<html>
<head>
  <meta charset="utf-8">
  <title>ECharts</title>
  <!-- 引入 echarts.js -->
  <script src="echarts.min.js"></script>
</head>
<body>
    <div id="main" style="width: 600px;height:400px;"></div>
    <script type="text/javascript">
        var myChart = echarts.init(document.getElementById('main'));
            option = {
    xAxis: {
    type: 'category',
    data: ['一月', '二月', '三月', '四月', '五月', '六月']
      },
    yAxis: {
    type: 'value'
      },
    series: [{
    data: [800, 600, 901, 1234, 1290, 1330, 1620],
    type: 'line'
      }]
      };
        myChart.setOption(option);
    </script>
</body>
</html>
```

data 用于设置折线图中每个数据点的坐标值。

程序的运行结果如图 7-10 所示。

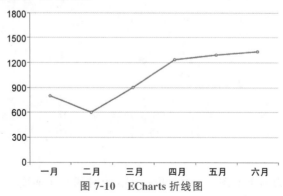

图 7-10 ECharts 折线图

在显示 ECharts 中的折线图时,还可以设置每个数据点的形状及大小,使用 symbolSize 实现。

【例 7-8】 制作 ECharts 折线图,并显示每个数据点。

代码如下:

```
<!DOCTYPE html>
<html>
<head>
  <meta charset = "utf-8">
  <script src = "echarts.min.js"></script>
</head>
<body>
  <div id = "main" style = "width: 600px;height:400px;"></div>
  <script type = "text/javascript">
  var symbolSize = 30;
  var data = [[15, 0], [-50, 10], [-56.5, 20], [-46.5, 30], [15, 40]];
  var myChart = echarts.init(document.getElementById('main'));
   myChart.setOption({
     xAxis: {
         min: -100,
         max: 100,
         type: 'value',
         axisLine: {onZero: false}
     },
     yAxis: {
        min: -60,
        max: 60,
        type: 'value',
        axisLine: {onZero: false}
     },
     series: [
       {
           id: 'a',
           type: 'line',
           smooth: true,
           symbolSize: symbolSize,
           data: data
       }
     ],
  });
  </script>
</body>
</html>
```

部分语句的含义如下。

- var symbolSize=30:设置折线图中每个数据点的大小。
- axisLine:{onZero:false}:显示坐标轴,并显示正/负坐标值。
- smooth:true:设置折线的平滑属性。

程序的运行结果如图 7-11 所示。

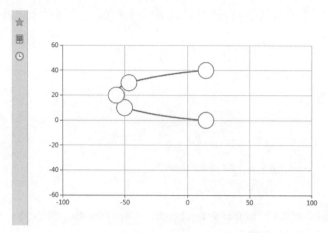

图 7-11　显示平滑的折线,并带有数据点

7.3　pyecharts 可视化应用

1. pyecharts 数据可视化介绍

pyecharts 是一个用于生成 ECharts 图表的类库,是一款将 Python 与 ECharts 相结合的强大的数据可视化工具,使用 pyecharts 可以让开发者轻松地实现大数据的可视化。值得注意的是,目前 pyecharts 分为 v0 和 v1 两个版本,版本之间互不兼容。由于 v1 是一个全新的版本,因此用 v1 来运行 v0 的代码是肯定会报错的。

2. pyecharts 的安装与使用

在使用 pyecharts 之前首先要安装它。在 Windows 命令行中使用以下命令来执行安装过程:

pip install pyecharts

执行后,可输入以下命令查看:

pip list

图 7-12 显示安装成功。

如果用户需要用到地图图表,可自行安装对应的地图文件包,命令如下。

- pip install echarts-countries-pypkg:安装全球国家地图;
- pip install echarts-china-provinces-pypkg:安装中国省级地图;
- pip install echarts-china-cities-pypkg:安装中国市级地图。

在安装完地图库以后,即可进行地图的数据可视化显示。

3. pyecharts 可视化绘图

使用 pyecharts 绘制图形的主要步骤如下。

(1) 导入库并定义图表的类型:

from pyecharts.charts import chart_name

(2) 创建一个具体类型的实例对象:

chart_name = chart_name()

第 7 章　ECharts与pyecharts数据可视化

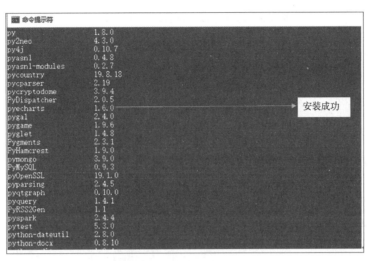

图 7-12　pyecharts 安装成功

（3）添加图表的各项数据：

chart_name.add_xaxis; chart_name.add_yaxis

（4）添加其他配置：

.set_global_opts()

（5）生成 HTML 网页：

chart_name.render()

值得注意的是，v1 版本是从 pyecharts.charts 引入元件，而不是从 pyecharts 引入。

pyecharts 中常见的图表全局配置如表 7-3 所示；pyecharts 中常见的图表系列配置如表 7-4 所示；pyecharts 中常见的图表名称及含义如表 7-5 所示；pyecharts 图表初始化参数名称及含义如表 7-6 所示。

表 7-3　pyecharts 中常见的图表全局配置

参 数 名 称	参 数 含 义
InitOpts	初始化配置
ToolBoxFeatureOpts	工具箱工具配置项
BrushOpts	区域选择组件配置项
TitleOpts	标题配置项
DataZoomOpts	区域缩放配置项
LegendOpts	图例配置项
VisualMapOpts	视觉映射配置项
TooltipOpts	提示框配置项
AxisLineOpts	坐标轴轴线配置项
AxisTickOpts	坐标轴刻度配置项
AxisPointerOpts	坐标轴指示器配置项
AxisOpts	坐标轴配置项
SingleAxisOpts	单轴配置项
GraphicGroup	原生图形元素组件

表 7-4 pyecharts 中常见的图表系列配置

参 数 名 称	参 数 含 义
ItemStyleOpts	图元样式配置项
TextStyleOpts	文字样式配置项
LabelOpts	标签配置项
LineStyleOpts	线样式配置项
SplitLineOpts	分隔线配置项
MarkPointOpts	标记点配置项
MarkLineOpts	标记线配置项
MarkAreaOpts	标记区域配置项

表 7-5 pyecharts 中常见的图表名称及含义

参 数 名 称	参 数 含 义
Bar	条形图/柱状图
Scatter	散点图
Funnel	漏斗图
Gauge	仪表盘图
Line	折线图/面积图
Pie	饼图
Map	地图
Overlap	组合图
Line3D	3D 折线图
Bar3D	3D 柱状图
Scatter3D	3D 散点图
Liquid	水滴球图
Parallel	平行坐标图
Graph	关系图
Geo	地理坐标系
Boxplot	箱形图
EffectScatter	带有涟漪特效动画的散点图
Radar	雷达图
WordCloud	词云
Tree	树图
HeatMap	热力图

表 7-6 pyecharts 图表初始化参数名称及含义

参 数 名 称	参 数 含 义
title	主标题的名称
subtitle	副标题的名称
theme	图表的主题
width	画布的宽度
height	画布的高度
title_pos	标题与左侧的距离
title_top	标题与顶部的距离
title_color	主标题文本的颜色

续表

参 数 名 称	参 数 含 义
subtitle_color	副标题文本的颜色
title_text_size	主标题文本的字体大小
subtitle_text_size	副标题文本的字体大小
page_title	页面的标题
background_color	画布的背景颜色

下面列举了在pyecharts中常用的导入图表类型的方法:

```
from pyecharts.charts import Scatter    #导入散点图
from pyecharts.charts import Line       #导入折线图
from pyecharts.charts import Pie        #导入饼图
from pyecharts.charts import Geo        #导入地图
```

使用pyecharts可以绘制多种图表,下面分别介绍。

1) 绘制条形图/柱状图

在pyecharts中绘制条形图/柱状图时,通过条形/柱状的高度和宽度来表现数据的大小。

(1) 创建简单的柱状图。

【例7-9】 用pyecharts库绘制柱状图。

代码如下:

```
from pyecharts.charts import Bar
bar = Bar()
bar.add_xaxis(["数学","物理","化学","英语"])
bar.add_yaxis("成绩", [70, 85, 95, 64])
bar.render()
```

该例通过语句from pyecharts.charts import Bar引入了pyecharts库。语句bar = Bar()创建实例,pyecharts的每一个图形库都被封装成一个类,这就是所谓的面向对象。在开发者使用这个类的时候需要实例化这个类。在声明类之后相当于初始化了一个画布,之后的绘图就是在这个画布上进行的。语句bar.add_xaxis(["数学","物理","化学","英语"])设置了柱状图中X轴的数据,bar.add_yaxis("成绩",[70,85,95,64])设置了图例以及Y轴的数据。在pyecharts中如果要绘制柱状图、散点图、折线图等二维数据图形,由于它既有X轴又有Y轴,所以在代码书写中不仅要为X轴添加数据,还要为Y轴添加数据。最后通过函数render()生成一个扩展名为render的网页,打开该网页即可查看数据可视化的结果。程序的运行结果如图7-13所示。

(2) 在柱状图中使用链式调用。

在pyecharts v1版本中所有方法均支持链式调用(一种设计模式),因此本例的代码也可以这样写:

```
from pyecharts.charts import Bar
bar = (
Bar()
.add_xaxis(["数学","物理","化学","英语"])
.add_yaxis("成绩", [70, 85, 95, 64])
```

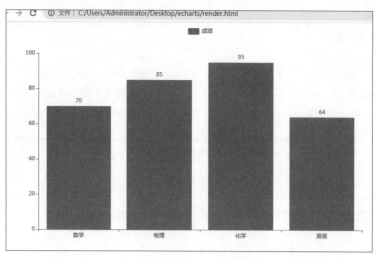

图 7-13 使用 pyecharts 绘制柱状图

)
bar.render()

(3) 在柱状图中添加配置项。

例 7-9 展示了一个图表最基本的信息,而在实际应用中,人们需要通过向图表中不断地添加信息来展示图表中数据的分布、特点以及做此图的目的等,因此开发者可以使用 options 来配置各图表参数。配置项有两种,即全局配置项和系列配置项,配置项越细越能画出更多细节,尤其是全局配置项,它可以通过 set_global_opts 方法来设置,其中主要的配置内容有 X/Y 坐标轴配置、初始化配置、工具箱配置、标题配置、区域缩放配置、图例配置、提示框配置等,如表 7-3 所示。在 pyecharts 中引入 options 的代码如下:

from pyecharts import options as opts

本例配置 options 后的代码如下:

```
from pyecharts.charts import Bar
from pyecharts import options as opts
bar = (
Bar()
.add_xaxis(["数学","物理","化学","英语"])
.add_yaxis("成绩", [70, 85, 95, 64])
.set_global_opts(title_opts = opts.TitleOpts(title = "期末考试", subtitle = "小明"))
)
bar.render()
```

在这里通过 options 中的 TitleOpts 设置了主标题(title)为期末考试、副标题(subtitle)为小明,程序的运行结果如图 7-14 所示。

(4) 在柱状图中设置不同的主题。

pyecharts 给用户提供了一套主题风格,使用户使用起来更加方便。导入主题风格的语句如下:

from pyecharts.globals import ThemeType

设置主题的参数是 ThemeType,设置主题的语句如下:

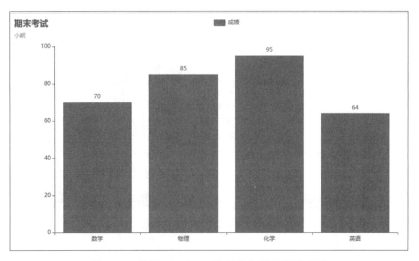

图 7-14 使用 pyecharts 绘制柱状图并配置参数

```
init_opts = opts.InitOpts(theme = ThemeType.x)
```

其中，x 为所设置的不同主题风格。

pyecharts 包含的主题风格主要有以下几种。

- CHALK：粉笔风格；
- DARK：暗黑风格；
- LIGHT：明亮风格；
- MACARONS：马卡龙风格；
- ROMANTIC：浪漫风格；
- SHINE：闪耀风格；
- VINTAGE：复古风格；
- WHITE：洁白风格；
- WONDERLAND：仙境风格；
- WALDEN：瓦尔登湖风格。

本例设置主题风格为 LIGHT 后的代码如下：

```
from pyecharts.charts import Bar
from pyecharts import options as opts
from pyecharts.globals import ThemeType
bar = (
Bar(init_opts = opts.InitOpts(theme = ThemeType.LIGHT))
.add_xaxis(["数学", "物理", "化学", "英语"])
.add_yaxis("成绩", [70, 85, 95, 64])
.set_global_opts(title_opts = opts.TitleOpts(title = "期末考试", subtitle = "小明"))
)
bar.render()
```

程序的运行结果如图 7-15 所示。

当把主题风格设置为 DARK 后，即 Bar(init_opts = opts.InitOpts(theme = ThemeType.DARK))，程序的运行结果如图 7-16 所示。

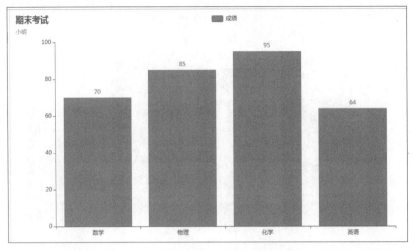

图 7-15　使用 pyecharts 设置主题风格（1）

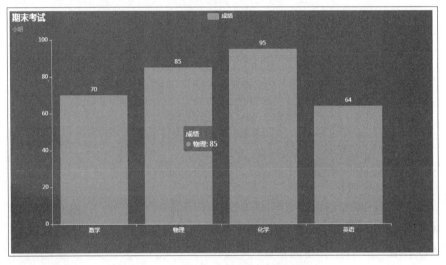

图 7-16　使用 pyecharts 设置主题风格（2）

（5）创建复杂的柱状图。

【例 7-10】　在 pyecharts 中绘制较为复杂的柱状图。

代码如下：

```
from pyecharts.charts import Bar
from pyecharts import options as opts
from pyecharts.globals import ThemeType
bar = (
Bar(init_opts = opts.InitOpts(theme = ThemeType.VINTAGE))
    .add_xaxis(["张雨佳","龙珊","李欧亮","王伟","梁澜"])
    .add_yaxis("语文分数",[70,50,83,88,90])
    .add_yaxis("数学分数",[90,78,80,85,80])
    .set_global_opts(title_opts = opts.TitleOpts(title = "期末成绩", subtitle = "2021 年第一学期"))
    )
bar.render("mycharts.html")
```

该例通过增加多个.add_yaxis语句来实现复杂的柱状图,程序的运行结果如图7-17所示。

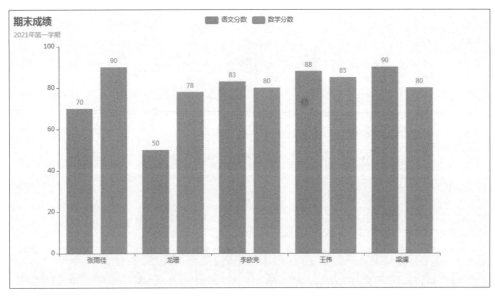

图7-17 使用pyecharts绘制复杂的柱状图

2) 绘制折线图

在pyecharts中使用参数Line来绘制折线图。

【例7-11】 使用pyecharts库绘制简单的折线图。

代码如下:

```
from pyecharts import options as opts
from pyecharts.charts import Line
x_data = ['一月','二月','三月','四月','五月','六月']    #X轴数据
y_data = [123, 153, 89, 107, 98, 23]                    #Y轴数据
line = Line()                                            #初始化图表
line.add_xaxis(x_data)                                   #X轴
line.add_yaxis('图书销售量', y_data)                      #Y轴
line.render('zhexiantu1.html')
```

程序的运行结果如图7-18所示。

【例7-12】 使用pyecharts库绘制复杂的折线图。

代码如下:

```
from pyecharts.charts import Line
from pyecharts import options as opts
columns = ["Jan", "Feb", "Mar", "Apr", "May", "Jun", "Jul", "Aug", "Sep", "Oct", "Nov", "Dec"]
#设置数据
data1 = [2.0, 4.9, 7.0, 23.2, 25.6, 76.7, 135.6, 162.2, 32.6, 20.0, 6.4, 3.3]
data2 = [2.6, 5.9, 9.0, 26.4, 28.7, 70.7, 175.6, 182.2, 48.7, 18.8, 6.0, 2.3]
line = (
#调用类
Line()
#添加X轴
```

扫一扫

视频讲解

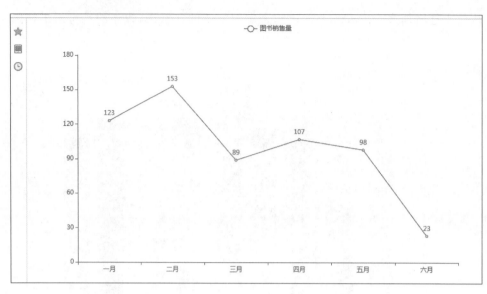

图 7-18 使用 pyecharts 绘制简单的折线图

```
    .add_xaxis(xaxis_data = columns)
# 添加 Y 轴
    .add_yaxis(series_name = "折线图 1",y_axis = data1)
    .add_yaxis(series_name = "折线图 2",y_axis = data2)
)
line.render('zhexiantu.html')
```

本例绘制了两个折线图,分别用折线图 1 和折线图 2 来表示。程序的运行结果如图 7-19 所示。

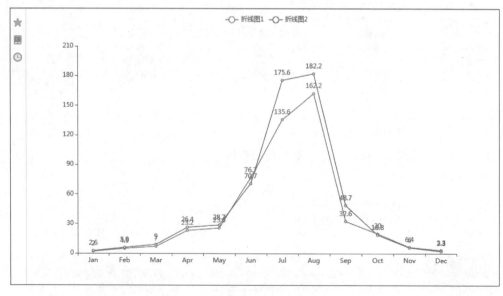

图 7-19 使用 pyecharts 绘制折线图

3)绘制雷达图

在 pyecharts 中使用参数 Radar 来绘制雷达图。

【例 7-13】 使用 pyecharts 库绘制雷达图。

代码如下：

```
from pyecharts.charts import Radar
radar = Radar()
#由于雷达图传入的数据为多维数据,所以这里需要做一下处理
radar_data1 = [[2.0, 4.9, 7.0, 23.2, 25.6, 76.7, 135.6, 162.2, 32.6, 20.0, 6.4, 3.3]]
radar_data2 = [[2.6, 5.9, 9.0, 26.4, 28.7, 70.7, 175.6, 182.2, 48.7, 18.8, 6.0, 2.3]]
#设置 column 的最大值,为了使雷达图更为直观,这里月份最大值的设置有所不同
schema = [
    ("Jan", 5), ("Feb",10), ("Mar", 10),
    ("Apr", 50), ("May", 50), ("Jun", 200),
    ("Jul", 200), ("Aug", 200), ("Sep", 50),
    ("Oct", 50), ("Nov", 10), ("Dec", 5)
]
#传入坐标
radar.add_schema(schema)
radar.add("降水量", radar_data1)
#一般默认为同一种颜色,这里为了便于区分,需要设置 item 的颜色
radar.add("蒸发量", radar_data2, color = "#1C86EE")
radar.render()
```

程序的运行结果如图 7-20 所示。

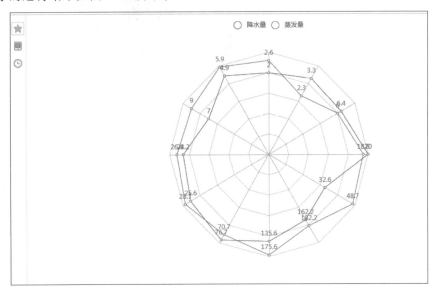

图 7-20 使用 pyecharts 绘制雷达图

4）绘制饼图

在 pyecharts 中使用参数 Pie 来绘制饼图。

【例 7-14】 使用 pyecharts 库绘制饼图。

代码如下：

```
from pyecharts import options as opts
from pyecharts.charts import Pie
from random import randint
def pie_base() -> Pie:
```

```
    c = (
        Pie()
        .add("", [list(z) for z in zip(['宝马', '法拉利', '奔驰', '奥迪', '大众', '丰田', '特斯拉'],[randint(1, 20) for _ in range(7)])])
        .set_global_opts(title_opts = opts.TitleOpts(title = "饼图"))
        .set_series_opts(label_opts = opts.LabelOpts(formatter = "{b}: {c}"))
    )
    return c
pie_base().render('pie_pyecharts.html')
```

该例引入饼图,程序的运行结果如图 7-21 所示。

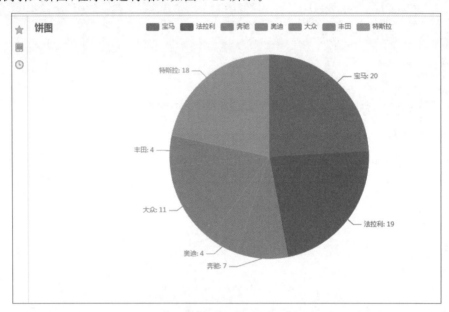

图 7-21　使用 pyecharts 绘制饼图

5)绘制仪表盘图

在 pyecharts 中使用参数 Gauge 来绘制仪表盘图。

【例 7-15】　使用 pyecharts 库绘制仪表盘图。

代码如下:

```
from pyecharts import charts
#仪表盘
gauge = charts.Gauge()
gauge.add('仪表盘', [('Python 机器学习', 10), ])
gauge.render(path = "仪表盘.html")
print('ok')
```

程序的运行结果如图 7-22 所示。

6)绘制散点图

在 pyecharts 中使用参数 Scatter 来绘制散点图。

【例 7-16】　使用 pyecharts 库绘制散点图。

代码如下:

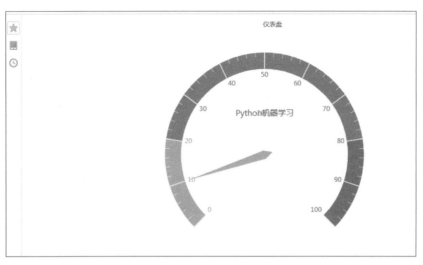

图 7-22 使用 pyecharts 绘制仪表盘图

```
from pyecharts import options as opts
from pyecharts.charts import Scatter
x_data = ['Apple', 'Huawei', 'Xiaomi', 'Oppo', 'Vivo', 'Meizu']    #X轴数据
y_data = [123, 153, 89, 107, 98, 23]     #Y轴数据
scatter = Scatter()     #初始化
scatter.add_xaxis(x_data)     #X轴渲染
scatter.add_yaxis('', y_data)     #Y轴渲染
scatter.render(path = "散点图.html")
```

程序的运行结果如图 7-23 所示。

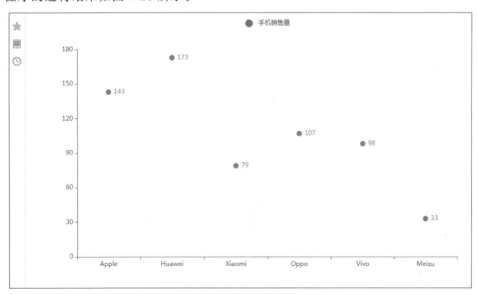

图 7-23 使用 pyecharts 绘制散点图

7）绘制词云

词云是一个比较常见的数据可视化方法，通过词的大小可以让人一眼看到哪个词比较突出。在 pyecharts 中使用参数 WordCloud 来绘制词云。

【例7-17】 使用pyecharts库绘制词云。

代码如下:

```
from pyecharts import options as opts
from pyecharts.charts import Page, WordCloud
from pyecharts.globals import SymbolType
words = [
    ("Python", 100),
    ("C++", 80),
    ("Java", 95),
    ("R", 40),
    ("JavaScript", 79),
    ("C", 65),
]
def wordcloud() -> WordCloud:
    c = (
        WordCloud()
        #word_size_range: 单词字体大小的范围
        .add("", words, word_size_range=[20, 100], shape='cardioid')
        .set_global_opts(title_opts=opts.TitleOpts(title="WordCloud"))
    )
    return c
wordcloud().render('wordcloud.html')
```

在使用pyecharts绘制词云时,输入数据中的每一个词为(word,value)这样的元组形式,例如("Python",100)、("Java",95)。此外,制作者还可以在shape中选择生成的词云的轮廓,常见的有'circle'、'cardioid'、'diamond'、'triangle-forward'、'triangle'、'pentagon'等。该例选择的词云的轮廓为cardioid,程序的运行结果如图7-24所示。

图7-24 使用pyecharts绘制词云(1)

如果在该例中将词云的轮廓换为circle,则程序的运行结果如图7-25所示。

图 7-25 使用 pyecharts 绘制词云(2)

7.4 本章小结

ECharts 是一个使用 JavaScript 实现的开源可视化库,可以流畅地运行在计算机和移动设备上,并能够兼容当前绝大部分浏览器。在功能上,ECharts 可以提供直观、交互丰富、可高度个性化定制的数据可视化图表。

pyecharts 是一个用于生成 ECharts 图表的类库,是一款将 Python 与 ECharts 相结合的强大的数据可视化工具,使用 pyecharts 可以让开发者轻松地实现大数据的可视化。

7.5 实训

1. 实训目的

通过本章实训了解 ECharts 与 pyecharts 数据可视化的特点,能实现简单的 ECharts 与 pyecharts 数据可视化操作。

2. 实训内容

(1) 使用 ECharts 绘制折线图显示一周的天气变化,代码如下:

```
<!DOCTYPE html>
<html>
<head>
    <meta>
    <title>ECharts</title>
    <!-- 引入 echarts.js -->
    <script src = "echarts.min.js"></script>
</head>
<body>
    <div id = "main" style = "width: 600px;height:400px;"></div>
    <script type = "text/javascript">
        //基于准备好的 Dom 初始化 ECharts 实例
        var myChart = echarts.init(document.getElementById('main'));
        //指定图表的配置项和数据
        var option = {
title: {
text: '未来一周气温变化范围'
```

```
        },
        tooltip: {},
        legend: {},
        toolbox: {},
            xAxis: [{
                data: ['周一','周二','周三','周四','周五','周六','周日']
            }],
            yAxis: { },
        series: [{
            name: '最高气温',
            type: 'line',
        data: [21, 21, 25, 23, 22, 23, 20]
            },
            {
    name: '最低气温',
            type: 'line',
        data: [10, 12, 12, 15, 13, 12, 10]
            }]
        };
//使用刚指定的配置项和数据显示图表
    myChart.setOption(option);
    </script>
</body>
</html>
```

程序的运行结果如图7-26所示。

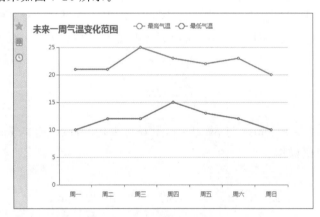

图7-26　使用ECharts绘制折线图显示一周天气变化

（2）使用ECharts绘制柱状图显示商品销量的变化，代码如下：

```
<!DOCTYPE html>
<html>
<head>
    <meta>
    <title>第一个ECharts实例</title>
    <!-- 引入echarts.js -->
    <script src="https://cdn.staticfile.org/echarts/4.3.0/echarts.min.js"></script>
</head>
<body>
    <!-- 为ECharts准备一个具体大小(宽、高)的Dom -->
    <div id="main" style="width: 600px;height:400px;"></div>
    <script type="text/javascript">
        //基于准备好的Dom初始化ECharts实例
```

```
        var myChart = echarts.init(document.getElementById('main'));
        //指定图表的配置项和数据
        var option = {
    title:{
        text:'销售量'
    },
            legend: {},
            tooltip: {},
            dataset: {
                //提供一份数据
                source: [
                    ['年月销售量', '2018', '2019', '2020'],
                    ['洗衣机', 430, 858, 937],
                    ['空调', 831, 734, 551],
                    ['电视机', 864, 652, 825],
                    ['路由器', 724, 539, 391]
                ]
            },
            //声明一个 X 轴,类目轴(category),在默认情况下,类目轴对应 dataset 的第一列
            xAxis: {type: 'category'},
            //声明一个 Y 轴,数值轴
            yAxis: {},
            //声明多个 bar 系列,在默认情况下,每个系列会自动对应 dataset 的每一列
            series: [
                {type: 'bar'},
                {type: 'bar'},
                {type: 'bar'}
            ]
        };
        //使用刚指定的配置项和数据显示图表
        myChart.setOption(option);
    </script>
</body>
</html>
```

程序的运行结果如图 7-27 所示。

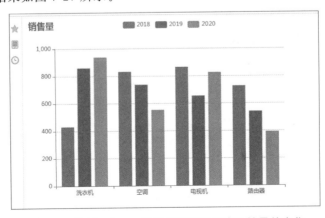

图 7-27 使用 ECharts 绘制柱状图显示商品销量的变化

(3) 使用 pyecharts 绘制图书销售量对比图,代码如下:

```
from pyecharts.charts import Bar
from pyecharts import options as opts
from pyecharts.globals import ThemeType
bar = (
    Bar(init_opts = opts.InitOpts(theme = ThemeType.LIGHT))
    .add_xaxis(["哲学", "历史", "教育", "科技", "文学", "经济"])
    .add_yaxis("商家 A", [25, 20, 36, 40, 75, 90])
    .add_yaxis("商家 B", [35, 26, 45, 50, 35, 66])
    .set_global_opts(title_opts = opts.TitleOpts(title = "图书销售量", subtitle = "2020年"))
)
bar.render('柱状图.html')
```

程序的运行结果如图 7-28 所示。

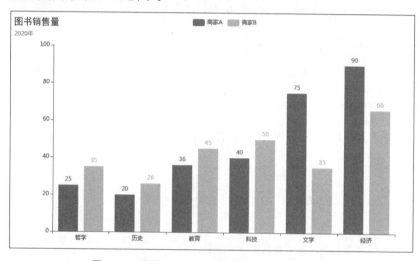

图 7-28　使用 pyecharts 绘制图书销售量对比图

习题 7

1. 如何下载和安装 ECharts?
2. 如何制作 ECharts 图表?
3. 如何下载和安装 pyecharts?
4. 如何制作 pyecharts 图表?

第8章 Python数据可视化

本章学习目标

- 了解 Python 中的可视化库。
- 了解 NumPy 库的基本原理。
- 掌握 matplotlib 库的绘图方法。
- 掌握 Pandas 库的绘图方法。
- 掌握 Seaborn 库的绘图方法。
- 掌握 Bokeh 库的绘图方法。
- 掌握 pyqtgraph 库的绘图方法。

本章先向读者介绍 Python 中的可视化库,再介绍 NumPy 库的基本原理,接着介绍 matplotlib 库、Pandas 库、Seaborn 库、Bokeh 库以及 pyqtgraph 库的绘图方法与实例。

8.1 Python 可视化库

扫一扫

视频讲解

8.1.1 Python 可视化库简介

使用 Python 中的扩展库可以较为轻松地实现数据可视化。一般来讲,Python 可视化的实现以 matplotlib 库和 NumPy 库为基础,除此以外还有一些其他的可视化库,例如 Pandas 库、Seaborn 库、Bokeh 库以及 pyqtgraph 库等。

1. matplotlib 库

matplotlib 库是 Python 下著名的绘图库,也是 Python 可视化的基础库,matplotlib 库的功能十分强大。为了方便快速绘图,matplotlib 通过 pyplot 模块提供了一套和 MATLAB 类似的绘图 API,将众多绘图对象构成的复杂结构隐藏在这套 API 的内部,用户只需要调用 pyplot 模块提供的函数就可以快速绘图以及设置图表的各种细节。

2. NumPy 库

NumPy 库是 Python 做数据处理的底层库,是高性能科学计算和数据分析的基础,例如著名的 Python 机器学习库——Sklearn 就需要 NumPy 的支持,掌握 NumPy 的数据处理功能是利用 Python 做数据运算和机器学习的基础。

同时,在数据可视化中经常需要用到 NumPy 中的数组存储以及矩阵运算等功能,因此了解 NumPy 库对开发数据可视化十分必要。

3. Pandas 库

Pandas 库是 Python 下著名的数据分析库,主要功能是进行大量的数据处理,同时也可以高效地完成绘图工作。与 matplotlib 库相比，Pandas 库的绘图方式更加简洁。

4. Seaborn 库

Seaborn 是基于 matplotlib 的 Python 可视化库，它提供了一个高级界面来绘制有吸引力的统计图形，可以使数据可视化更加方便、美观。

5. Bokeh 库

Bokeh 库是一款针对现代 Web 浏览器呈现功能的交互式可视化库，它通过 Python 以快速、简单的方式为超大型数据集提供高性能交互的多功能图形。

6. pyqtgraph 库

在 Python 中除了上述几个可视化库以外还有一些可视化库，例如 pyqtgraph 库。pyqtgraph 库是一种建立在 PyQt4/PySide 和 NumPy 库基础之上的纯 Python 的 GUI 图形库，在数学、科学和工程领域都有着广泛的应用。尽管该库完全用 Python 编写，但内部由于使用了高速计算的 NumPy 信号处理库以及 Qt 的 GraphicsView 框架，所以在大数据量的数字处理和快速显示方面有着巨大的优势。

8.1.2　Python 可视化库的安装与使用

在 Windows 7 下安装 Python 可视化库常用 pip 命令来实现，例如输入命令 pip install matplotlib 来安装 matplotlib 库。在安装完成以后，可以在 Windows 命令行中输入 Python，并在进入 Python 界面后输入以下命令查看是否成功导入了相应库，如果导入成功，则可以进行后续的 Python 可视化操作，导入界面如图 8-1 所示。

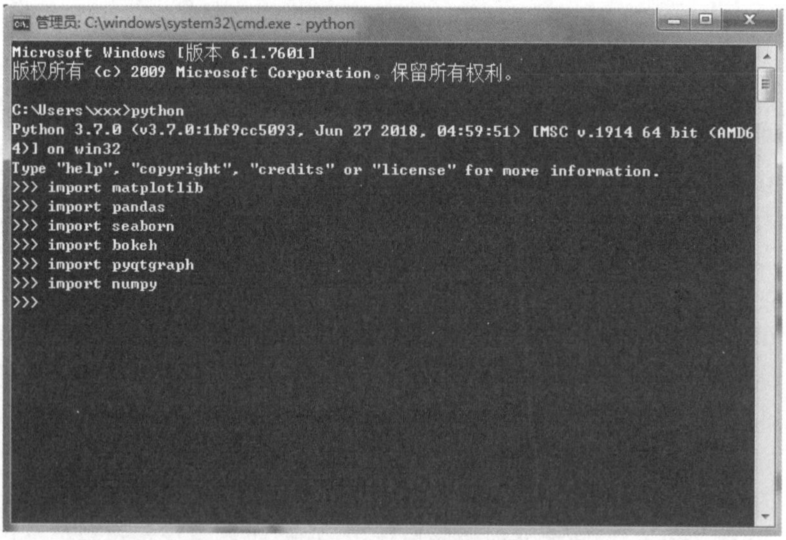

图 8-1　在 Python 中导入可视化库

```
import matplotlib
import pandas
import seaborn
import bokeh
import pyqtgraph
import numpy
```

8.2 NumPy 库

1. NumPy 库简介

NumPy 库主要用于数据分析,在进行数据可视化时经常需要用到 NumPy 库中的计算功能。一般来讲,NumPy 库具有以下特征:

(1) NumPy 库中最核心的部分是 ndarray 对象,它封装了同构数据类型的 n 维数组,它的功能将通过演示代码的形式呈现。

(2) 在数组中所有元素的类型必须一致,并且在内存中占有相同的大小。

(3) 数组元素可以使用索引来描述,索引的序号从 0 开始。

(4) NumPy 数组的维数称为秩(rank),一维数组的秩为 1,二维数组的秩为 2,以此类推。在 NumPy 中,每一个线性的数组称为一个轴(axes),秩其实用来描述轴的数量。

值得注意的是,NumPy 数组和标准 Python 序列之间有两个重要区别。

(1) NumPy 数组在创建时就会有一个固定的尺寸,这一点和 Python 中的 list 数据类型是不同的。

(2) 在数据量较大时,使用 NumPy 进行高级数据运算和其他类型的操作更为方便。在通常情况下,这样的操作比使用 Python 的内置序列更有效,执行代码更少。

2. NumPy 库的使用

1) NumPy 库数组的创建

在 NumPy 库中创建数组可以使用如下语法:

numpy.array

该语句表示通过引入 NumPy 库创建了一个 ndarray 对象。

【例 8-1】 创建数组对象。

代码如下:

```
import numpy as np
a = np.array([1,2,3])
print(a)
```

该例首先引入了 NumPy 库,接着定义了一个一维数组 a,最后将数组输出显示,运行结果如图 8-2 所示。

```
==== RESTART: D:/Users/xxx/AppData/Local/Programs/Python/Python3.7/8-2.py ====
[1 2 3]
>>>
```

图 8-2 数组的定义与显示

2) NumPy 数组的参数

在创建数组时可以加入如下参数:

numpy.array(object,dtype = None,copy = true,order = None,subok = false,ndmin = 0)

参数的具体含义如表 8-1 所示。

表 8-1 创建数组的参数

参　数	含　义
object	任何暴露数组接口方法的对象都会返回一个数组或任何(嵌套)序列
dtype	可选,数组的所需数据类型
copy	可选,对象是否被复制,默认为 true
order	指定排列顺序
subok	在默认情况下,返回的数组被强制为基类数组。如果其值为 true,则返回子类
ndmin	指定返回数组的最小维数

【例 8-2】 创建一个多维数组对象。

代码如下:

```
import numpy as np
a = np.array([[1,2,3],[4,5,6],[7,8,9]])
print(a)
```

该例定义并显示了一个多维数组,运行结果如图 8-3 所示。

```
=== RESTART: D:/Users/xxx/AppData/Local/Programs/Python/Python3.7/8-2-1.py ===
[[1 2 3]
 [4 5 6]
 [7 8 9]]
>>>
```

图 8-3 多维数组的定义与显示

【例 8-3】 显示多维数组的数据类型。

代码如下:

```
import numpy as np
a = np.array([[1,2,3],[4,5,6],[7,8,9]],dtype = complex)
print(a)
```

该例定义了一个多维数组并显示其数据类型,运行结果如图 8-4 所示。

```
=== RESTART: D:/Users/xxx/AppData/Local/Programs/Python/Python3.7/8-2-2.py ===
[[1.+0.j 2.+0.j 3.+0.j]
 [4.+0.j 5.+0.j 6.+0.j]
 [7.+0.j 8.+0.j 9.+0.j]]
>>>
```

图 8-4 多维数组的数据类型的显示

在该例中 complex 类型由实部和虚部组成。表 8-2 显示了 NumPy 中常见的数据类型。

表 8-2 NumPy 中常见的数据类型

数 据 类 型	含　义
bool	布尔类型
int	默认整数
int8	有符号的 8 位整型
int16	有符号的 16 位整型
int32	有符号的 32 位整型
int64	有符号的 64 位整型

续表

数 据 类 型	含 义
uint8	无符号的 8 位整型
uint16	无符号的 16 位整型
uint32	无符号的 32 位整型
uint64	无符号的 64 位整型
float16	半精度浮点数
float32	单精度浮点数
float64	双精度浮点数
string	字符串类型
complex64	复数,分别用两个 32 位浮点数表示实部和虚部
complex	复数,分别用两个 64 位浮点数表示实部和虚部

3) ndarray 对象的基本属性

在创建了一个数组以后可以查看 ndarray 对象的基本属性,如表 8-3 所示。

表 8-3　ndarray 对象的基本属性

属 性 名 称	属 性 值	属 性 名 称	属 性 值
shape	数组中各维度的尺度	itemsize	数组中每个元素的字节大小
reshape	调整数组的大小	nbytes	整个数组所占的存储空间
size	数组元素的总个数	flags	返回数组的当前值
data	数组中的元素在内存中所占的字节数		

【例 8-4】　显示多维数组的维度。

代码如下:

```
import numpy as np
a = np.array([[1,2,3],[4,5,6],[7,8,9]])
print(a.shape)
```

该例定义了一个多维数组并显示其维度,运行结果如图 8-5 所示。

```
=== RESTART: D:/Users/xxx/AppData/Local/Programs/Python/Python3.7/8-2-3.py ===
(3, 3)
>>>
```

图 8-5　多维数组的维度的显示

【例 8-5】　显示数组中每个元素的字节大小。

代码如下:

```
import numpy as np
a = np.array([1,2,3,4,5,6,7,8,9], dtype = np.int8)
print(a.itemsize)
```

该例定义了一个数组并显示其元素的字节大小,运行结果如图 8-6 所示。

4) ndarray 对象的切片和索引

ndarray 对象的内容可以通过索引或切片来访问和修改,ndarray 对象一般由 arange()函数创建,该函数用于创建数组,实现代码如下:

```
=== RESTART: D:/Users/xxx/AppData/Local/Programs/Python/Python3.7/8-2-4.py ===
1
>>>
```

图 8-6 数组元素的字节大小的显示

a = np.arange()

如果仅提取数组对象的一部分,则可以使用 slice() 函数来构造。例如:

s = slice()

【例 8-6】 ndarray 对象的切片。

代码如下:

```
import numpy as np
a = np.arange(10)
s = slice(1,8,2)
print(a[s])
```

该例首先定义了一个数组,该数组对象由 arange() 函数创建,然后定义切片对象,当这个切片对象传递给 ndarray 时会对它的一部分进行切片,从 1 到 8,步长为 2。该例的运行结果如图 8-7 所示。

```
=== RESTART: D:/Users/xxx/AppData/Local/Programs/Python/Python3.7/8-2-5.py ===
[1 3 5 7]
>>>
```

图 8-7 ndarray 对象的切片

5)ndarray 对象的计算模块、线性代数模块、三角函数模块和随机函数模块

NumPy 中包含用于数组内元素或数组间求和、求积以及进行差分的模块,如表 8-4 所示。NumPy 中还包含 numpy.linalg 模块,提供线性代数所需的所有功能,此模块中的一些重要功能如表 8-5 所示。在 NumPy 库中还有三角函数模块,如表 8-6 所示。此外,在 NumPy 库中还包含计算随机函数的模块,如表 8-7 所示。

表 8-4 NumPy 中的求和、求积以及进行差分的模块

名 称	功 能	名 称	功 能
prod()	返回指定轴上的数组元素的乘积	gradient()	返回数组的梯度
sum()	返回指定轴上的数组元素的总和	cross()	返回两个(数组)向量的叉积
cumprod()	返回沿给定轴的元素的累计乘积	trapz()	使用复合梯形规则沿给定轴积分
cumsum()	返回沿给定轴的元素的累计总和	mean()	算术平均数
diff()	计算沿指定轴的离散差分		

表 8-5 NumPy 中的线性代数模块

名 称	功 能	名 称	功 能
dot()	计算两个数组的点积	determinant()	计算数组的行列式
vdot()	计算两个向量的点积	solve()	计算线性矩阵方程
inner()	计算两个数组的内积	inv()	计算矩阵的乘法逆矩阵
matmul()	计算两个数组的矩阵积		

表 8-6 NumPy 中常见的三角函数模块

名称	功能	名称	功能
sin(x[, out])	求正弦值	arcsin(x[, out])	求反正弦值
cos(x[, out])	求余弦值	arccos(x[, out])	求反余弦值
tan(x[, out])	求正切值	arctan(x[, out])	求反正切值

表 8-7 NumPy 中常见的随机函数模块

名称	功能
seed()	确定随机数生成器
permutation()	返回一个序列的随机排序或返回一个随机排列的范围
normal()	产生正态分布的样本值
binomial()	产生二项分布的样本值
rand()	返回一组随机值,根据给定维度生成[0,1)的数据
randn()	返回一个样本,具有标准正态分布
randint(low[, high, size])	返回随机的整数,位于半开区间[low, high)
random_integers(low[, high, size])	返回随机的整数,位于闭区间[low, high]
random()	返回随机的浮点数,位于半开区间[0.0, 1.0)
bytes()	返回随机字节

【例 8-7】 计算两个数组的点积,对于一维数组而言,它是向量的内积;对于二维数组而言,其等效于矩阵乘法。

代码如下:

扫一扫

视频讲解

```
import numpy.matlib
import numpy as np
a = np.array([[1,2],[3,4]])
b = np.array([[10,20],[30,40]])
np.dot(a,b)
print(np.dot(a,b))
```

matlib 表示 NumPy 中的矩阵库。该段程序定义了 a 和 b 两个数组,并计算这两个数组的点积。其中点积的计算公式为:

[[1 * 10 + 2 * 30, 1 * 20 + 2 * 40],[3 * 10 + 4 * 30, 3 * 20 + 4 * 40]]

该例的运行结果如图 8-8 所示。

```
=== RESTART: D:/Users/xxx/AppData/Local/Programs/Python/Python3.7/8.3-1.py ===
[[ 70 100]
 [150 220]]
>>>
```

图 8-8 NumPy 中的线性代数

【例 8-8】 根据给定维度随机生成[0,1)的数据,即包含 0,不包含 1。

代码如下:

```
import numpy as np
a = np.random.rand(5,2)
print(a)
```

该例随机生成了5组数值,均位于半开区间[0,1)。该例的运行结果如图8-9所示。

```
RESTART: D:/Users/xxx/AppData/Local/Programs/Python/Python3.7/2022-6.20-2.py
[[0.95414035 0.00254653]
 [0.88849221 0.76849988]
 [0.86839791 0.07952904]
 [0.1400857  0.11050012]
 [0.91248572 0.63579459]]
```

图8-9 NumPy中的随机函数

8.3 基于matplotlib的数据可视化

8.3.1 matplotlib.pyplot库简介

1. matplotlib.pyplot函数库简介

matplotlib.pyplot是一个命令型函数集合,它可以让人们像使用MATLAB一样使用matplotlib。matplotlib.pyplot中的每一个函数都会对画布图像做出相应的改变,例如创建画布、在画布中创建一个绘图区、在绘图区上画几条线、给图像添加文字说明等。matplotlib.pyplot中常见的函数有plt.figure()、plt.subplot()、plt.axes()以及plt.subplots.adjust()。

1) plt.figure()

plt.figure()函数用于创建一个全局绘图区域,其中可包含如下参数。

- num:设置图像的编号。
- figsize:设置图像的宽度和高度,单位为英寸。
- facecolor:设置图像的背景颜色。
- dpi:设置绘图对象的分辨率。
- edgecolor:设置图像的边框颜色。

在创建了图像区域之后用plt.show()函数显示。例如显示绘图区域的代码如下:

```
plt.figure(figsize = (6,4))
plt.show()
```

该代码创建了一个空白区域,大小为6英寸×4英寸。

2) plt.subplot()

plt.subplot()用于在全局绘图区域中创建自绘图区域,其中可包含如下参数。

- nrows:subplot的行数。
- ncols:subplot的列数。
- sharex:X轴刻度。
- sharey:Y轴刻度。

使用plt.subplot()可以将图像划分为n个子图,但每条subplot命令只会创建一个子图。

【例8-9】 用subplot划分子区域。

代码如下:

```
import matplotlib.pyplot as plt
plt.subplot(442)
plt.show()
```

该例使用 plt.subplot(442)将全局划分为 4×4 的区域,其中横向为 4,纵向也为 4,并在第 2 个位置(靠左侧上方)生成了一个坐标系。该例的运行结果如图 8-10 所示。

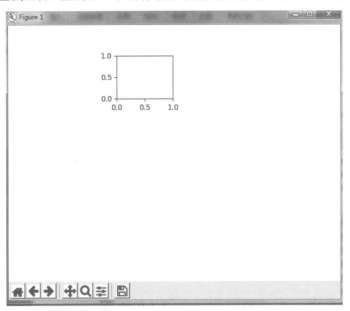

图 8-10 用 subplot 划分子区域

【例 8-10】 用 subplot 划分子区域并显示所有子图。

代码如下:

```
import matplotlib.pyplot as plt
fig = plt.figure()
fig1 = fig.add_subplot(3,3,1)
fig2 = fig.add_subplot(3,3,2)
fig3 = fig.add_subplot(3,3,3)
fig4 = fig.add_subplot(3,3,4)
fig5 = fig.add_subplot(3,3,5)
fig6 = fig.add_subplot(3,3,6)
fig7 = fig.add_subplot(3,3,7)
fig8 = fig.add_subplot(3,3,8)
fig9 = fig.add_subplot(3,3,9)
plt.show()
```

该例使用 fig=plt.figure()将全局划分为 3×3 的区域,其中横向为 3,纵向也为 3。该例的运行结果如图 8-11 所示。

3) plt.axes()

plt.axes()用于创建一个坐标系风格的子绘图区域。

代码如下:

```
import matplotlib.pyplot as plt
plt.axes([0.1,0.1,0.7,0.3],axisbg = 'y')
plt.show()
```

4) plt.subplots_adjust()

plt.subplots_adjust()用于调整子绘图区域的布局。其常见语法如下:

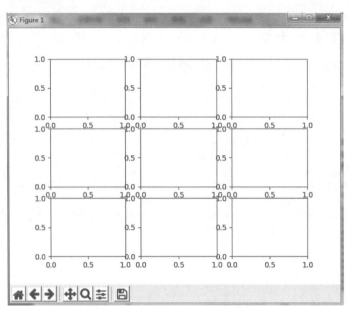

图 8-11 用 subplot 划分子区域并显示所有子图

plt.subplots_adjust(left＝,bottom＝,right＝,top＝，hspace＝)

- left：画布中子图左边离 Y 轴的距离。
- bottom：画布中子图下边离 X 轴的距离。
- right：画布中子图右边离 Y 轴的距离。
- top：画布中子图上边离 X 轴的距离。
- hspace：子图之间的距离。

例如 plt.subplots_adjust(left＝0.2,bottom＝0.1,right＝0.8,top＝0.8，hspace＝0.5)。

2. matplotlib.pyplot 相关函数简介

在 matplotlib.pyplot 库中有 plt 子库,该子库提供了 7 个用于读取和显示的函数、17 个用于绘制基础图表的函数、3 个区域填充函数、9 个坐标轴设置函数以及 11 个标签与文本设置函数,具体如表 8-8~表 8-12 所示。

表 8-8 plt 子库中的读取和显示函数

函 数 名 称	函 数 作 用	函 数 名 称	函 数 作 用
plt.legend()	在绘图区域放置绘图标签	plt.imsave()	保存数组为图像文件
plt.show()	显示绘制的图像	plt.savefig()	设置图像保存的格式
plt.matshow()	在窗口中显示数组矩阵	plt.imread()	从图像文件中读取数组
plt.imshow()	在 axes 上显示图像		

表 8-9 plt 子库中的基础图表函数

函 数 名 称	函 数 作 用
plt.plot(x,y,label,color,width)	根据(x,y)数组绘制直线、曲线
plt.boxplot(data,notch,position)	绘制一个箱形图
plt.bar(left,height,width,bottom)	绘制一个条形图
plt.barh(bottom,width,height,left)	绘制一个横向条形图

续表

函 数 名 称	函 数 作 用
plt.polar(theta,r)	绘制极坐标图
plt.pie(data,explode)	绘制饼图
plt.psd(x,NFFT=256,pad_to,Fs)	绘制功率谱密度图
plt.specgram(x,NFFT=256,pad_to,F)	绘制谱图
plt.cohere(x,y,NFFT=256,Fs)	绘制X-Y的相关性函数
plt.scatter()	绘制散点图
plt.step(x,y,where)	绘制步阶图
plt.hist(x,bins,normed)	绘制直方图
plt.contour(X,Y,Z,N)	绘制等值线
plt.clines()	绘制垂直线
plt.stem(x,y,linefmt,markerfmt,basefmt)	绘制曲线中每个点到水平轴线的垂线
plt.plot_date()	绘制数据日期
plt.plotfile()	绘制数据后写入文件

表 8-10　区域填充函数

函 数 名 称	函 数 作 用
fill(x,y,c,color)	填充多边形
fill_between(x,y1,y2,where,color)	填充曲线围成的多边形
fill_betweenx(y,x1,x2,where,hold)	填充水平线之间的区域

表 8-11　坐标轴设置函数

函 数 名 称	函 数 作 用	函 数 名 称	函 数 作 用
plt.axis()	获取设置轴属性的快捷方式	plt.autoscale()	自动缩放轴视图
plt.xlim()	设置X轴的取值范围	plt.text()	为axes图添加注释
plt.ylim()	设置Y轴的取值范围	plt.thetagrids()	设置极坐标网格
plt.xscale()	设置X轴缩放	plt.grid()	打开或关闭极坐标
plt.yscale()	设置Y轴缩放		

表 8-12　标签与文本设置函数

函 数 名 称	函 数 作 用
plt.figlegend()	为全局绘图区域放置图注
plt.xlabel()	设置当前X轴的文字
plt.ylabel()	设置当前Y轴的文字
plt.xticks()	设置当前X轴刻度位置的文字和值
plt.yticks()	设置当前Y轴刻度位置的文字和值
plt.clabel()	设置等高线数据
plt.get_figlabels()	返回当前绘图区域的标签列表
plt.figtext()	为全局绘图区域添加文本信息
plt.title()	设置标题
plt.suptitle()	设置总标题
plt.annotate()	为文本添加注释

3. NumPy 和 matplotlib 绘图综合应用

【例 8-11】 用 NumPy 库和 matplotlib 库绘制图形。

代码如下：

```
import matplotlib.pyplot as plt
import numpy as np
x = np.arange(10)                          #依次取值为 0～9 的等差数列
y = np.sin(x)
z = np.cos(x)
plt.plot(x, y, marker = " * ", linewidth = 3, linestyle = " -- ", color = "red")
#marker 设置数据点样式,linewidth 设置线宽,linestyle 设置线型样式,color 设置颜色
plt.plot(x, z)
plt.title("matplotlib")
plt.xlabel("x")
plt.ylabel("y")
plt.legend(["Y","Z"], loc = "upper right")        #设置图例
plt.grid(true)
plt.show()
```

该例绘制了两条折线,运行结果如图 8-12 所示。

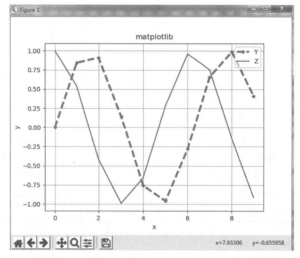

图 8-12 使用 NumPy 库和 matplotlib 库绘制图形

值得注意的是,该例使用 NumPy 库存储数组,使用 matplotlib 库将数组用图形输出到屏幕上,最终显示为两条颜色不同的折线 Y 和 Z,分别代表数学公式中的正弦函数 sin(x)和余弦函数 cos(x)。

如果想在此图中显示其他的三角函数折线,例如 tan(x)函数的折线,可以添加如下代码：

```
w = np.tan(x)
plt.plot(x, w)
```

8.3.2 matplotlib 可视化

1. 绘制线性图

使用 matplotlib 库可以绘制各种图形,其中最基本的是线性图,它主要由线条组成。

【例 8-12】 用 matplotlib 库绘制线性图。

代码如下:

```
import matplotlib.pyplot as plt
from matplotlib.font_manager import FontProperties
font_set = FontProperties(fname = r"C:\Windows\Fonts\simsun.ttc", size = 20)
                                                    #导入宋体字体文件
dataX = [1,2,3,4]
dataY = [2,4,4,2]
plt.plot(dataX,dataY)
plt.title("绘制直线",FontProperties = font_set);
plt.xlabel("X轴",FontProperties = font_set);
plt.ylabel("Y轴",FontProperties = font_set);
plt.show()
```

该例绘制了一条直线,直线的形状由坐标值 x 和 y 决定,并用了计算机中的中文字体来显示该图形的标题。该例的运行结果如图 8-13 所示。

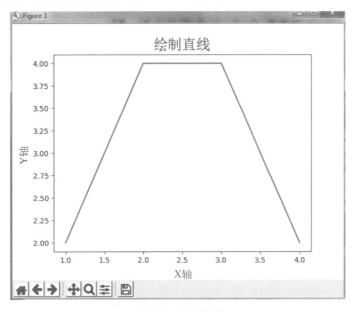

图 8-13　绘制直线

从该图中可以看出,最终在屏幕上显示了一条未封闭的线条。如果在 dataX 和 dataY 中设置多个参数,则可以显示其他的线性图形。

例如在例 8-12 中将 dataX＝[1,2,3,4]和 dataY＝[2,4,4,2]分别改为 dataX＝[1,2,3,4,1]和 dataY＝[2,4,4,2,2],即可生成一条封闭的线条。该例的运行结果如图 8-14 所示。

2. 绘制柱状图

柱状图也叫条形图,是一种以长方形的长度为变量来表达图形的统计报告图,它由一系列高度不等的纵向条纹表示数据分布的情况,用来比较两个或两个以上的数值。

【例 8-13】 用 matplotlib 库绘制柱状图。

代码如下:

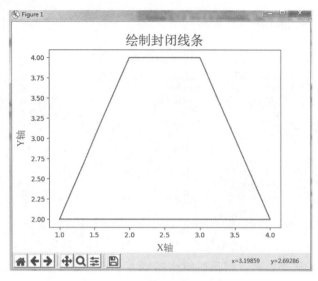

图 8-14　绘制封闭的线条

```
import matplotlib.pyplot as plt
from matplotlib.font_manager import FontProperties
font_set = FontProperties(fname = r"C:\Windows\Fonts\simsun.ttc", size = 15)
                                                 ＃导入宋体字体文件
x = [0,1,2,3,4,5]
y = [1,2,3,2,4,3]
plt.bar(x,y)                                     ＃竖的条形图
plt.title("柱状图",FontProperties = font_set);   ＃图标题
plt.xlabel("X 轴",FontProperties = font_set);
plt.ylabel("Y 轴",FontProperties = font_set);
plt.show()
```

该例绘制了 6 个柱形，用 plt.bar( )函数实现，其参数为 x、y。该例的运行结果如图 8-15 所示。

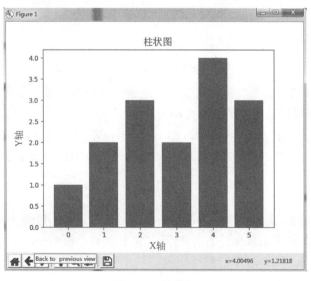

图 8-15　柱状图

在绘制柱状图时也可以使用 NumPy 来实现。

【例 8-14】 用 matplotlib 库和 NumPy 库绘制随机出现的柱状图。

代码如下：

```
import matplotlib.pyplot as plt
from matplotlib.font_manager import FontProperties
import numpy as np
font_set = FontProperties(fname = r"C:\Windows\Fonts\simsun.ttc", size = 15)
                                        #导入宋体字体文件
x = np.arange(10)
y = np.random.randint(0,20,10)
plt.bar(x, y)
plt.show()
```

该例绘制了在区域中随机出现的柱状图。在 y＝np.random.randint(0,20,10)中,20 表示柱状图的高度,10 表示柱状图的个数。该例的运行结果如图 8-16 所示。

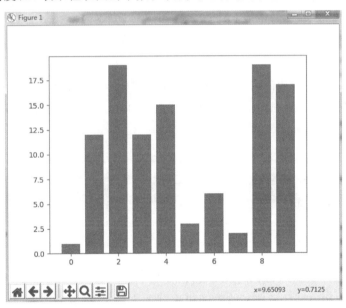

图 8-16　绘制随机出现的柱状图

3. 绘制直方图

直方图又称质量分布图,它是一种统计报告图。直方图由一系列高度不等的纵向条纹或线段表示数据分布的情况,一般用横轴表示数据类型,用纵轴表示分布情况。

【例 8-15】 用 matplotlib 库绘制直方图。

代码如下：

```
import matplotlib.pyplot as plt
import numpy as np
mean, sigma = 0, 1
x = mean + sigma * np.random.randn(10000)
plt.hist(x,50,normed = 1,histtype = 'bar',facecolor = 'red',alpha = 0.75)
plt.show()
```

该例绘制一个直方图,用 plt.hist()函数实现。其中 mean＝0 设置均值为 0,sigma＝1 设置标准差为 1。该例的运行结果如图 8-17 所示。

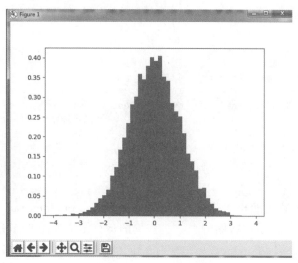

图 8-17　绘制直方图

4．绘制散点图

散点图在回归分析中的使用较多，它将序列显示为一组点。由于值由点在图表中的位置表示，类别由图表中的不同标记表示，所以散点图通常用于比较跨类别的聚合数据。

【例 8-16】　用 matplotlib 库绘制散点图。

代码如下：

```
import matplotlib.pyplot as plt
import numpy as np
x = np.random.rand(100)
y = np.random.rand(100)
plt.scatter(x, y)
plt.show()
```

该例绘制了一个散点图，用 plt.scatter() 函数实现。x＝np.random.rand(100) 和 y＝np.random.rand(100) 显示了在区域中随机出现的点的个数，该例共有 100 个点。该例的运行结果如图 8-18 所示。

5．绘制极坐标图

极坐标图是指在平面内由极坐标系描述的曲线方程图。极坐标是指在平面内由极点、极轴和极径组成的坐标系。极坐标图用于对多维数组进行直接对比，多用在企业的可视化数据模型的对比与分析中。

【例 8-17】　用 matplotlib 库绘制极坐标图。

代码如下：

```
import matplotlib.pyplot as plt
import numpy as np
theta = np.arange(0, 2 * np.pi, 0.02)
ax1 = plt.subplot(121, projection = 'polar')
ax1.plot(theta, theta/6, '--', lw = 2)
plt.show()
```

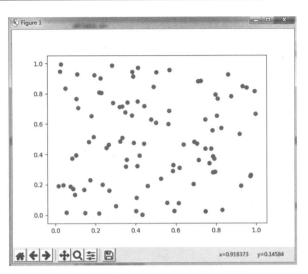

图 8-18 绘制散点图

该例绘制了一个极坐标图,用 plt.polar() 函数实现。在 matplotlib 库中 pyplot 子库提供了绘制极坐标图的方法,在调用 subplot() 创建子图时通过设置 projection='polar' 创建一个极坐标子图,然后调用 plot() 在极坐标子图中绘图,其中 theta 代表数学上的平面角度。该例的运行结果如图 8-19 所示。

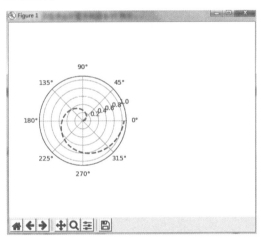

图 8-19 绘制极坐标图

6. 绘制饼图

饼图用于表示不同分类的占比情况,通过弧度大小来对比各种分类。饼图将一个圆饼按照分类的占比划分成多个区块,整个圆饼代表数据的总量,每个区块(圆弧)表示该分类占总体的比例大小。

【例 8-18】 用 matplotlib 库绘制饼图。

代码如下:

```
import matplotlib.pyplot as plt
import numpy as np
plt.rcParams['font.sans-serif'] = ['SimHei']        #设置字体
```

```
plt.title("饼图");                                      #设置标题
labels = '计算机系','机械系','管理系','社科系'
sizes = [45,30,15,10]                                   #设置每部分的大小
explode = (0,0.0,0,0)                                   #设置每部分的凹凸
counterclock = false                                    #设置顺时针方向
plt.pie(sizes, explode = explode, labels = labels, autopct = '%1.1f%%', shadow = false,
startangle = 90)           #设置饼图的起始位置,startangle = 90 表示开始角度为 90°
plt.show()
```

该例绘制了一个饼图,用 plt.pie() 函数实现,运行结果如图 8-20 所示。

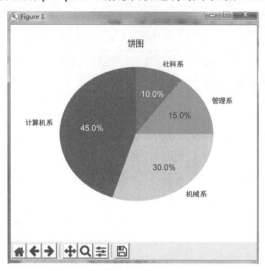

图 8-20 绘制饼图

在饼图的绘制中,如果想将某一部分凸显出来,在 explode＝(0,0.0,0,0)中将相应的 0 改为 0.1 即可。

图 8-21 为将机械系区域凸显,代码如下:

```
explode = (0,0.1,0,0)
```

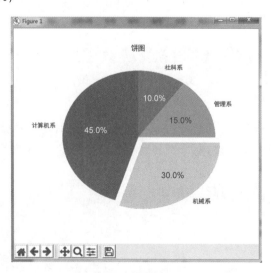

图 8-21 饼图的凸显

8.4 基于 Pandas 的数据可视化

8.4.1 Pandas 绘图介绍

1. Pandas 绘图简介

绘图是数据分析中最重要的工作之一,是探索数据关联过程的一部分。通过绘图可以帮助人们更清楚地发现数据之间的内在关系。在 Python 中有很多图形化库,例如本书之前讲述的 matplotlib 库。虽然使用 matplotlib 库可以绘制精美的图形,但是需要安装大量的组件、书写大量的代码,并且绘图过程也比较复杂,在 Pandas 中则可以高效地完成绘图工作,因此本节将讲述使用 Pandas 绘制图形。

2. Pandas 绘图原理

Pandas 使用一维的数据结构 Series 和二维的数据结构 DataFrame 表示数据,因此与 NumPy 相比,Pandas 可以存储混合的数据结构。同时 Pandas 使用 NaN 表示缺失的数据,而不用像 NumPy 那样要手工处理缺失的数据,因此制作一张完整的图表,Pandas 只需几条语句即可实现。

在 Python 3 中 Pandas 库或绘图函数的导入语句如下:

```
import pandas as pd
import numpy as np
from pandas import DataFrame,Series
import matplotlib.pyplot as plt
```

值得注意的是,在 Pandas 库中有两个最基本的数据类型,分别是 Series 和 DataFrame。其中,Series 数据类型表示一维数组,与 NumPy 中的一维 array 类似,并且二者与 Python 基本的数据结构 List 也很相近;DataFrame 数据类型则代表二维的表格型数据结构,也可以将 DataFrame 理解为 Series 的容器。Pandas 库中的基本数据类型及含义如表 8-13 所示。

表 8-13 Pandas 库中的基本数据类型及含义

数 据 类 型	含　　义
Series	Pandas 库中的一维数组
DataFrame	Pandas 库中的二维数组

此外,用户有时根据需要还会导入 NumPy 中的随机数模块,代码如下:

```
from numpy.random import randn
```

8.4.2 Pandas 绘图实例

1. 绘制线性图

在 Pandas 中使用 Series 和 DataFrame 中的生成各类图表的 plot 方法可以十分轻松地绘制线性图。

1) 使用 Series 绘制线性图

【例 8-19】 在 Pandas 中使用 Series 绘制线性图。

代码如下:

```
from pandas import DataFrame,Series
import pandas as pd
import numpy as np
import matplotlib.pyplot as plt
s = pd.Series(np.random.randn(10).cumsum(), index = np.arange(0, 100, 10))
s.plot()
plt.show()
```

该例首先在 Python 中导入了 Pandas 库、NumPy 库和 matplotlib 库,并引入了来自 Pandas 库的 DataFrame 以及 Series 数组,接着将 Series 对象的索引传给 matplotlib 来绘制图形。该例使用 Series 数据类型绘制一维图形。np.random 表示随机抽样,np.random.randn(10)用于返回一组随机数据,该数据具有标准正态分布。cumsum()用于返回累加值。np.arange(0, 100, 10)用于返回一个有终点和起点的固定步长的排列以显示刻度值,其中 0 为起点,100 为终点,10 为步长。该例的运行结果如图 8-22 所示。

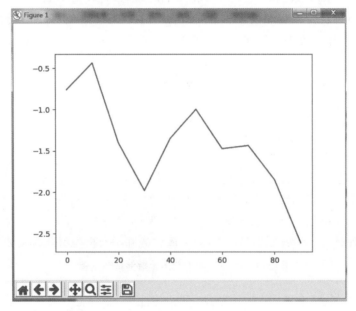

图 8-22 在 Pandas 中使用 Series 绘制线性图

Pandas 中专用于 Series 的 plot 方法的参数如表 8-14 所示。

表 8-14 专用于 Series 的 plot 方法的参数

参 数	含 义
label	图表的标签
ax	要进行绘制的 matplotlib subplot 对象
style	要传给 matplotlib 的字符风格
alpha	图表的填充透明度(0~1)
kind	图表的类型,有 line、bar、barh 以及 kde 等
logy	在 Y 轴上使用对数标尺
rot	旋转刻度标签(0~360°)
xticks、yticks	用作 X 轴和 Y 轴刻度的值
xlim、ylim	X 轴和 Y 轴的界限

Pandas 中专用于 DataFrame 的 plot 方法的参数如表 8-15 所示。

表 8-15　专用于 DataFrame 的 plot 方法的参数

参　　数	含　　义
subplots	将各个 DataFrame 列绘制到单独的 subplot 中
sharex	如果 subplots＝true，则共用一个 X 轴
sharey	如果 subplots＝true，则共用一个 Y 轴
figsize	图像元组的大小
title	图像的标题
legend	添加一个 subplots 图例
sort_columns	以字母表顺序绘制各列

Pandas 中常见的图表类型如表 8-16 所示。

表 8-16　Pandas 中常见的图表类型

类　型	含　　义	类　型	含　　义
bar	垂直柱状图	box	箱形图
barh	水平柱状图	pie	饼图
hist	直方图	scatter	散点图
kde	密度图	area	面积图
line	折线图		

2）使用 DataFrame 绘制线性图

【例 8-20】　在 Pandas 中使用 DataFrame 绘制线性图。

代码如下：

```
from pandas import DataFrame,Series
import pandas as pd
import numpy as np
import matplotlib.pyplot as plt
df = pd.DataFrame(np.random.randn(10, 4).cumsum(0),
            columns = ['A', 'B', 'C', 'D'],
            index = np.arange(0, 100, 10))
df.plot()
plt.show()
```

在 Pandas 中使用 DataFrame 绘制线性图的方法与使用 Series 类似，该例通过使用随机函数生成了 4 条折线，并配以 A、B、C、D 标识，运行结果如图 8-23 所示。

2. 绘制柱状图

1）使用 Series 绘制柱状图

在 Pandas 中绘制柱状图与绘制线性图的方法类似，只需在生成线性图的代码中加上 bar（垂直柱状图）或 barh（水平柱状图）即可实现。

【例 8-21】　在 Pandas 中使用 Series 绘制柱状图。

代码如下：

```
from pandas import DataFrame,Series
import pandas as pd
```

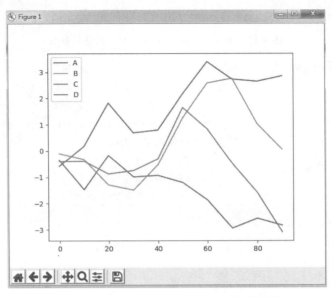

图 8-23 在 Pandas 中使用 DataFrame 绘制线性图

```
import numpy as np
import matplotlib.pyplot as plt
fig, axes = plt.subplots(2, 1)
data = pd.Series(np.random.rand(16), index = list('abcdefghijklmnop'))
df.plot.bar(ax = axes[0], color = 'r', alpha = 0.7)      #垂直柱状图
df.plot.barh(ax = axes[1], color = 'r', alpha = 0.7)     #水平柱状图
plt.show()
```

该例绘制了一个垂直柱状图和一个水平柱状图，ax＝axes[0]表示设置 matplotlib subplot 对象名称，color＝'r'表示设置图形的颜色为红色（red），alpha＝0.7 表示设置图形的透明度为 0.7，运行结果如图 8-24 所示。

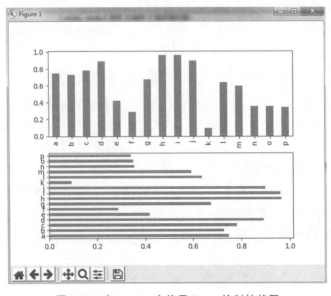

图 8-24 在 Pandas 中使用 Series 绘制柱状图

2）使用 DataFrame 绘制柱状图

【例 8-22】 在 Pandas 中使用 DataFrame 绘制柱状图。

代码如下：

```
from pandas import DataFrame,Series
import pandas as pd
import numpy as np
import matplotlib.pyplot as plt
df = pd.DataFrame(np.random.rand(4, 4),
                  index = ['one', 'two', 'three', 'four'],
                  columns = pd.Index(['A', 'B', 'C', 'D'], name = 'bar'))
df.plot.bar()
plt.show()
```

该例使用 DataFrame 绘制了垂直柱状图，并用 DataFrame 各列的名称 bar 作为图表的标题，运行结果如图 8-25 所示。

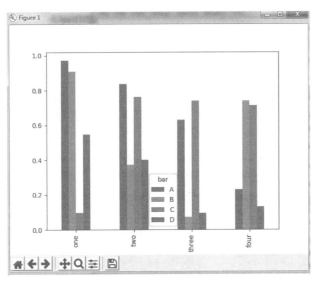

图 8-25　在 Pandas 中使用 DataFrame 绘制柱状图

3. 绘制直方图

在 Pandas 中只需要通过 DataFrame 的 hist 方法即可生成直方图。

【例 8-23】 在 Pandas 中绘制直方图。

代码如下：

```
from pandas import DataFrame,Series
import pandas as pd
import numpy as np
import matplotlib.pyplot as plt
from numpy.random import randn
df = pd.DataFrame({'a':np.random.randn(1000) + 1, 'b':np.random.randn(1000),}, columns = ['a', 'b'])
df.plot.hist(bins = 20)
plt.show()
```

该例使用 DataFrame 绘制了直方图，bins = 20 表示直方图可以交叉，运行结果如

图 8-26 所示。

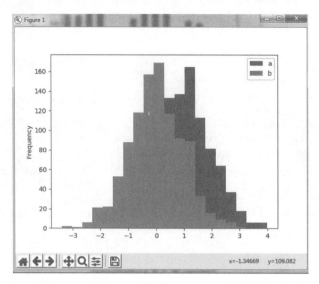

图 8-26　在 Pandas 中使用 DataFrame 绘制直方图

在绘制直方图时,如果在 df.plot.hist(bins=20)中加入 stacked=true,则可以绘制叠加的直方图,运行结果如图 8-27 所示。

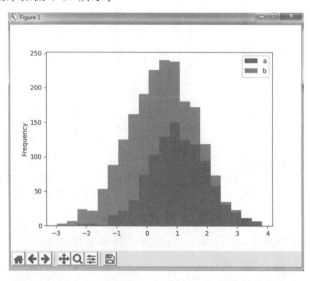

图 8-27　在 Pandas 中使用 DataFrame 绘制叠加的直方图

8.5　基于 seaborn 的数据可视化

8.5.1　seaborn 绘图介绍

1. seaborn 简介

seaborn 是斯坦福大学开发的一个非常好用的可视化包,也是基于 matplotlib 的 Python 数据可视化库。与 matplotlib 相比,seaborn 提供了更高层次的 API 封装,使用起来更加方便、快捷。从开发者的角度讲，seaborn 是 matplotlib 的扩充。值得注意的是，由于 seaborn 是以 matplotlib 为基础的，所以在使用 seaborn 之前应该先学习 matplotlib 的相关知识。

2．seaborn 的导入

在 Python 3 中，seaborn 绘图库或函数的导入语句如下：

```
import numpy as np
import pandas as pd
from scipy import stats, integrate
import matplotlib.pyplot as plt
import seaborn as sns
```

如果想使用 Python 实现 seaborn 的数据可视化，可以分别导入 numpy 库、pandas 库、scipy 库、matplotlib 库以及 seaborn 库，其中 seaborn 可简写为 sns。

值得注意的是，语句 from scipy import stats, integrate 表示导入了 scipy 库。scipy 是一款方便、易于使用、专为科学和工程设计的 Python 工具包，内容包括统计、优化、整合、线性代数模块、傅里叶变换、信号和图像处理以及常微分方程求解器等。scipy 库由一些特定功能的模块组成，它们全都依赖于 numpy 库。表 8-17 列出了 scipy 库中的常见模块及含义。

表 8-17　scipy 库中的常见模块及含义

模块名称	含　义
scipy.cluster	K-均值
scipy.constants	物理和数学常数
scipy.fftpack	傅里叶变换
scipy.integrate	积分程序
scipy.interpolate	插值
scipy.io	数据输入/输出
scipy.linalg	线性代数程序
scipy.signal	信号处理
scipy.sparse	稀疏矩阵
scipy.spatial	空间数据结构和算法
scipy.stats	统计

在 seaborn 中常用的 scipy 模块主要有 integrate 和 stats，因此在可视化中只需要导入这两个模块即可。scipy.stats 模块的主要功能有产生随机数、求概率密度函数、求累计概率密度函数、求累计分布函数的逆函数等。scipy.integrate 模块的主要功能有求解多重积分、求解高斯积分、求解常微分方程等。

3．seaborn 绘图方法

seaborn 中的常见函数及含义如表 8-18 所示，seaborn 中的绘图函数及含义如表 8-19 所示。

表 8-18　seaborn 中的常见函数及含义

常见函数	含　义
sns.set()	调用 seaborn 默认绘图样式
sns.set_style()	调用 seaborn 中的绘图主题风格

续表

常见函数	含义
plt.subplot()	同matplotlib,绘制子图
sinplot()	绘制图形,主要是绘制曲线
sns.despine()	移除坐标轴线
sns.axes_style()	临时设定图形样式
sns.set_context()	自定义图形的规模
sns.color_palette()	设置调色板

表8-19 seaborn中的绘图函数及含义

绘图函数	含义
kdeplot()	绘制核密度估计图
boxplot()	绘制箱形图
jointplot()	绘制联合分布图
heatmap()	绘制热力图
scatter()	绘制散点图
countplot()	绘制特征统计图
violinplot()	绘制小提琴图
lineplot()	绘制线图
pointplot()	绘制点图
relplot()	绘制关系图
barplot()	绘制条形图
clustermap()	绘制聚类图
stripplot()	绘制分布散点图
displot()	绘制单变量分布图
histplot()	绘制直方图
pairplot()	绘制成对关系图
rugplot()	绘制线性回归图

8.5.2 seaborn绘图实例

1. 设置绘图风格

【例8-24】 在seaborn中设置绘图风格。

该例的代码如下:

```
import numpy as np
import pandas as pd
import matplotlib.pyplot as plt
import seaborn as sns
sns.set_style("darkgrid")
plt.plot(np.arange(10))
plt.show()
```

语句sns.set_style("darkgrid")为图形设置seaborn中的绘图风格。seaborn有5个预设好的主题,分别是darkgrid、whitegrid、dark、white和ticks,默认为darkgrid。

seaborn预设的主题及含义如下。

darkgrid：灰色网格背景。
whitegrid：白色网格背景。
dark：灰色背景。
white：白色背景。
ticks：四周加边框和刻度。

语句 plt.plot(np.arange(10))引入 numpy 库创建了一维数组。

该例的运行结果如图 8-28 所示。

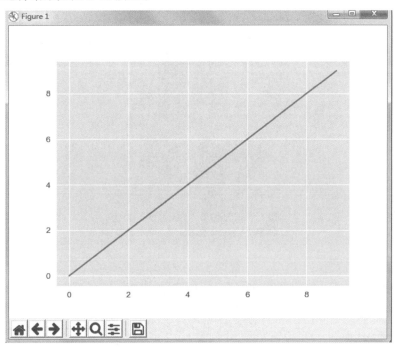

图 8-28　seaborn 设置主题并绘图

在该例中如果将代码写为 sns.set_style("ticks")，则运行结果如图 8-29 所示。

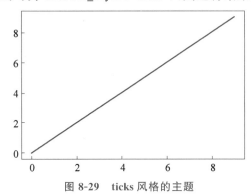

图 8-29　ticks 风格的主题

2．绘制单变量分布图

【例 8-25】　在 seaborn 中绘制单变量分布图。

在 seaborn 中绘制单变量分布图的函数是 displot()，该函数默认绘制直方图并拟合核密度估计。该例的代码如下：

```
import numpy as np
import pandas as pd
import matplotlib.pyplot as plt
import seaborn as sns
x = np.random.randn(200)
sns.displot(x)
plt.show()
```

语句 sns.displot(x)绘制了直方图,该例的运行结果如图 8-30 所示。

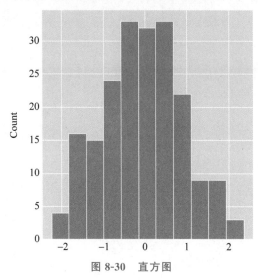

图 8-30 直方图

此外,绘制直方图也可以使用语句 sns.displot(x=data,kind="hist")来实现,代码如下:

```
import numpy as np
import pandas as pd
import matplotlib.pyplot as plt
import seaborn as sns
np.random.seed(1)
data = np.random.normal(size = 100)
sns.displot(x = data,kind = "hist")
plt.show()
```

语句 kind="hist"设置了绘图类型,其中"hist"代表直方图,如果为"kde"则代表核密度估计图。以上代码的运行结果如图 8-31 所示。

3. 绘制核密度估计图

【例 8-26】 在 seaborn 中绘制核密度估计图。

核密度估计图主要估计连续密度分布,通过核密度估计图可以看出数据样本本身的分布特征。该例的代码如下:

```
import numpy as np
import matplotlib.pyplot as plt
import seaborn as sns
data = np.random.randn(100)      #随机生成100个标准的正态分布数据,绘制核密度估计图
sns.kdeplot(data)
plt.show()
```

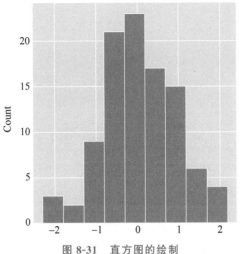

图 8-31　直方图的绘制

语句 sns.kdeplot(data)绘制了核密度估计图,该例的运行结果如图 8-32 所示。

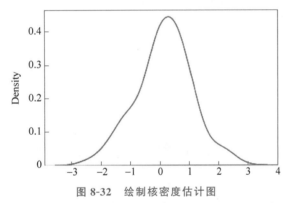

图 8-32　绘制核密度估计图

值得注意的是,用户也可以在直方图中显示核密度估计图,代码如下:

```
import numpy as np
import pandas as pd
import matplotlib.pyplot as plt
import seaborn as sns
np.random.seed(66)
x = np.random.randn(100)
sns.histplot(x,kde = True)
plt.show()
```

这里使用语句 sns.histplot(x,kde=True)在直方图中显示核密度估计图,运行结果如图 8-33 所示。

此外,还可以使用参数 bins 表示范围内直方柱的数量,代码如下。

```
import numpy as np
import pandas as pd
import matplotlib.pyplot as plt
import seaborn as sns
np.random.seed(66)
x = np.random.randn(100)
```

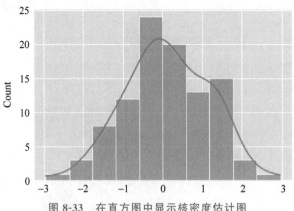

图 8-33 在直方图中显示核密度估计图

```
sns.set_style("darkgrid")
sns.histplot(x,kde = True,bins = 10,color = 'r')
plt.show()
```

语句 bins=10 设置了直方柱的数量为 10,运行结果如图 8-34 所示。

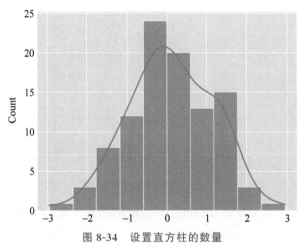

图 8-34 设置直方柱的数量

4. 绘制热力图

【例 8-27】 在 seaborn 中绘制热力图。

该例的代码如下:

```
import numpy as np
import seaborn as sns
import matplotlib.pyplot as plt
data = np.random.rand(3, 5)
ax = sns.heatmap(data)
cmaps = ['YlOrBr_r']
plt.show()
```

heatmap(热力图)是识别预测变量与目标变量相关性的方法,同时也是发现变量之间是否存在多重共线性的方法。该例使用语句 sns.heatmap() 绘制热力图,参数 cmaps 表示从数字到色彩空间的映射,取值是 matplotlib 包中的 colormap 名称或颜色对象,或者表示颜色的列表。

表 8-20 显示了热力图中的常见参数。

表 8-20 热力图中的常见参数

参　　数	含　　义
vmin	最小值
vmax	最大值
annot	是否显示数字
square	形状是否为正方形
cmap	颜色的选择
fmt	图中数字的格式
xticklabels	设置图中横轴的标签
yticklabels	设置图中纵轴的标签
linewidths	设置每个小方格的宽度
linecolor	设置每个小方格之间线的颜色

该例的运行结果如图 8-35 所示。

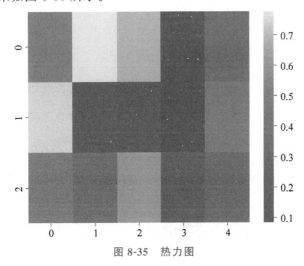

图 8-35　热力图

在绘制热力图时可以使用 annot＝True 为热力图的每个方格写入数据，代码如下。

```
import pandas as pd
import matplotlib.pyplot as plt
import seaborn as sns
s = pd.DataFrame(
    { 'v1':[10,20,31],
     'v2':[47,52,62],
     'v3':[70,8,93]}
    )                           # 使用 pandas 创建数据
sc = s.corr()                   # 求相关性系数
ax = sns.heatmap(sc, cmap = 'Spectral_r', annot = True)
plt.show()
```

以上代码的运行结果如图 8-36 所示。

此外，也可以生成不带参数的热力图，代码如下。

```
import numpy as np
import pandas as pd
```

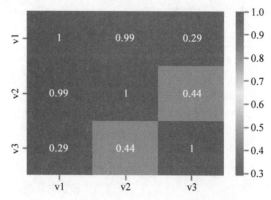

图 8-36 在热力图的每个方格中写入数据

```
import matplotlib.pyplot as plt
import seaborn as sns
np.random.seed(1)
sns.set()
data = np.random.rand(3,3)
print(data)
heat_map = sns.heatmap(data)
plt.show()
```

语句 data = np.random.rand(3,3) 表示生成的数组为 3 行 3 列,运行结果如图 8-37 所示。

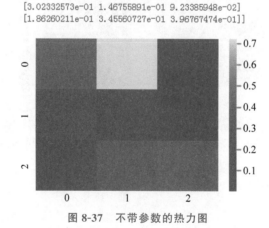

图 8-37 不带参数的热力图

如果将该语句改写为 data = np.random.rand(4,4),则运行结果如图 8-38 所示。

5. 绘制小提琴图

【例 8-28】 在 seaborn 中绘制小提琴图。

小提琴图允许用户可视化一个或多个数字变量的分布,特别适用于数据量巨大且无法显示个别观察结果的情况。

在 seaborn 中可以使用 violinplot() 函数绘制小提琴图,代码如下:

```
import numpy as np
import pandas as pd
```

```
[[4.17022005e-01 7.20324493e-01 1.14374817e-04 3.02332573e-01]
 [1.46755891e-01 9.23385948e-02 1.86260211e-01 3.45560727e-01]
 [3.96767474e-01 5.38816734e-01 4.19194514e-01 6.85219500e-01]
 [2.04452250e-01 8.78117436e-01 2.73875932e-02 6.70467510e-01]]
```

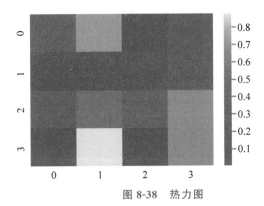

图 8-38 热力图

```
import matplotlib.pyplot as plt
import seaborn as sns
iris = pd.read_csv("iris.csv")
sns.set(color_codes = True)
sns.set_style("white")
sns.violinplot(y = 'Sepal.Length', data = iris)
plt.show()
```

该例导入了鸢尾花数据集 iris.csv,该数据集的部分数据如图 8-39 所示。鸢尾花数据集是一类用于多重变量分析的数据集。该数据集中包含 150 个数据样本,分为 3 类(setosa、versicolor、virginica),每类 50 个数据,每个数据包含 4 个属性(分别是花萼长度、花萼宽度、花瓣长度、花瓣宽度),用户可通过这 4 个属性预测鸢尾花卉属于 3 类鸢尾花中的哪一类。

在该例中语句 sns.violinplot(y = 'Sepal.Length', data = iris)绘制了单变量的小提琴图,该例的运行结果如图 8-40 所示。

此外,也可以绘制多变量的小提琴图,代码如下。

```
import numpy as np
import pandas as pd
import matplotlib.pyplot as plt
import seaborn as sns
iris = pd.read_csv("iris.csv")
sns.set(color_codes = True)
sns.set_style("white")
f, axes = plt.subplots(2, 2, figsize = (8, 8), sharex = True)
sns.violinplot(x = 'Species', y = 'Sepal.Length', data = iris, ax = axes[0, 0])
sns.violinplot(x = 'Species', y = 'Sepal.Width', data = iris, ax = axes[0, 1])
sns.violinplot(x = 'Species', y = 'Petal.Length', data = iris, ax = axes[1, 0])
sns.violinplot(x = 'Species', y = 'Petal.Width', data = iris, ax = axes[1, 1])
plt.show()
```

以上代码的运行结果如图 8-41 所示。

	A	B	C	D	E
1	Sepal.Length	Sepal.Width	Petal.Length	Petal.Width	Species
2	5.1	3.5	1.4	0.2	setosa
3	4.9	3	1.4	0.2	setosa
4	4.7	3.2	1.3	0.2	setosa
5	4.6	3.1	1.5	0.2	setosa
6	5	3.6	1.4	0.2	setosa
7	5.4	3.9	1.7	0.4	setosa
8	4.6	3.4	1.4	0.3	setosa
9	5	3.4	1.5	0.2	setosa
10	4.4	2.9	1.4	0.2	setosa
11	4.9	3.1	1.5	0.1	setosa
12	5.4	3.7	1.5	0.2	setosa
13	4.8	3.4	1.6	0.2	setosa
14	4.8	3	1.4	0.1	setosa
15	4.3	3	1.1	0.1	setosa
16	5.8	4	1.2	0.2	setosa
17	5.7	4.4	1.5	0.4	setosa
18	5.4	3.9	1.3	0.4	setosa
19	5.1	3.5	1.4	0.3	setosa
20	5.7	3.8	1.7	0.3	setosa
21	5.1	3.8	1.5	0.3	setosa
22	5.4	3.4	1.7	0.2	setosa
23	5.1	3.7	1.5	0.4	setosa
24	4.6	3.6	1	0.2	setosa
25	5.1	3.3	1.7	0.5	setosa
26	4.8	3.4	1.9	0.2	setosa
27	5	3	1.6	0.2	setosa
28	5	3.4	1.6	0.4	setosa
29	5.2	3.5	1.5	0.2	setosa
30	5.2	3.4	1.4	0.2	setosa
31	4.7	3.2	1.6	0.2	setosa
32	4.8	3.1	1.6	0.2	setosa
33	5.4	3.4	1.5	0.4	setosa
34	5.2	4.1	1.5	0.1	setosa
35	5.5	4.2	1.4	0.2	setosa
36	4.9	3.1	1.5	0.2	setosa
37	5	3.2	1.2	0.2	setosa
38	5.5	3.5	1.3	0.2	setosa
39	4.9	3.6	1.4	0.1	setosa
40	4.4	3	1.3	0.2	setosa
41	5.1	3.4	1.5	0.2	setosa
42	5	3.5	1.3	0.3	setosa
43	4.5	2.3	1.3	0.3	setosa
44	4.4	3.2	1.3	0.2	setosa

图 8-39　iris 数据集的部分数据

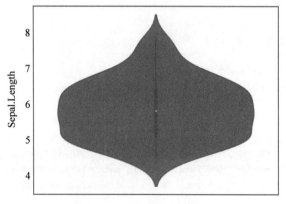

图 8-40　单变量的小提琴图

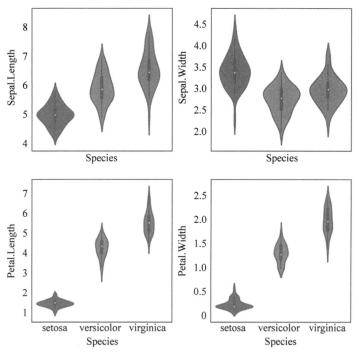

图 8-41 多变量的小提琴图

6. 绘制关系图

【例 8-29】 在 seaborn 中绘制关系图。

该例的代码如下：

```
import numpy as np
import pandas as pd
import matplotlib.pyplot as plt
import seaborn as sns
iris = pd.read_csv("iris.csv")
sns.set(color_codes = True)
sns.set_style("white")
sns.relplot(x = 'Sepal.Length', y = 'Sepal.Width', data = iris)
plt.show()
```

该例同样使用了鸢尾花数据集，并使用 relplot()函数绘制其中变量之间的关系，在这里函数具有参数 x、y 和 data，分别指定要在 X、Y 轴上绘制的值以及它应该使用的数据。relplot()函数主要用于创建关系图，即直线图和散点图，这些图提供了变量之间关系的概述。

该例的运行结果如图 8-42 所示。

此外，在代码中加入语句 kind＝'line'可以设置该图形为直线图，代码如下。

```
import numpy as np
import pandas as pd
import matplotlib.pyplot as plt
import seaborn as sns
iris = pd.read_csv("iris.csv")
```

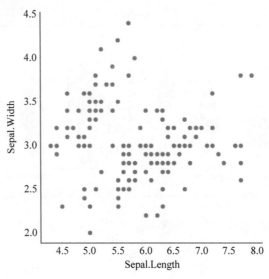

图 8-42 散点图

```
sns.set(color_codes = True)
sns.set_style("white")
sns.relplot(x = 'Sepal.Length',y = 'Sepal.Width', data = iris,kind = 'line')
plt.show()
```

以上代码的运行结果如图 8-43 所示。

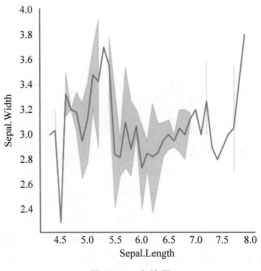

图 8-43 直线图

8.6 基于 Bokeh 的数据可视化

8.6.1 Bokeh 绘图介绍

1. Bokeh 绘图简介

Bokeh 是一个 Python 交互式可视化库,用于在现代 Web 浏览器上进行展示。它的目标是以 D3.js 风格提供优雅、简洁的图形展示,并与大数据或流数据进行高效交互。

在实现上，Bokeh 捆绑了多种语言（例如 Python、R、Lua 和 Julia）。这些捆绑的语言产生了一个 JSON 文件，这个文件作为 BokehJS（一个 JavaScript 库）的一个输入，会将数据展现到 Web 浏览器上。

Bokeh 具有以下特点：

（1）Bokeh 允许用户通过简单的指令快速创建复杂的统计图。

（2）Bokeh 可以输出到各种媒体中，例如 HTML、Notebook 文档和服务器，在 Python 中可输出为 HTML 的网页形式。

（3）用户可以将 Bokeh 可视化嵌入 Flask 和 Django 程序中。

2．Bokeh 的导入

在 Python 3 中导入 Bokeh 绘图库或函数的语句如下：

from bokeh.plotting import figure, output_file, show

其含义是从 bokeh.plotting 中导入 figure()函数、output_file()函数和 show()函数，用于创建和显示图表。

- figure()：创建图形。
- output_file()：将图形输出为网页。
- show()：显示该图形。

8.6.2 Bokeh 绘图实例

1．绘制补丁图

Bokeh 中最基本的图形叫补丁图，它是在 Bokeh 中绘制多个点，然后将点依次连接形成的图形，例如直线、封闭图形等，下面介绍它们的绘制。

1）绘制直线

【例 8-30】 在 Bokeh 中绘制直线。

代码如下：

扫一扫

视频讲解

```
from bokeh.plotting import figure, output_file, show
output_file("patch.html")
p = figure(plot_width = 400, plot_height = 400)
p.patch([1, 2, 3, 4, 5], [6, 7, 8, 9, 10], alpha = 0.5, line_width = 2)
show(p)
```

在该例中，from bokeh.plotting import figure，output_file，show 导入了 Bokeh 中的绘图函数；output_file("patch.html")将该文件输出为 HTML 的网页形式，网页名称为 patch.html；p=figure(plot_width=400，plot_height=400)定义该图形的各种样式，例如大小等；p.patch([1,2,3,4,5]，[6,7,8,9,10]，alpha=0.5，line_width=2)定义了 10 个点在该图形上的坐标位置，横坐标为[1,2,3,4,5]，纵坐标为[6,7,8,9,10]，依次连接这些点便形成了一条直线，此外 alpha=0.5 设置了图形的透明度，line_width=2 设置了线条的粗细；show(p)用于显示图形。

该例的运行结果如图 8-44 所示。

值得注意的是，用户可以在网页中通过鼠标来操纵此图形，例如拖住并移动该直线，以此来体现用户与 Bokeh 的交互，移动后的效果如图 8-45 所示。

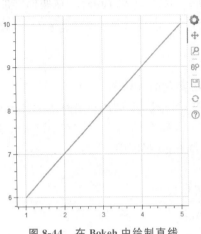
图 8-44　在 Bokeh 中绘制直线

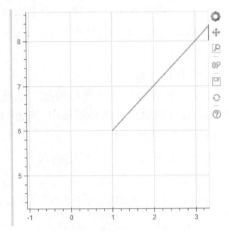
图 8-45　用户可操纵此图形实现各种移动

2）绘制封闭图形

【例 8-31】　在 Bokeh 中绘制封闭图形。

代码如下：

```
from bokeh.plotting import figure, output_file, show
output_file("patch.html")
p = figure(plot_width = 400, plot_height = 400)
p.patch([1, 2, 3, 4, 5], [6, 8, 5, 3, 4], alpha = 0.5, line_width = 2)
show(p)
```

在该例中，p.patch([1, 2, 3, 4, 5], [6, 8, 5, 3, 4], alpha＝0.5, line_width＝2)定义了 5 个点的坐标值，分别是(1,6)、(2,8)、(3,5)、(4,3)、(5,4)，依次连接这几个点，从而形成了一个封闭图形。

该例的运行结果如图 8-46 所示。

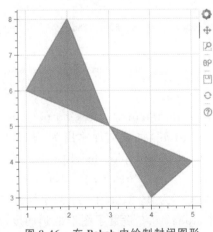
图 8-46　在 Bokeh 中绘制封闭图形

2. 绘制散点图

1）绘制圆形散点图

【例 8-32】　在 Bokeh 中绘制圆形散点图。

代码如下:

```
from bokeh.plotting import figure, output_file, show
output_file("circle.html")
p = figure(plot_width = 400, plot_height = 400)
p.circle([1, 2, 3, 4, 5], [3, 4, 5, 6, 7], size = 20, color = "red", alpha = 0.5)
show(p)
```

在该例中,p.circle([1,2,3,4,5],[3,4,5,6,7],size=20,color="red",alpha=0.5)定义了5个不同分布的圆,以及每个圆的大小、颜色和透明度。

该例的运行结果如图8-47所示。

2) 绘制正方形散点图

【例8-33】 在Bokeh中绘制正方形散点图。

代码如下:

```
from bokeh.plotting import figure, output_file, show
output_file("square.html")
p = figure(plot_width = 400, plot_height = 400)
p.square([1, 2, 3, 4, 5], [7, 8, 5, 3, 7], size = 30, color = "red", alpha = 0.5)
show(p)
```

在该例中,p.square()绘制了正方形散点图。

该例的运行结果如图8-48所示。

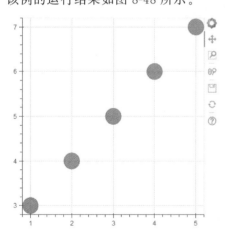 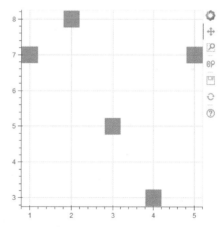

图 8-47　在 Bokeh 中绘制圆形散点图　　图 8-48　在 Bokeh 中绘制正方形散点图

3. 绘制曲线图

【例8-34】 在Bokeh中绘制正弦函数曲线图。

代码如下:

```
from bokeh.plotting import figure,output_file,show
import numpy as np
output_file("sinx.html")
x = np.linspace( - np.pi,np.pi,100)
y = np.sin(x)
p = figure(plot_width = 400,plot_height = 400)
```

```
p.line(x,y)
show(p)
```

在该例中,x=np.linspace(-np.pi,np.pi,100)定义一个 NumPy 的数组 x,从-π 到 π,共 100 个值;y=np.sin(x)绘制正弦函数曲线图。

该例的运行结果如图 8-49 所示。

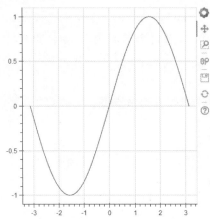

图 8-49　在 Bokeh 中绘制正弦函数曲线图

8.7　基于 pyqtgraph 的数据可视化

8.7.1　pyqtgraph 绘图介绍

1. pyqtgraph 绘图简介

pyqtgraph 是纯 Python 的 GUI 图形库,它是基于 PyQt4 和 NumPy 的绘图库,其中 PyQt4 是一个跨平台框架,使用 C++编写,可以运行在所有的主流操作系统上,包括 UNIX、Windows、Mac 等。在 PyQt4 中包含许多工具和 API,被广泛应用于许多行业,并涵盖了众多平台。尽管 pyqtgraph 完全用 Python 编写,但由于内部使用了高速计算的 NumPy 信号处理库以及 Qt 的 GraphicsView 框架,所以它在大数据量的数字处理和快速显示方面有着巨大的优势,比较适合于需要快速更新视频或绘图数据的场合。

在 Python 3 中导入 pyqtgraph 绘图库或函数的语句如下:

```
import pyqtgraph as pg
import numpy as np
```

2. pyqtgraph 绘图方法

在 pyqtgraph 中创建图形的方法较多,表 8-21 显示了几种常见的绘图方法;表 8-22 显示了 pyqtgraph 中常见的绘图参数及含义。

表 8-21　pyqtgraph 中常见的绘图方法

方 法 名 称	含　义
pyqtgraph.plot()	创建一个显示数据的新绘图窗口
plotWidget.plot()	将一组新数据添加到现有的绘图窗口

续表

方 法 名 称	含 义
plotItem.plot()	通过添加图形部件来绘制图形
GraphicsLayout()	创建图形层绘图

表 8-22　pyqtgraph 中常见的绘图参数及含义

参 数 名 称	含 义
x	可选的 x 数据,如果未指定,则会自动生成一系列整数
y	可选的 y 数据,如果未指定,则会自动生成一系列整数
pen	绘制绘图线时使用的笔
symbol	可选,描述用于每个点的符号形状的字符串
symbolPen	绘制符号轮廓时使用的笔(或笔序列)
symbolBrush	填充符号时使用的画笔(或画笔序列)
fillLevel	填充曲线下面的区域
brush	填充曲线时使用的笔刷

一般来讲,在 pyqtgraph 绘图方法中比较简单的是使用 pyqtgraph.plot()来快速绘制一个图形,例如直线、折线或者曲线等。

8.7.2　pyqtgraph 绘图实例

1. 绘制折线图

1) 使用默认方法绘制折线图

【例 8-35】　在 pyqtgraph 中使用默认方法绘制折线图。

代码如下:

```
import pyqtgraph as pg
pg.plot([2,5,4,1,3])
```

该例使用 pyqtgraph.plot()来绘制折线,pg.plot([2,5,4,1,3])表示该图形中各个点的纵坐标值。在默认情况下,pyqtgraph 的图表使用黑色背景,轴文本和绘图线使用灰色。

该例的运行结果如图 8-50 所示。

2) 使用自定义方式绘制折线图

【例 8-36】　在 pyqtgraph 中使用自定义方式绘制折线图。

代码如下:

```
import pyqtgraph as pg
pg.setConfigOption('background', 'w')
pg.setConfigOption('foreground', 'r')
pg.plot([1,4,2,3,5])
```

该例使用 pg.setConfigOption('background','w')设置背景颜色为白色,w 为 white 的缩写;使用 pg.setConfigOption('foreground','r')设置轴文本为红色,r 为 red 的缩写。

该例的运行结果如图 8-51 所示。

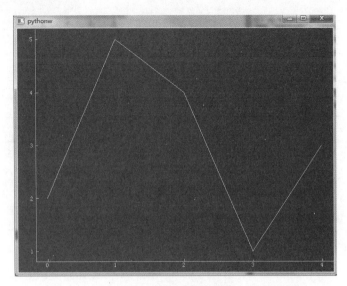

图 8-50　在 pyqtgraph 中使用默认方法绘制折线图

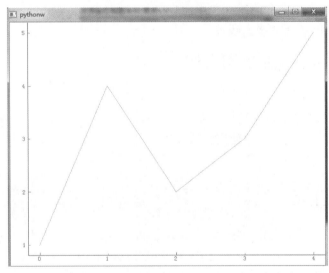

图 8-51　在 pyqtgraph 中使用自定义方式绘制折线图

3）调用函数绘制折线图

由于 pyqtgraph 是 Python 中的 GUI 图形库，所以在编程时用户还可以根据实际情况调用 mkQApp() 函数来创建一个应用程序实例，并使用 app.exec_() 函数运行该实例。

【例 8-37】　在 pyqtgraph 中调用 mkQApp() 函数绘制折线图。

代码如下：

```
import pyqtgraph as pg
import numpy as np
app = pg.mkQApp()
x = np.random.random(10)
pg.plot(x)
app.exec_()
```

在该例中,app=pg.mkQApp()创建了应用程序实例;x=np.random.random(10)调用NumPy库中生成随机数的函数;pg.plot(x)调用了pyqtgraph中的绘图方法;app.exec_()运行已经创建好的实例。

该例的运行结果如图8-52所示。

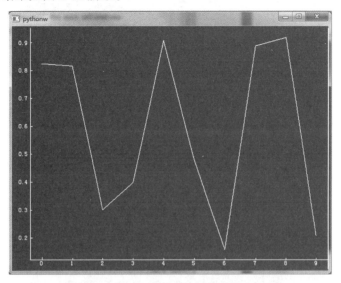

图8-52 在pyqtgraph中调用函数绘制折线图

2. 绘制曲线图

【例8-38】 在pyqtgraph中绘制曲线图。

代码如下:

```
import pyqtgraph as pg
import numpy as np
app = pg.mkQApp()
x = np.linspace(0,1 * np.pi,100)
y = np.sin(x)
pg.plot(x,y)
app.exec_()
```

在该例中,y=np.sin(x)绘制正弦函数曲线图。

该例的运行结果如图8-53所示。

3. 绘制随机散点图

【例8-39】 在pyqtgraph中绘制随机散点图。

代码如下:

```
import pyqtgraph as pg
import numpy as np
x = np.random.normal(size = 100)
y = np.random.normal(size = 100)
pg.plot(x, y, pen = None, symbol = 'o')
```

在该例中,x=np.random.normal(size=100)用来定义随机点的横坐标;y=np.random.normal(size=100)用来定义随机点的纵坐标;pg.plot(x,y,pen=None,symbol='o')

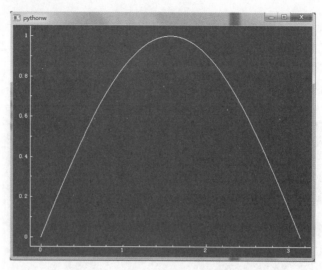

图 8-53 在 pyqtgraph 中绘制曲线图

用来显示所绘制图形的形状,其中 pen=None 表示不显示连线,symbol='o'指用字母"o"来表示形状。

该例的运行结果如图 8-54 所示。

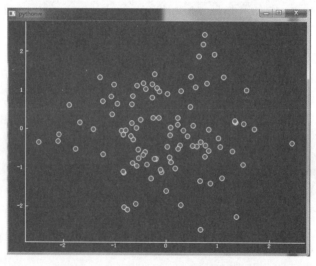

图 8-54 在 pyqtgraph 中绘制随机散点图

在该例中,如果将 pg.plot(x, y, pen=None, symbol='o')改为 pg.plot(x, y, symbol='o'),运行结果如图 8-55 所示。

8.7.3 pyqtgraph 内置绘图库

在 pyqtgraph 中用户除了可以自行绘制图形外,还可以使用 pyqtgraph 内置绘图库来实现图形的展示,步骤如下。

(1) 在 Python 3 中输入语句:

```
import pyqtgraph.examples
pyqtgraph.examples.run()
```

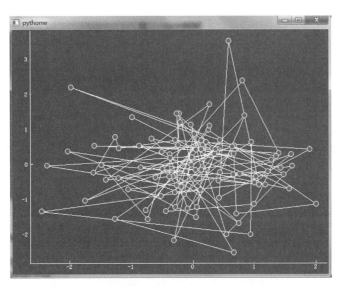

图 8-55 在 pyqtgraph 中绘制随机散点图并建立连接

该语句可打开 pyqtgraph 内置绘图库的对话框,运行结果如图 8-56 所示。

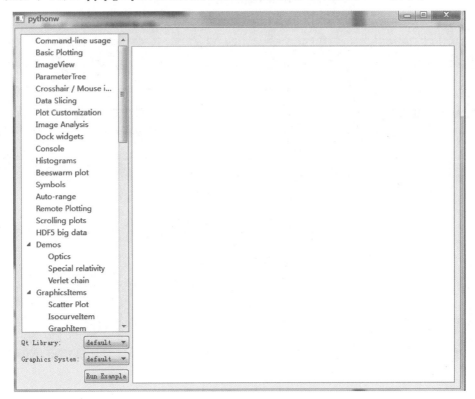

图 8-56 pyqtgraph 内置绘图库的对话框

(2) 在该对话框中单击左侧的函数库,即可在右侧区域中显示各种程序代码,双击函数库即可显示图形。例如选中 Basic Plotting 选项,执行单击和双击操作即可显示对应的代码和图形,如图 8-57 和图 8-58 所示。

图 8-57　Basic Plotting 函数库中的代码

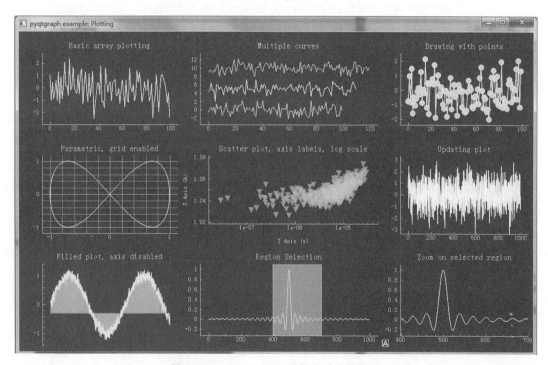

图 8-58　Basic Plotting 函数库对应的图形

（3）同样，选中 Image Analysis 选项，执行上述操作可以查看其对应的代码和图形，如图 8-59 和图 8-60 所示。

在图 8-60 所示的界面中，用户可用鼠标拖曳界面上方的白色矩形框到其他位置，从而生成新的图形，如图 8-61 所示。

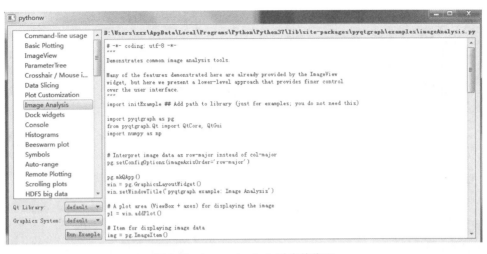

图 8-59　Image Analysis 对应的代码

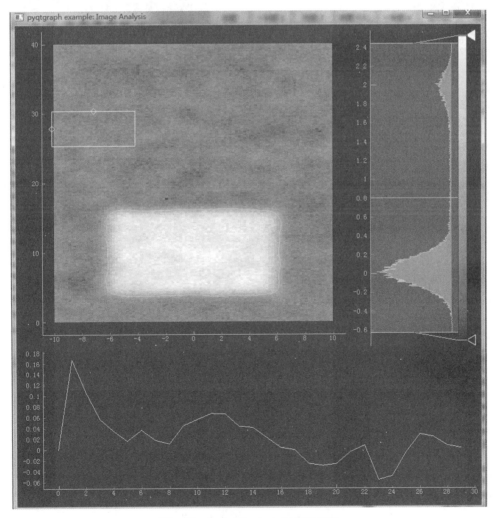

图 8-60　Image Analysis 对应的图形

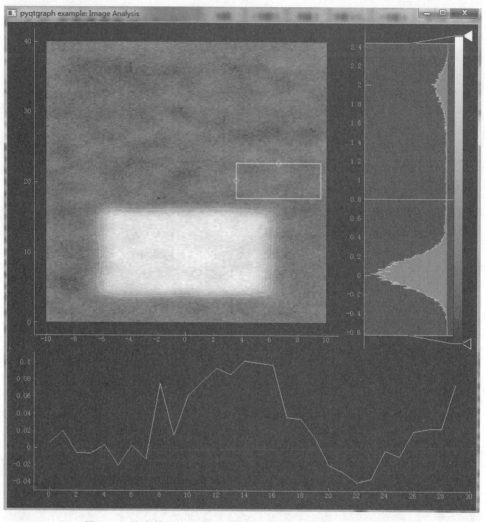

图 8-61　拖曳界面上方的白色矩形框到其他位置生成新的图形

8.8　本章小结

(1) NumPy 库主要用于数据分析,在进行数据可视化时经常需要用到 NumPy 库中的计算功能。

(2) matplotlib.pyplot 是一个命令型函数集合,它可以让人们像使用 MATLAB 一样使用 matplotlib。

(3) Pandas 可以高效地完成绘图的工作,在 Pandas 中主要依靠 Series 和 DataFrame 中生成各类图表的 plot 方法来绘制图形。

(4) Seaborn 是斯坦福大学开发的一个非常好用的可视化包,也是基于 matplotlib 的 Python 数据可视化库。与 matplotlib 相比,Seaborn 提供了更高层次的 API 封装,使用起来更加方便、快捷。

(5) Bokeh 是一个 Python 交互式可视化库,用于在现代 Web 浏览器上进行展示。它的目标是以 D3.js 风格提供优雅、简洁的图形展示,并与大数据或流数据进行高效交互。

（6）pyqtgraph 是纯 Python 的 GUI 图形库，它是基于 PyQt4 和 NumPy 的绘图库，在大数据量的数字处理和快速显示方面有着巨大的优势，比较适合于需要快速更新视频或绘图数据的场合。

8.9 实训

1. 实训目的

通过本章实训了解大数据可视化的特点，能进行简单的与大数据可视化有关的操作，能绘制不同的可视化图表。

2. 实训内容

（1）绘制带颜色的柱状图。

```
import matplotlib.pyplot as plt
plt.rcParams["font.sans-serif"] = ["SimHei"]        #设置字体
plt.rcParams["axes.unicode_minus"] = False
x = [1,2,3,4,5,6,7,8]
y = [30,11,42,53,81,98,72,25]
labels = ["A","B","C","D","E","F","G","H"]
plt.bar(x,y,align = "center",color = "rgb",tick_label = labels,hatch = " ",ec = 'gray')
plt.xlabel(u"样品编号")
plt.ylabel(u"库存数量")
plt.title("带颜色的柱状图")
plt.show()
```

该例的运行结果如图 8-62 所示。

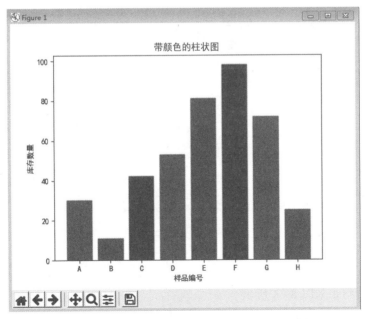

图 8-62　柱状图

（2）绘制堆叠柱状图。

```
import matplotlib.pyplot as plt
import numpy as np
```

```
plt.rcParams['font.sans-serif'] = ['SimHei']        #设置字体
x = [1,2,3,4]
y = [5,7,3,6]
plt.bar(x,y,color = 'c',label = "男生")
y1 = [3,4,7,2]
plt.bar(x,y1,bottom = y,color = "r",label = "女生",tick_label = ["1班","2班","3班","4班"])
plt.legend()
plt.title("男女人数对比")
plt.show()
```

该例的运行结果如图8-63所示。

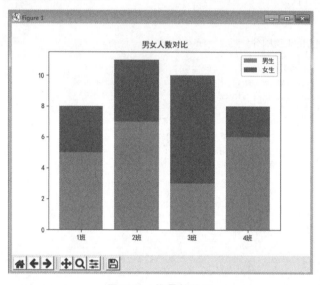

图8-63　堆叠柱状图

（3）绘制数学函数曲线图。

```
import matplotlib.pyplot as plt
import numpy as np
plt.rcParams['font.sans-serif'] = ['SimHei']        #设置字体
plt.rcParams["axes.unicode_minus"] = false          #设置负号
x = np.linspace(0.05,10,1000)
y = np.sin(x)
z = np.cos(x)
plt.plot(x,y,ls = "-",lw = 2,color = "green",label = "plot figure")
plt.plot(x,z)
plt.title("数学函数")
plt.legend()
plt.show()
```

该例的运行结果如图8-64所示。

（4）使用Seaborn绘制组合图形（柱状图和折线图）。

```
import numpy as np
import pandas as pd
from scipy import stats, integrate
import matplotlib.pyplot as plt
import seaborn as sns
```

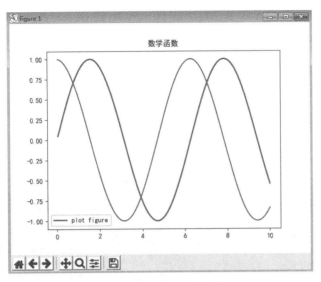

图 8-64　绘制数学函数曲线图

```
sns.set()
x = [1, 3, 5, 7, 9, 11, 13, 15, 17, 19]
y_bar = [3, 4, 6, 8, 9, 10, 9, 11, 7, 8]
y_line = [2, 3, 5, 7, 8, 9, 8, 10, 6, 7]
plt.bar(x, y_bar)
plt.plot(x, y_line, '-o', color = 'y')
plt.show()
```

该例的运行结果如图 8-65 所示。

(5) 使用 Bokeh 绘制多个三角形图。

```
from bokeh.plotting import figure, output_file, show
output_file("patch.html")
p = figure(plot_width = 400, plot_height = 400)
p.patch([1, 3, 5], [5, 8, 5], alpha = 0.5, line_width = 2)
p.patch([2, 3, 4], [5.5, 7, 5.5], alpha = 0.3, line_width = 2)
show(p)
```

该例的运行结果如图 8-66 所示。

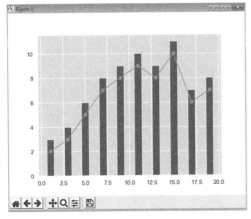

图 8-65　使用 Seaborn 绘制组合图形

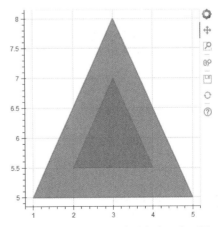

图 8-66　使用 Bokeh 绘制多个三角形图

(6) 使用 pyqtgraph 绘制曲线图。

```
import pyqtgraph as pg
import numpy as np
app = pg.mkQApp()
x = np.linspace(2,10 * np.pi,100)
z = np.cos(x)
pg.plot(x,z)
app.exec_()
```

该例的运行结果如图 8-67 所示。

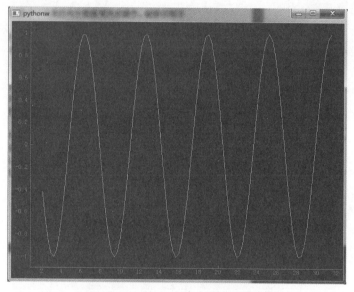

图 8-67　使用 **pyqtgraph** 绘制曲线图

(7) 使用 NumPy 和 matplotlib 在一张图中绘制多种图形。

```
import matplotlib.pyplot as plt
import numpy as np
x = np.linspace(0, 10, 100)
y = 2 * np.cos(x) ** 5 + 3 * np.sin(x) ** 3
#定义画布和子图的数量
fig,axes = plt.subplots(2,3,figsize = (10,6),facecolor = '#ccddef')
#添加整个画布的标题
fig.suptitle('Photo',fontsize = 20)
#折线图
axes[0,0].plot(x,y)
#柱状图
axes[0,1].bar(x,y * y)
#直方图
axes[0,2].hist(y,bins = 30)
#散点图
axes[1,0].scatter(x,y)
#条形图
axes[1,1].barh(x,y)
#饼图
axes[1,2].pie([1,2,3,4,5],labels = ['A','B','C','D','E'])
#对子图进行详细设置
```

```
ax1 = axes[0,0]
♯ 设置子图的 X/Y 轴范围、子图标题、标签背景颜色等
ax1.set(xlim = [ -10,12],ylim = [ -6,4], facecolor = '♯ffeedd')
♯ 添加网格
ax1.grid(true)
♯ 调整图表位置和间距
fig.subplots_adjust(left = 0.2, bottom = 0.1, right = 0.8, top = 0.8,hspace = 0.5)
plt.show()
```

该例的运行结果如图 8-68 所示。

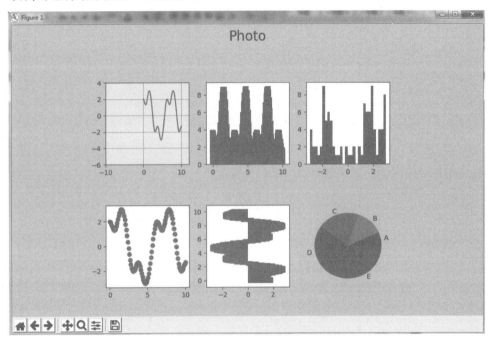

图 8-68　在一张图中绘制多种图形

(8) NumPy 与 Pandas 绘图。

```
import pandas as pd
import numpy as np
import matplotlib.pyplot as plt
plt.rcParams['font.sans - serif'] = ['SimHei'] ♯设置字体
data = pd.DataFrame(np.arange(16).reshape((4,4)),columns = ['北京','上海','天津','重庆'],
index = [ str(i) + '月' for i in np.arange(1,5)])
print(data)
data.plot()
plt.title('四个城市的对比')
plt.show()
data1 = data['北京'].plot()
plt.title('北京数据')
plt.show()
```

该例首先生成 1—4 月四个城市的数据，如下所示。

	北京	上海	天津	重庆
1月	0	1	2	3
2月	4	5	6	7

3月	8	9	10	11
4月	12	13	14	15

接着用折线图描述四个城市的数据,如图 8-69 所示。

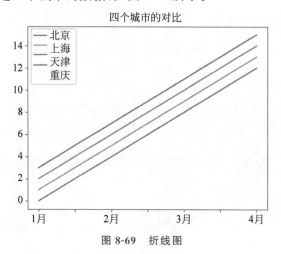

图 8-69　折线图

最后用折线图描述北京的数据,如图 8-70 所示。

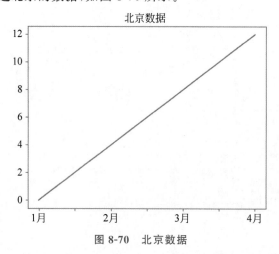

图 8-70　北京数据

习题 8

1. 如何在 Python 下安装可视化库?
2. 如何使用 matplotlib 绘图?
3. 如何使用 Pandas 绘图?
4. 如何使用 Seaborn 绘图?
5. 如何使用 Bokeh 绘图?
6. 如何使用 pyqtgraph 绘图?

第9章 R数据可视化

本章学习目标
- 掌握 R 的下载和安装。
- 掌握 R 的基本图形绘制。
- 掌握 R 的常见图形选项。
- 掌握对 R 中的数据集进行可视化操作。

本章首先向读者讲解 R 的下载和安装,再介绍 R 的基本图形绘制以及 R 的常见图形选项,最后介绍对 R 中的数据集进行可视化。

9.1 R 常见图形的绘制

R 是一种开发良好、简单而有效的编程语言,包括条件、循环、用户定义的递归函数以及输入和输出工具等。R 语言提供一组运算符,用于对数组、列表、向量和矩阵进行计算,并且提供一个大型、一致和集成的数据分析工具集合。此外,R 语言还提供用于数据分析和直接显示在计算机上或在文档中打印的图形化工具。

作为一个开源软件,R 背后有一个强大的社区和大量的开放源码支持,获取帮助非常容易,例如国外比较活跃的社区有 GitHub 和 Stack Overflow 等。通常 R 的开发者会先将代码放到 GitHub 上,接受世界各地的使用者提出问题、修改代码等操作,等代码成熟后再放到 CRAN 上发布。

9.1.1 R 图形绘制与图形选项

R 在 Windows 平台环境安装非常简单,打开 R 官网(https://cran.r-project.org/bin/windows/base/)页面,选中所需版本,直接下载、安装即可使用。R 安装完成后,会在桌面上出现一个 R 语言的图标,双击就可以进入 R 的交互模型。R 运行界面如图 9-1 所示。

本书中使用的 R 版本为 4.0.2,读者可自行下载最新的 R 版本安装使用。

1. R 图形绘制

R 语言的基本图形是由一些基本绘图函数实现的,这些绘图函数通常会生成一个默认而且相对完整的图形,这些图形基本可以满足实际应用的需求。本节讲述使用 R 绘制最简单的散点图。

散点图是将所有的数据以点的形式展现在直角坐标系上,每个点代表两个变量的值,以

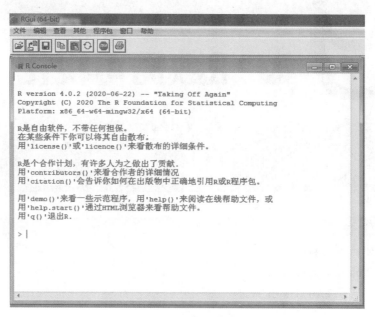

图 9-1　R 语言运行界面

显示变量之间的相互影响程度,点的位置由变量的数值决定,每个点对应一个 X 轴 和 Y 轴坐标。

在 R 中散点图使用 plot()函数创建,其语法格式如下:

```
plot(x, y, type = "p", main, pch,xlab, ylab, xlim, ylim,,col, axes)
```

其中:
- x 表示横坐标 X 轴的数据集合。
- y 表示纵坐标 Y 轴的数据集合。
- pch 表示指定观察点的符号。
- type 表示绘图的类型,type="p"为点图;"l"为直线;"b"为同时绘制点和线;"o"为同时绘制点和线,且线穿过点;"c"为仅绘制参数"b"所示的线;"h"为绘制点到横坐标轴的垂直线;"s"为阶梯图,先横后纵;"S"为阶梯图,先纵后横;"n"为不显示所绘图形,但坐标轴仍然显示。
- main 表示此图形的标题。
- xlab、ylab 分别表示 X 轴和 Y 轴的标签名称。
- xlim、ylim 分别表示 X 轴和 Y 轴的范围。
- col 表示指定颜色。
- axes 表示布尔值,是否绘制两个 X 轴。

【例 9-1】　使用 plot()函数绘制散点图。

```
> x <- c(2,5,1,3,4,1,5,3,4,2)                    #广告投入
> y <- c(50, 57, 41, 51, 54, 38, 63, 48, 59, 46)   #销售额
> plot(x, y, xlab = "广告投入(万元)", ylab = "销售额(百万元)", main = "广告投入与销售额的关系")
```

该例在 R 中运行代码如图 9-2 所示,该例显示了广告投入与销售额之间的关系,运行结

果如图 9-3 所示。

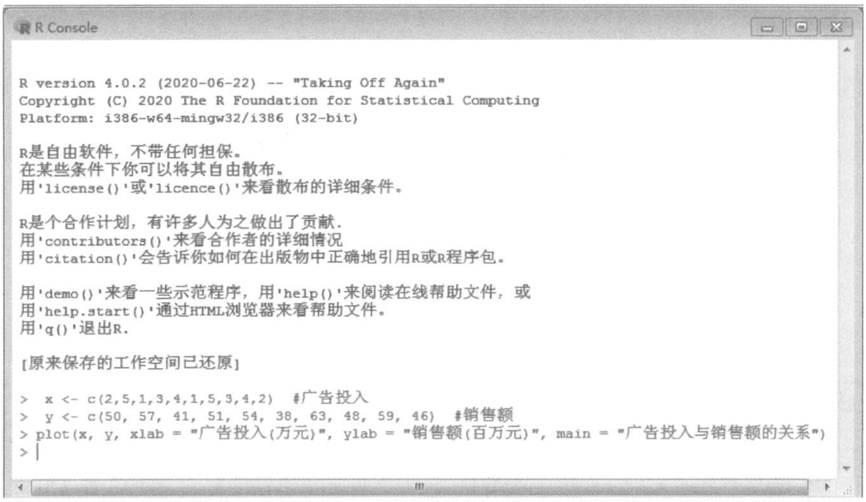

图 9-2 在 R 中运行代码

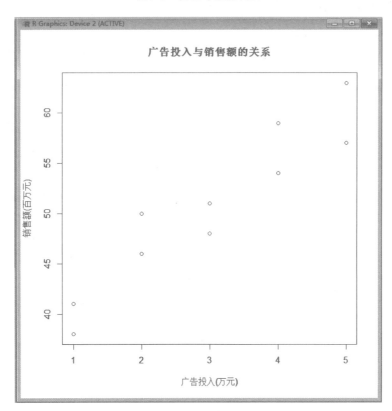

图 9-3 散点图

R 中的 plot()函数是一个泛型函数,即其中包含很多子函数,可以使用命令 methods ("plot")查看该函数可以绘制哪些对象,如图 9-4 所示。

2. R 图形选项

在 R 绘制图形时可以使用图形参数指定绘图时使用的符号、线条类型、颜色类型以及

```
> methods("plot")
 [1] plot.acf*           plot.data.frame*    plot.decomposed.ts* plot.default
 [5] plot.dendrogram*    plot.density*       plot.ecdf           plot.factor*
 [9] plot.formula*       plot.function       plot.hclust*        plot.histogram*
[13] plot.HoltWinters*   plot.isoreg*        plot.lm*            plot.medpolish*
[17] plot.mlm*           plot.ppr*           plot.prcomp*        plot.princomp*
[21] plot.profile.nls*   plot.raster*        plot.spec*          plot.stepfun
[25] plot.stl*           plot.table*         plot.ts             plot.tskernel*
[29] plot.TukeyHSD*
```

图 9-4 methods("plot")命令

文本类型。表 9-1 显示了图形参数,该参数指定绘图时使用的符号和线条类型;表 9-2 显示了颜色参数;表 9-3 显示了文本属性参数;表 9-4 显示了字体参数;表 9-5 显示了图形文件格式参数。

表 9-1 图形参数

参数	含义
pch	指定绘制点时使用的符号,pch 可以取 0~25 的整数值,不同的值对应不同的符号
cex	指定符号的大小,cex 是一个数值,表示绘图符号相对于默认大小的缩放倍数。默认大小为 1,1.5 表示放大为默认值的 1.5 倍,0.5 表示缩小为默认值的 50%
lty	指定线条的类型
lwd	指定线条的宽度

表 9-2 颜色参数

参数	含义
col	默认的绘图颜色
col.axis	坐标轴刻度文字的颜色
col.lab	坐标轴标签(名称)的颜色
col.main	图形主标题的颜色
col.sub	图形副标题的颜色
fg	图形的前景色
bg	图形的背景色

表 9-3 文本属性参数

参数	含义
cex	表示相对于默认大小缩放倍数的数值
cex.axis	坐标轴注释的文字的缩放倍数
cex.lab	坐标轴 X/Y 的文本的缩放倍数
cex.main	图形主标题的缩放倍数
cex.sub	图形副标题的缩放倍数

表 9-4 字体参数

参数	含义
font	用于指定绘图使用的字体样式,必须取整数值。取 1 时为常规字体;取 2 时为粗体;取 3 时为斜体;取 4 时为粗斜体;取 5 时为希腊字母的字符字体
font.axis	坐标轴刻度文字的字体样式
font.lab	X/Y 坐标轴标签(名称)的字体样式
font.main	图形标题的字体样式
font.sub	图形副标题的字体样式

续表

参　　数	含　　义
ps	字体磅值（1 磅约为 1/72 英寸）
family	绘制文本时使用的字体族。标准的取值为 serif（衬线）、sans（无衬线）和 mono（等宽）

表 9-5　图形文件格式参数

参　　数	含　　义
pdf("文件名.pdf")	指定将当前图形保存为 PDF 文件格式
png("文件名.png")	指定将当前图形保存为 PNG 文件格式
jpeg("文件名.jpeg")	指定将当前图形保存为 JPEG 文件格式
bmp("文件名.bmp")	指定将当前图形保存为 BMP 文件格式
postseript("文件名.ps")	指定将当前图形保存为 PS 文件格式

【例 9-2】　使用参数 type 控制点线输出结构。

```
> x = c(2,4,6,8,10)
> x = ts(x,start = c(2023,1))    ♯将 x 转换为时序数据,从 2023 年 1 月开始,默认为年度数据
> par(mfrow = c(2,2))            ♯设置画图区域为 2 行 2 列
> plot(x,type = 'p',main = '点')
> plot(x,type = 'b',main = '点连线')
> plot(x,type = 'o',main = '线穿过点')
> plot(x,type = 'h',main = '悬垂线')
> plot(x,type = 's',main = '阶梯线')
```

在 R 中 par()函数是画图中专门用来设置或获取图形参数的函数。par()函数的基本语法格式如下：

```
par(mfrow = c(行数,列数), mar = c(n1,n2,n3,n4))
或 par(nfcol = c(行数,列数), mar = c(n1,n2,n3,n4))
```

其中：

- 行数和列数分别表示将图形设备划分为指定的行和列。
- mfrow 表示逐行按顺序摆放图形。
- nfcol 表示逐列按顺序摆放图形。
- mar 设置整体图形的下边界、左边界、上边界、右边界的宽度,分别为 n1、n2、n3、n4。
- par 函数设置的图形布局较为规整,各图形按行列单元顺序格依次放置。

该例运行结果如图 9-5 所示。

【例 9-3】　为图形绘制不同的颜色。

```
> x = c(2,4,6,8,10)
> x = ts(x,start = c(2020,1))
> par(mfrow = c(2,2))
> plot(x,type = 'p',col = 'black',main = '黑色')
> plot(x,type = 'l',col = '2',main = '红色')
> plot(x,type = 'b',pch = 23,col = 'green',main = '绿色')
> plot(x,type = 'p',col = 'blue',main = '蓝色')
```

该例绘制了不同颜色的图形,运行结果如图 9-6 所示。

【例 9-4】　绘制不同的符号。

```
> plot(1:25,pch = 1:25,cex = 2.5, bg = "blue", main = "pch符号",xlab = "pch编码")
```

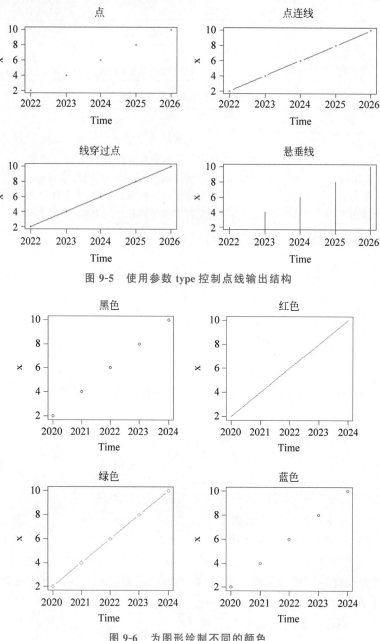

图 9-5 使用参数 type 控制点线输出结构

图 9-6 为图形绘制不同的颜色

该例使用 pch 设置不同的符号,在 R 中,点的样式由 pch 的取值决定。当 pch 取 0~14 时,其点为空心点,可以用 col(颜色)参数设置其边框的颜色;当 pch 取 15~20 时,其点是实心点,可以用 col 参数设置其填充的颜色;当 pch 取 21~25 时,其点也是实心点,既可以用 col 参数设置边框的颜色,也可以用 bg 参数设置其内部的填充颜色(例如 pch=19 实圆点、pch=20 小实圆点、pch=21 圆圈、pch=22 正方形、pch=23 菱形、pch=24 正三角尖、pch=25 倒三角尖)。

值得注意的是,pch 不仅包括正方形、圆、上三角、倒三角、菱形等常规图形,还包括一些特殊图形。

该例运行结果如图 9-7 所示。

9.1.2 R 常见图形绘制

1. 点图

R 语言使用 dotchart()函数绘制点图,它提供了一种简单的、在水平刻度上绘制大量有标签值的方法。

dotchart()函数的语法格式如下:

dotchart(x, labels)

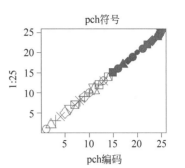

图 9-7 使用 pch 设置不同的符号

其中,x 是一个数值向量或者矩阵,labels 是由每个值的标签组成的向量。

【例 9-5】 使用 dotchart()函数绘制点图,显示每个月的销售额情况。

```
> sale1 <- c(10,11,13,21,27)
> months <- c("1月","2月","3月","4月","5月")
> dotchart(sale1, labels = months, main = "每个月的销售额", color = "red")
```

该例运行结果如图 9-8 所示。

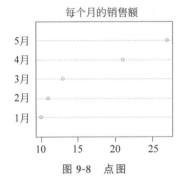

图 9-8 点图

一般来说,点图在经过排序并且分组变量被不同的符号和颜色区分开时最实用。由此可见,分组并排序后的点图中含有更多的含义,包括标签、按某字段排序以及根据不同类别进行分组。但是随着数据点的增多,点图的实用性随之下降。

2. 折线图

折线图是通过在多个点之间绘制线段来连接一系列点所形成的图形。这些点按其坐标,通常是 X 坐标的值排序。它通常用来识别数据的趋势。R 语言中可以使用 plot()函数创建折线图,它的基本语法结构如下:

plot(v, type, col, xlab, ylab)

- v 为包含数值的向量。
- type 表示绘制图表的类型,取值"p"表示仅绘制点,"l"表示仅绘制线条,"o"表示仅绘制点和线。
- xlab 为 X 轴的标签。
- ylab 为 Y 轴的标签。
- main 为图表的标题。
- col 用于绘制点和线两种颜色。

【例 9-6】 创建简单的折线图。

```
> sale1 <- c(10, 11, 13, 21, 27)          #某一团队的销售额
> months <- c("1月","2月","3月","4月","5月")
> plot(sale1, type = "o", main = "销售额趋势图", col = "red", xlab = "月份", ylab = "销售额")
> sale2 <- c(12, 13, 15, 18, 26)          #另一团队的销售额
> lines(sale2, type = "o", col = "blue")   # lines 函数是在原有图形上新绘制一条线
```

该例创建了两条折线,分别是 sale1 和 sale2,程序运行结果如图 9-9 所示。

3. 曲线图

R 中的 curve() 函数通常用于绘制函数对应的曲线,例如正弦函数、余弦函数等。确定了曲线函数的表达式以及对应的需要展示的起始坐标和终止坐标,curve() 函数就会自动绘制在该区间内的函数图像。

curve() 函数的语法格式如下:

curve(expr, from, to, n, add, type, xname, xlab, ylab, xlim, ylim)

或

plot(x, y, ...)

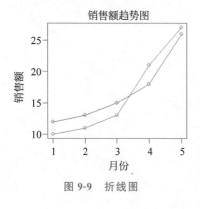

图 9-9 折线图

其中:
- expr 表示函数表达式。
- from 和 to 为绘图的起止范围。
- n 表示当绘制点图时,点的数量个数。
- add 是一个逻辑值,当为 TRUE 时,表示将绘图添加到已存在的绘图中。
- type 表示绘图的类型,"p"为点,"l"为直线,"o"为同时绘制点和线,且线穿过点。
- xname 表示用于 X 轴变量的名称。
- xlim 和 ylim 表示 X 轴和 Y 轴的范围。
- xlab,ylab 表示 X 轴和 Y 轴的标签名称。
- plot 函数中,x 和 y 分别表示所绘图形的横坐标和纵坐标。

【例 9-7】 创建简单的折线图。

```
> curve(sin(x), - 2 * pi, 2 * pi, type = "o")
> curve(cos(x), - 2 * pi, 2 * pi, type = "p")
```

该例使用 curve() 函数分别绘制了正弦函数的点线图和余弦函数的点图,程序运行结果如图 9-10、图 9-11 所示。

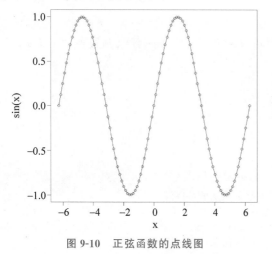

图 9-10 正弦函数的点线图

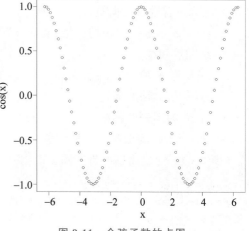

图 9-11 余弦函数的点图

4. 条形图

条形图也称为柱形图,是一种以矩形条的长度为变量的统计图表。条形图通过垂直或水平的矩形条展示了不同变量的分布或频数,每个矩形条可以有不同的颜色。R 语言使用 barplot() 函数创建条形图,语法格式如下:

```
barplot(H, xlab, ylab, main, names.arg, col, beside)
```

其中:

- H 表示向量或矩阵,包含图表用的数字值,每个数值表示矩形条的高度。当 H 为向量时,绘制的是条形图。当 H 为矩阵时,绘制的是堆叠条形图或并列的条形图。
- xlab 表示 X 轴标签。
- ylab 表示 Y 轴标签。
- main 表示图表标题。
- names.arg 表示每个矩形条的名称。
- col 表示每个矩形条的颜色。
- beside 表示设置矩形条堆叠的方式,当 beside=FALSE(默认)时,表示条形图的高度是矩阵的数值,矩形条是水平堆叠的;当 beside=TRUE 时,表示条形图的高度是矩阵的数值,矩形条是并列的。

【例 9-8】 绘制北上广地区销售额的条形图。

```
> H1 = c(28, 83, 58)      #表示销售额,单位为百万元
> cols = c("red","orange","green")
> barplot(H1, main = "北上广地区销售额", col = cols, xlab = "地区", ylab = "销售额", names.arg = c("北京","上海","广州"), font.lab = 3, cex.lab = 1.5, font.main = 4, cex.main = 2)
```

该例绘制了三个条形图,其名称分别是北京、上海和广州,程序运行结果如图 9-12 所示。

5. 饼图

饼图又称饼状图,是将一个圆划分为几个扇形的圆形统计图表,用于描述量、频率或百分比之间的相对关系。R 语言可以使用 pie() 函数实现饼图,语法格式如下:

```
pie(x, labels = names(x), edges, radius, clockwise, init.angle = if(clockwise) 90 else 0,
    density, angle, col, border)
```

其中:

- x 为数值向量,表示每个扇形的面积。
- labels 为字符型向量,表示各个"块"的标签。
- edges 表示多边形的边数(圆的轮廓类似很多边的多边形)。
- radius 表示饼图的半径。
- main 表示饼图的标题。
- clockwise 是一个逻辑值,用来指示饼图各个切片是否按顺时针做出分割。
- angle 表法底纹的斜率。
- density 表示底纹的密度。默认值为 NULL。
- col 表示每个扇形的颜色,相当于调色板。

【例 9-9】 绘制饼图。

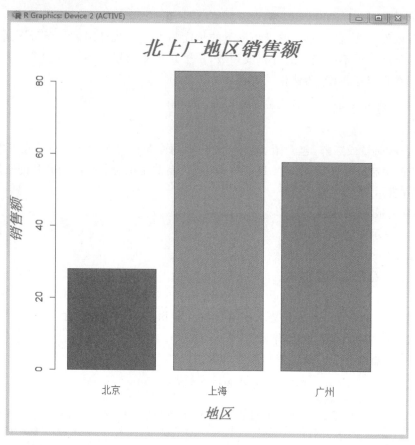

图 9-12　条形图

```
> sale = c(1, 2, 4, 8)                              ♯每季度对应的销售额情况,单位为百万元
> names = c("春季", "夏季", "秋季", "冬季")
> cols = c("brown","orange","red","green")          ♯指定每季度对应的颜色
> pie(sale, labels = names, main = "各季度销售额情况")   ♯绘制饼图,系统自动分配颜色
```

该例使用 pie()函数绘制饼图,以显示每个季度的销售额情况,程序运行结果如图 9-13 所示。

此外,在饼图中还可以显示每部分的占比情况。

```
> percent = paste(round(100 * sale/sum(sale)), "%")   ♯计算每季度销售额的占比情况
> percent
[1] "7 %" "13 %" "27 %" "53 %"
> pie(sale, labels = percent, main = "各季度销售额占比情况", col = cols)
                    ♯绘制饼图,按指定颜色着色,并按每季度销售额计算全年的占比情况
```

运行结果如图 9-14 所示。

6. 箱线图

箱线图常用来衡量数据集中数据分布情况的标准。它将数据集分为三个四分位数。箱线图表示数据集中的最小值、下四分位数(Q1)、中位数、上四分位数(Q3)以及最大值,通过为每个数据集绘制箱形图,可以比较数据集中的数据分布。

R 中的箱线图通过使用 boxplot()函数创建,其语法结构如下:

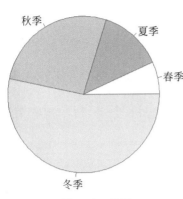
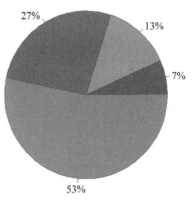

图 9-13 饼图　　　　　　图 9-14 饼图显示每部分占比情况

```
boxplot(x, data, notch, varwidth, names, range)
```

其中：
- x 表示向量、列表或数据框。
- data 表示数据框或列表，用于提供公式中的数据。
- notch 为逻辑值，如果该参数设置为 TRUE,则在箱体两侧会出现凹口。默认值为 FALSE。
- varwidth 为逻辑值，用来控制箱体的宽度，只有图中有多个箱体时才发挥作用，默认值为 FALSE,所有箱体的宽度相同。当其值为 TRUE 时,代表每个箱体的样本量作为其相对宽度。
- names 表示在每个箱线图下方的分组标签。
- range 表示触须的范围，默认值为 1.5,即 range×(Q3－Q1)。

箱线图判定离群点的标准是通过参数 range 进行设定,默认为 1.5 倍的四分位数间距。用 barplot() 函数作图时还会返回一些作图时使用的数据，其中就包括图中离群点的值及其所在的分组。

【例 9-10】　绘制箱线图。

```
> h <- c(144,166, 163, 143, 152, 169, 130, 159, 160, 175, 161, 170, 146, 159, 150, 183, 165, 146, 169)
> boxplot(h, col = "orange")
```

该例使用 barplot() 函数绘制箱线图以显示某城市各地区的销售额情况,程序运行结果如图 9-15 所示。

【例 9-11】　绘制多个箱线图。

```
> x <- c(35, 41, 40, 37, 43, 32, 39, 46, 32, 39, 34, 36, 32, 38, 34, 31)
> f <- factor(rep(c("城市 1","城市 2"), each = 8))
> data <- data.frame(x,f)
> boxplot(x~f,data,width = c(1,2), col = c("yellow", "orange"))
```

该例绘制了两个箱线图城市 1 和城市 2,程序运行结果如图 9-16 所示。

7. 直方图

直方图表示数据落在某一个区间范围内的次数或频率。直方图类似于条形图,但区别在

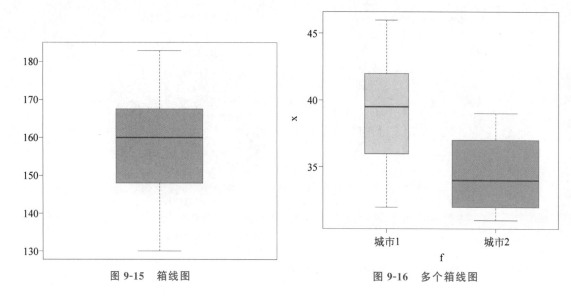

图 9-15　箱线图　　　　　　图 9-16　多个箱线图

于将值分组为连续范围。直方图中的每个栏表示该范围中存在的值的数量的高度。R 语言可以使用 hist() 函数创建直方图,其基本语法如下:

hist(v, main, xlab, xlim, ylim, breaks, col, border)

其中:

- v 表示包含直方图中使用数值的向量。
- main 表示图表的标题。
- col 表示设置的颜色。
- border 表示设置每个栏的边框颜色。
- xlab 为描述 X 轴。
- xlim 为指定 X 轴上的值范围。
- ylim 为指定 Y 轴上的值范围。
- breaks 表示用来提及每个栏的宽度。

【例 9-12】　绘制直方图。

```
> v <- c(78,63,79,77,86,72,72,84,81,83,69)
> hist(v, main = "学生成绩分布", xlab = "分数", ylab = "学生数", col = "green", border = "brown")
```

该例使用 hist() 函数创建了显示学生成绩分布的直方图(见图 9-17)。

8. 密度图

密度图是直方图的平滑版本,用于计算并绘制数据的核密度估计,以便更好地界定分布的形状。在 R 中使用 density() 函数绘制核密度估计图,其基本语法如下:

density(x #待估计核密度的数据)

该函数返回值为密度数据,将其传递给 plot() 函数即可绘制密度图。

【例 9-13】　绘制密度图。

```
> plot(density(iris $ Sepal.Width))
```

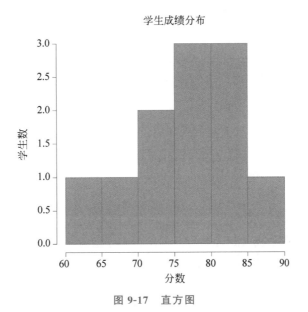

图 9-17　直方图

```
> plot(density(iris $ Sepal.Length))
```

该例导入了 R 中自带的鸢尾花数据集 iris,并绘制了不同数据的核密度估计图,如图 9-18、图 9-19 所示。

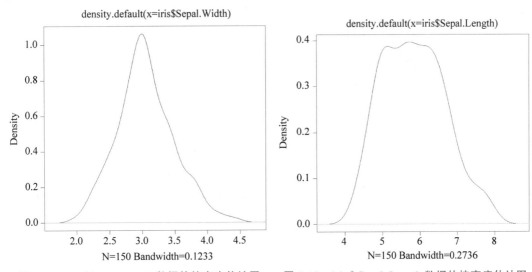

图 9-18　iris $ Sepal.Width 数据的核密度估计图　　图 9-19　iris $ Sepal.Length 数据的核密度估计图

在 R 中载入和显示鸢尾花数据集 iris 代码如下。

```
> data(iris)
> str(iris)
'data.frame': 150 obs. of 5 variables:
 $ Sepal.Length: num  5.1 4.9 4.7 4.6 5 5.4 4.6 5 4.4 4.9 ...
 $ Sepal.Width : num  3.5 3 3.2 3.1 3.6 3.9 3.4 3.4 2.9 3.1 ...
 $ Petal.Length: num  1.4 1.4 1.3 1.5 1.4 1.7 1.4 1.5 1.4 1.5 ...
 $ Petal.Width : num  0.2 0.2 0.2 0.2 0.2 0.4 0.3 0.2 0.2 0.1 ...
 $ Species     : Factor w/ 3 levels "setosa","versicolor",..: 1 1 1 1 1 1 1 1 1 1 ...
```

9. 马赛克图

马赛克图适用于表现分类的多变量数据。马赛克图中有多个矩阵,每个矩阵的宽度对应各分类所含的数据个数。在 R 中使用 mosaicplot() 函数可以绘制马赛克图,基本语法如下:

mosaicplot(x,formula,color = NULL)

- x 表示使用 table() 函数获取的列联图。
- formula 表示用公式绘制马赛克图,公式为"~变量+变量"。
- color 表示马赛克的颜色,例如设置 color=TRUE,则使用多种灰度漆涂各矩阵。

【例 9-14】 绘制马赛克图。

> mosaicplot(iris,color = TRUE)

该例导入了 R 中自带的鸢尾花数据集 iris,将 iris 数据传递给 mosaicplot() 函数即可绘制最简单的马赛克图,程序运行结果如图 9-20 所示。

1.5, 1.4, 4.7, 4.5, 4.9, 4, 4.6, 4.5, 4.7, 3.3, 4.6, 3.9, 3.5, 4.2, 4, 4.7, 3.6, 4.4, 4.5, 4.1, 4.5, 3.9, 4.8, 4, 4.9

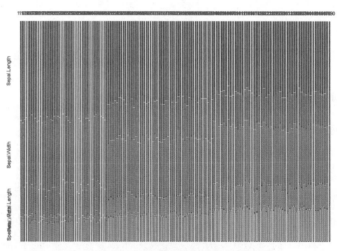

图 9-20 导入 iris 绘制最简单的马赛克图

在例 9-14 中由于所有条件都显示到图形,因此该图形变得较为复杂,难以查看某个属性的分类。因此,此时可用公式 formula 绘制某些属性的马赛克图。

> mosaicplot(~Sepal.Width + Sepal.Length,data = iris,color = TRUE)

该代码只针对 Sepal.Width 和 Sepal.Length 两个属性绘制马赛克图,程序运行结果如图 9-21 所示。

10. 散点图矩阵

散点图通常用于比较不同类别的聚合数据,选择合适的函数对数据点进行拟合,分析数据的分布和变化趋势。散点图矩阵是散点图的高维扩展,它在一定程度上克服了在平面上展示高维数据的困难,在展示多维数据的两两关系时有着不可替代的作用。散点图矩阵的优点主要是能快速发现成对变量之间的关系;缺点是当数据维度太大时,屏幕的大小会限制显示矩阵元素的数量,需要结合交互技术来实现用户对可视化结果的观察。

在 R 中使用 pairs() 函数可以绘制散点图矩阵,基本语法如下:

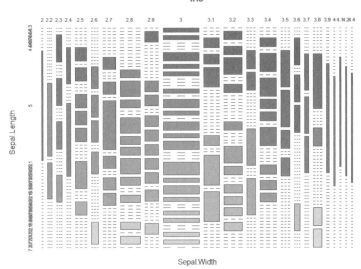

图 9-21 针对两个属性绘制的马赛克图

pairs(formula,data)

- formula 表示用公式绘制散点图矩阵,公式为"～x＋y～z"。
- data 表示应用于公式中的数据。

【例 9-15】 绘制散点图矩阵。

> pairs(～Sepal.Width + Sepal.Length,
+ data = iris,pch = c(1,2,3)[iris $ Species])

该例针对鸢尾花数据,按照各品种绘制 Sepal.Width 和 Sepal.Length 的散点图矩阵,并调用 pch 参数,为各分组指定不同形状的点,程序运行结果如图 9-22 所示。

该例中分别使用三角形、圆形和十字形表示 setosa、versicolor 以及 virginica。

11. 三维散点图

在 R 中使用 scatterplot3d()函数绘制三维散点图,scatterplot3d()函数提供了许多选项,包含设置图形符号、轴、颜色、线条、网格线、突出显示和角度等功能。

scatterplot3d()基本语法如下:

scatterplot3d(x, y = NULL, z = NULL)

- x,y,z 是要绘制的点的坐标。参数 y 和 z 是可选的,具体取决于 x 的结构。

【例 9-16】 绘制三维散点图。

> install.packages("scatterplot3d")   # 安装 scatterplot3d 包
> library(scatterplot3d)
> scatterplot3d(iris[,1:3], color = "red")

首先安装并加载 scatterplot3d,接着使用 iris 数据绘制三维散点图,程序运行结果如图 9-23 所示。

绘制三维散点图,并更改主标题和轴标签。

> scatterplot3d(iris[,1:3],
+ main = "3D Scatter Plot",

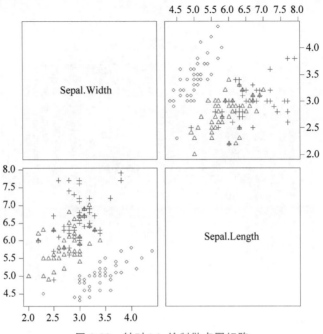

图 9-22 针对 iris 绘制散点图矩阵

```
+ xlab = "Sepal Length (cm)",
+ ylab = "Sepal Width (cm)",
+ zlab = "Petal Length (cm)")
```

运行结果如图 9-24 所示。

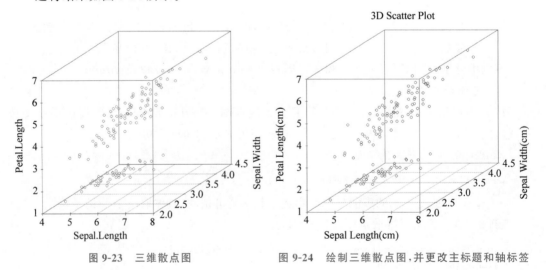

图 9-23 三维散点图　　　　　图 9-24 绘制三维散点图，并更改主标题和轴标签

12. 相关系数矩阵图

在 R 中可以使用 corrplot 包中的 corrplot( ) 函数进行相关系数的可视化操作，其语法格式如下：

```
corrplot(corr, method = c("circle", "square", "ellipse", "number", "shade", "color", "pie"),
type = c("full", "lower", "upper"), …)
```

其中：
- corr 为需要可视化的相关系数矩阵。
- method 指定可视化的方法，可以是圆形、方形、椭圆形、数值、阴影、颜色或饼图。
- type 为指定展示的方式，可以是完全的、下三角或上三角。

【例 9-17】 绘制相关系数矩阵图。

```
> install.packages("corrplot")                              # 安装 corrplot 包
> library(corrplot)                                         # 载入 corrplot 包
> corrplot(cor(iris[,-5]), tl.col = "black", tl.cex = 0.8, tl.srt = 70)   # 绘制关系矩阵
```

该例导入鸢尾花数据 iris 绘制相关系数矩阵图，tl.col 表示文本标注的颜色，tl.cex 表示文本标注的数值大小，tl.srt 表示文本标注字符串旋转的角度，该程序运行结果如图 9-25 所示。

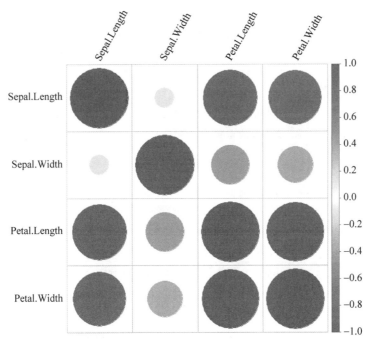

图 9-25　相关系数矩阵图

9.2　R 可视化实例

本节主要讲述使用 R 自带的数据集进行可视化分析。R 中常见的内置数据集及含义如表 9-6 所示。

表 9-6　R 中常见的内置数据集及含义

数据集名称	含义
rivers	北美 141 条河流长度
trees	树木形态指标
VADeaths	1940 年弗吉尼亚州死亡率（每千人）
occupatimnalStatus	英国男性父子职业联系

续表

数据集名称	含义
Titanic	泰坦尼克乘员统计
volcano	某火山区的地理信息
iris	鸢尾花形态数据
eurodist	欧洲12个城市的距离矩阵
chickwts	不同饮食种类对小鸡生长速度的影响
faithful	一个间歇泉的爆发时间和持续时间
InsectSprays	使用不同杀虫剂时昆虫数目
LifeCycleSavings	50个国家的存款率
morley	光速测量试验数据
cars	20世纪20年代汽车速度对刹车距离的影响
mtcars	32辆汽车在11个指标上的数据
PlantGrowth	三种处理方式对植物产量的影响
airquality	纽约1973年5~9月每日空气质量
attenu	多个观测站对加利福尼亚23次地震的观测数据
Indometh	某药物的药物动力学数据
Loblolly	火炬松的高度、年龄和种源
Orange	橘子树生长数据
Theoph	茶碱药动学数据
lynx	1821—1934年年加拿大猞猁数据
lh	黄体生成素水平,10分钟测量一次
Nile	1871—1970年尼罗河流量
UKDriverDeaths	1969—1984年每月英国司机死亡或严重伤害的数目
UKgas	1960—1986年每月英国天然气消耗
USAccDeaths	1973—1978年美国每月意外死亡人数
BJsales	有关销售的一个时间序列
co2	1959—1997年每月大气CO_2浓度(ppm)
women	女性身高和体重的关系
discoveries	1860—1959年每年巨大发现或发明的个数
ldeaths	1974—1979年英国每月支气管炎、肺气肿和哮喘的死亡率
presidents	1945—1974年每季度美国总统支持率

此外,在R中还有一个基本包 datasets,其中包含了各个领域的多个数据集,可使用data()查看,命令如下:

```
> data(package = 'datasets')
```

部分数据显示如下:

```
Data sets in package 'datasets':

AirPassengers           Monthly Airline Passenger Numbers 1949 - 1960
BJsales                 Sales Data with Leading Indicator
```

BJsales.lead (BJsales)	Sales Data with Leading Indicator
BOD	Biochemical Oxygen Demand
CO2	Carbon Dioxide Uptake in Grass Plants
ChickWeight	Weight versus age of chicks on different diets
DNase	Elisa assay of DNase
EuStockMarkets	Daily Closing Prices of Major European Stock Indices, 1991-1998
Formaldehyde	Determination of Formaldehyde
HairEyeColor	Hair and Eye Color of Statistics Students
Harman23.cor	Harman Example 2.3
Harman74.cor	Harman Example 7.4
Indometh	Pharmacokinetics of Indomethacin
InsectSprays	Effectiveness of Insect Sprays
JohnsonJohnson	Quarterly Earnings per Johnson & Johnson Share
LakeHuron	Level of Lake Huron 1875-1972
LifeCycleSavings	Intercountry Life-Cycle Savings Data
Loblolly	Growth of Loblolly pine trees
Nile	Flow of the River Nile
Orange	Growth of Orange Trees
OrchardSprays	Potency of Orchard Sprays
PlantGrowth	Results from an Experiment on Plant Growth

1. cars 数据集介绍

cars 数据集创建于 20 世纪 20 年代，有两个主要参数：speed(汽车行驶速度)和 dist(刹车后的制动距离)，常用于分析汽车速度对刹车距离的影响。

1) 显示 cars 数据集的数据基本信息

```
> str(cars)
'data.frame': 50 obs. of 2 variables:
 $ speed: num 4 4 7 7 8 9 10 10 10 11 ...
 $ dist : num 2 10 4 22 16 10 18 26 34 17 ...
```

2) 查看 cars 数据集结构

```
> summary(cars)
     speed           dist
 Min.   : 4.0    Min.   :  2.00
 1st Qu.:12.0    1st Qu.: 26.00
 Median :15.0    Median : 36.00
 Mean   :15.4    Mean   : 42.98
 3rd Qu.:19.0    3rd Qu.: 56.00
 Max.   :25.0    Max.   :120.00
```

3) 查看该数据集包含的内容

```
> View(cars)
```

运行结果如图 9-26 所示。

2. cars 数据集可视化

1) 为 cars 数据绘制散点图

```
> plot(cars)
```

运行结果如图 9-27 所示。

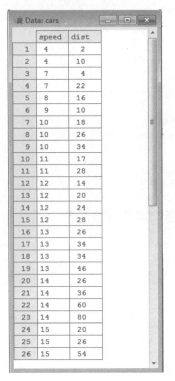

图 9-26 查看数据集内容

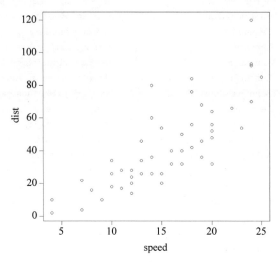

图 9-27 散点图

2）为 cars 数据绘制折线图

> plot(cars,type = "l")

运行结果如图 9-28 所示。

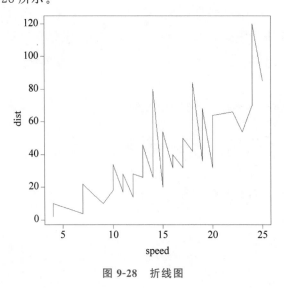

图 9-28 折线图

3）绘制箱线图

> boxplot(cars)

运行结果如图 9-29 所示。

4) 绘制密度图

> plot(density(cars $ speed))

运行结果如图 9-30 所示。

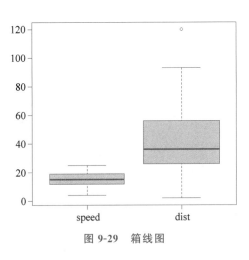

图 9-29　箱线图

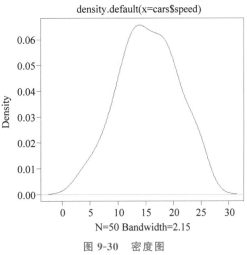

图 9-30　密度图

5) 绘制直方图

> hist(cars $ speed)

运行结果如图 9-31 所示。

6) 绘制马赛克图

> mosaicplot(～speed + dist,data = cars,color = TRUE)

运行结果如图 9-32 所示。

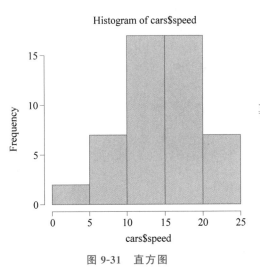

图 9-31　直方图

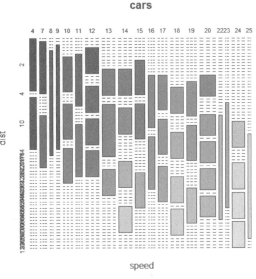

图 9-32　马赛克图

7）绘制散点图矩阵

```
> pairs(～speed + dist,
+ data = cars)
```

运行结果如图 9-33 所示。

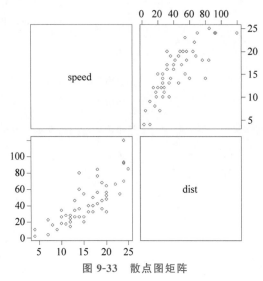

图 9-33　散点图矩阵

8）绘制相关系数矩阵图

```
> corrplot(cor(cars[, - 4]), tl.col = "black", tl.cex = 0.8, tl.srt = 70)
```

运行结果如图 9-34 所示。

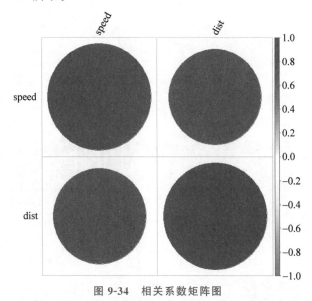

图 9-34　相关系数矩阵图

9.3　本章小结

（1）R 语言提供了一组运算符，用于对数组、列表、向量和矩阵进行计算，并且提供了一个大型、一致和集成的数据分析工具集合。

(2) 使用 R 可以绘制很多图形,常见的有散点图、点图、折线图、曲线图、条形图、饼图、箱线图、直方图、密度图、马赛克图、散点图矩阵以及相关系数矩阵图等。

(3) 在 R 中有自带的数据集,用户可以使用 R 自带的数据集进行可视化分析。

9.4 实训

1. 实训目的
- 通过本章实训掌握函数和公式的原理。
- 掌握在单元格或编辑栏中直接输入带函数的公式的方法。

2. 实训内容

(1) 随机生成 5 个点,绘制散点图,设置不同的形状、大小和颜色。在图中使用文本在各点周围添加标注。

```
> x <- runif(5,min = 2,max = 8)
> y <- runif(5,min = 0,max = 6)
> plot(x, y, cex = 1.2, pch = 18,col = "blue")
> text(x,y,as.character(x), cex = 0.7, pos = 4,col = "red")
```

R 语言中 runif 函数用于生成 0~1 中符合均匀分布的随机数。

运行结果如图 9-35 所示。

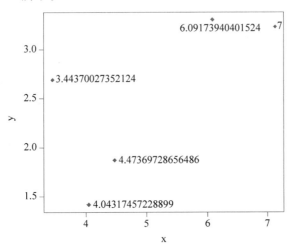

图 9-35　随机生成 5 个点,绘制散点图

(2) 随机生成 0~100 的 50 个随机数,并绘制直方图描述数据的分布情况。

```
> x <- runif(50,min = 0,max = 100)
> hist(x, col = "green", border = "brown", xlim = c(0,100), ylim = c(0, 20), breaks = 5)
```

运行结果如图 9-36 所示。

(3) 导入 cars 数据集,并绘制三维散点图。

```
> scatterplot3d(cars[,1:2], color = "pink")
> scatterplot3d(cars[,1:2], main = "三维散点图",color = "pink")
```

运行结果如图 9-37 所示。

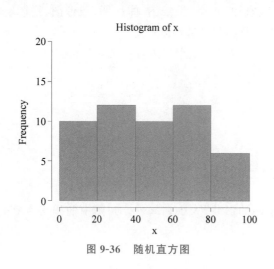

图 9-36 随机直方图

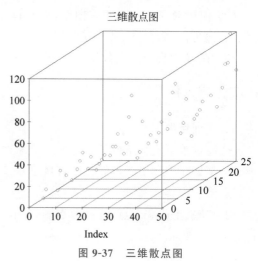

图 9-37 三维散点图

习题 9

(1) 阐述在 R 中如何绘制散点图。

(2) 阐述在 R 中如何为图形添加标题。

(3) 阐述在 R 中如何为图形添加不同的符号。

(4) 阐述在 R 中如何绘制折线图。

(5) 阐述在 R 中如何绘制直方图。

第 10 章 大数据可视化行业分析

本章学习目标

- 了解工业大数据的特点。
- 了解工业大数据可视化的展示方式。
- 了解电商业大数据的特点。
- 了解电商业大数据可视化的展示方式。
- 了解教育业大数据的特点。
- 了解教育业大数据可视化的展示方式。

本章先向读者介绍工业大数据的特点和工业大数据可视化的展示方式,接着介绍电商业大数据的特点和电商业大数据可视化的展示方式,最后介绍教育业大数据的特点和教育业大数据可视化的展示方式。

10.1 工业大数据可视化分析

10.1.1 工业大数据的介绍

1. 认识工业大数据

社会经济的快速发展,信息化和工业化技术的不断发展创新,使得智能制造在工业领域引起了新一轮的工业革命。随着智能制造的发展以及互联网技术的发展,工业大数据作为贯穿整个产品生产的新的要素,在一定程度上推动了智能制造的升级。大数据时代的来临为工业制造的变革、发展起到了重要的作用。

工业大数据是指在工业领域中,围绕典型智能制造模式,从客户需求到销售、订单、计划、研发、设计、工艺、制造、采购、供应、库存、发货和交付、售后服务、运维、报废或回收再制造等整个产品全生命周期各个环节所产生的各类数据及相关技术和应用的总称。工业大数据是工业数据的总称,包括企业信息化数据、工业物联网数据以及外部跨界数据,是工业互联网的核心要素。因此,发展工业大数据,包括工业大数据的理论、技术、产品和保障条件,对于促进工业互联网的蓬勃发展具有重要的价值和意义。工业大数据作为大数据的应用行业,具有数据容量大、数据分布广泛多样、生产现场数据处理速度快、产品生命周期同一阶段数据的关联性强等特点。工业大数据的处理为在合适工具的辅助下汲取和集成不同结构的数据源,按照数据源结构标准进行统一存储,并进行结构分析,最后将结果展示给终端前的用户。

扫一扫

视频讲解

总体来看,工业大数据推动互联网由以服务个人用户消费为主向服务生产性应用为主,由此导致产业模式、制造模式和商业模式的重塑。大数据与智能机床、机器人、3D打印等技术结合,推动了柔性制造、智能制造和网络制造的发展。工业大数据与智能物流、电子商务的联动进一步加速了工业企业销售模式的变革,例如精准营销配送、精准广告推送等。

2. 工业大数据可视化的实现方式

让大数据有意义,使之更贴近大多数人,最重要的手段之一就是通过数据可视化。通过增加数据可视化的使用,企业能够发现他们追求的价值。例如,通过三维可视化技术将整个工厂环境和生产设备进行三维呈现,对整个生产过程进行虚拟仿真,结合不断进步的物联网技术和监控技术,真正帮助企业从数字化生产迈向智慧工厂。图10-1、图10-2显示了三维可视化技术在工业生产中的应用。

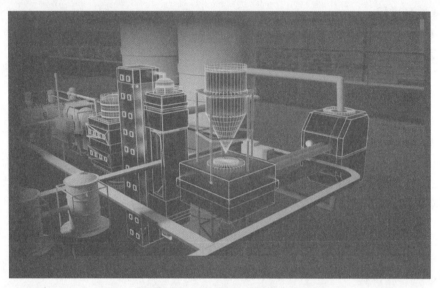

图10-1 三维可视化技术在工业生产中的应用(1)

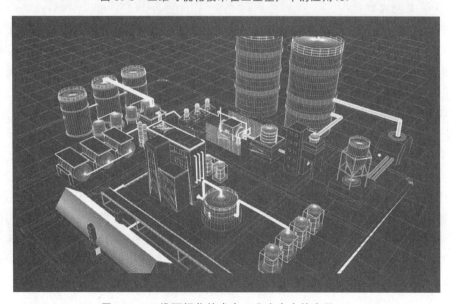

图10-2 三维可视化技术在工业生产中的应用(2)

此外，在工业可视化中，大屏数据可视化是常见的实施方案。大屏数据可视化是以大屏为主要展示载体的数据可视化设计。

以大屏作为可视化数据的主要载体，其原因在于面积大、可展示的信息多、便于关键信息的共同讨论及决策，在观感上给人留下震撼的印象，便于营造氛围、制造仪式感等。与普通的标准屏使用表格、简单图表展示数据的方式相比，大屏数据可视化可以将数据以更加生动、有趣的方式展示出来，从而使数据更加直观，更加具有说服力、渲染力。因此，近几年来大屏广泛应用在交易大厅、展览中心、管控中心、数字展厅等场合，通过把一些关键数据集中展示在一块巨形屏幕上，让数据绚丽、震撼地呈现出来，给业务人员更好的视觉体验。目前常见的大屏可视化应用场景主要有数据展示、数据监控和数据分析等。

图 10-3 显示了云计算服务监控大屏，图 10-4 显示了工业监控大屏。

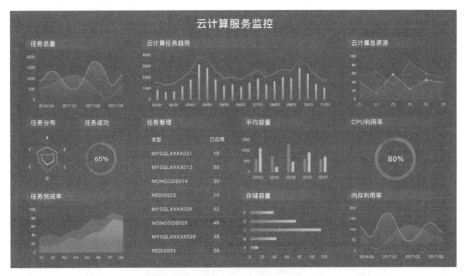

图 10-3　云计算服务监控大屏

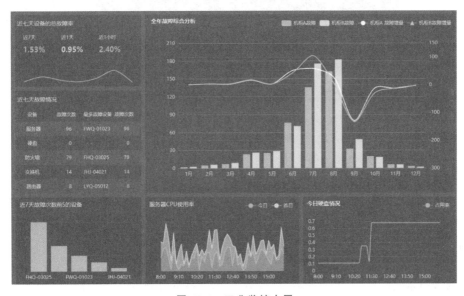

图 10-4　工业监控大屏

值得注意的是,在数据可视化中,不同的颜色,不同的色彩搭配,会给观看者不同的视觉感受。色彩搭配的学问博大精深,比如冷暖色、明度、纯度、色彩的轻重感等因素都会影响观看者的感受。一般来讲,大屏可视化采取的色调多以深蓝色为主,例如背景颜色、背景图片、统计图的颜色、组件配色等大色块主要采用深色系,这样可以让整个页面更加协调。此外,在大屏可视化中使用深色、暗色作为背景还可以减少拼缝给人带来的不适感。由于背景的面积大,使用暗色背景还能够减少屏幕色差对整体表现的影响;同时暗色背景更能聚焦视觉,也方便突出内容。

10.1.2 几种工业大数据可视化分析

1. 工业大数据的生产销售统计可视化

工业大数据的生产销售统计可视化主要包括产品生产中的计划生产量、已接订单量以及完成率等指标,如图 10-5 所示。

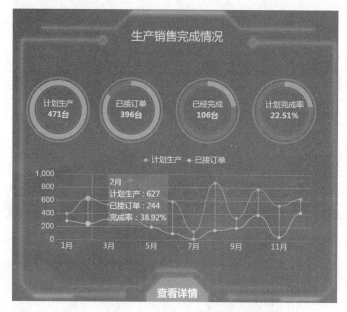

图 10-5 工业大数据的生产销售统计可视化

2. 月计划完成可视化分析

月计划完成可视化分析主要包含在工业生产中每月的产品计划完成数以及实际完成数,该图表常使用柱状图来实现,如图 10-6 所示。

3. 产品质量指标可视化分析

产品质量指标可视化分析常使用 AUDIT 分数来实现,图 10-7 显示了 AUDIT 分数可视化分析。AUDIT 起源于德国,目前是国际上通用的汽车质量评定、审核的一种科学方法。

汽车制造属于典型的离散制造,主要采用多品种配置、中小批量生产、面向订单的生产组织方式,产品结构复杂,零部件种类繁多,工艺路线和设备配置灵活。汽车制造过程数据是过程制造质量实时监控、质量判断、预警分析、技术决策等项目的重要抓手。通常而言,制造数据是汽车制造过程中随时产生的,主要包括生产物流数据与设备运行状态数据。其中,

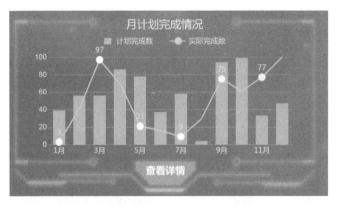

图 10-6　月计划完成可视化分析

生产物流数据指生产制造过程中车身及零部件运输、仓储、搬运装卸、包装及流通加工产生的数据；设备运行状态数据一般是设备生产汽车零部件或整车时产生的电压、电流、功率、压力、位移、转速、风速、风量、温度、运行时间、振幅、频率等数据，以及关键工装的状态数据，例如模具状态、焊装夹具状态、车身吊具状态、喷漆室清洁度、合装托盘状态等数据。

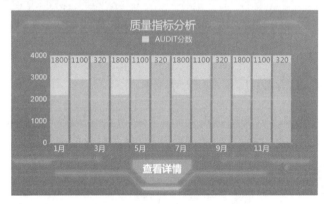

图 10-7　产品质量指标可视化分析

4. 客服及投诉可视化分析

客服及投诉可视化分析主要包含某天(某月)的产品投诉数据、物流投诉数据以及售后投诉数据等的展示，如图 10-8 所示。

客服及投诉情况

2022/12/29	产品投诉		物流投诉		售后投诉	
	质量	服务	质量	服务	质量	服务
已处理	48	48	48	48	48	48
处理中	34	34	34	34	34	34
未处理	30	28	28	26	25	8
合计	30	28	28	26	25	8
总计	22		65		44	

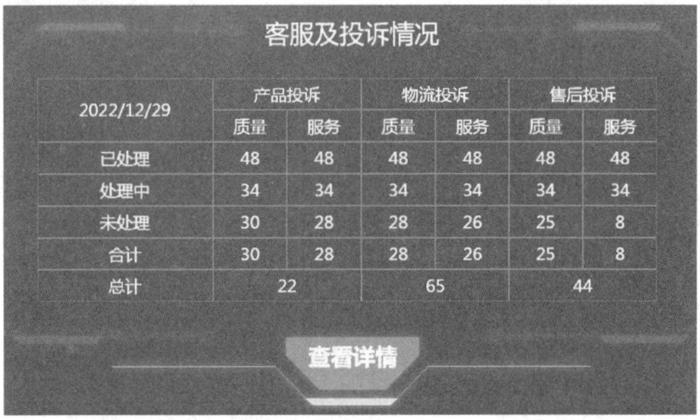

图 10-8　客服及投诉可视化分析

5．业务进展可视化分析

业务进展可视化分析主要包含项目投标情况、投标进度情况、项目进行情况以及项目交付情况的分析，如图 10-9 所示。

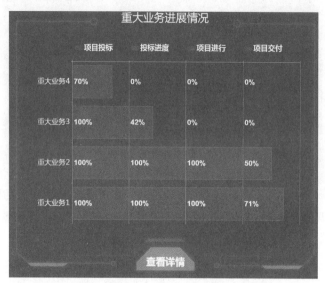

图 10-9　业务进展可视化分析

10.1.3　工业大数据可视化实例

图 10-10 显示了工业大数据可视化实例。该图通过大屏展示了设备状态、设备类型分布、故障设备区域分布情况、设备使用率、故障时段分布以及故障类型分布。

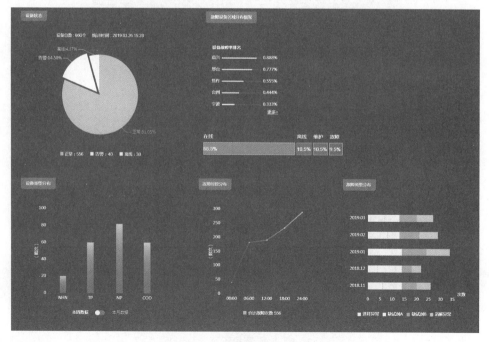

图 10-10　工业大数据可视化实例

值得注意的是，工业大屏数据可视化系统不仅是单纯的信息发布系统，更应该是集成了各种应用系统的可视化信息共享平台，要求所显示信息清晰、分辨率高，能针对不同需求采集不同信号同时在大屏上显示，比如视频会议、软件界面或欢迎画面等。通过一个可显示超高分辨率图片的可视化平台显示系统可以提高业务能力，更好地展示企业形象。为了保证系统能在用户实际调度、监控或会议中发挥最大作用，大屏显示系统必须具有良好的可靠性和稳定性，并能很好地适应现场工作环境，因此系统是否具有良好的抗震、防尘、散热能力，是否配置了合理的硬件冗余结构是十分重要的，同时还需满足系统 7×24 小时的运行需求，并且最大限度地降低故障发生率。

10.2　电商业大数据可视化分析

10.2.1　电商业大数据介绍

1. 认识电商业大数据

在大数据的时代背景下，电子商务的经营模式发生了很大的变化，由传统的管理化运营模式变为以信息为主体的数据化运营模式，电子商务的管理与各类经济环节都变得数据化，并且贯穿在整个电子商务环节中，小到基础材料的采购，大到资产运行及订单的完成。电子商务通过对大数据专业分析技术的运用能够对消费者的消费习惯与消费心理进行归纳分析与预测，从而对电商产品的市场调度供需程度进行一系列的建议指导，降低电商的生产成本，提高效益。

2. 电商业大数据可视化的实现方式

在电商行业中，随着消费者行为数据的不断增多，实现数据可视化可将一大堆密密麻麻的数字转化为有价值的图表形式，从而更直观地向用户展示数据之间的联系和变化情况，以此减少用户的阅读和思考时间，以便很好地作出决策。

在具体实施中，可以通过专业的统计数据分析方法理清海量数据指标与维度，按主题成体系呈现复杂数据背后的联系；或者将多个视图整合，展示同一数据在不同维度下呈现的数据背后的规律，帮助用户从不同角度分析数据、缩小答案的范围、展示数据的不同影响。在电商业大数据可视化图表中，除了原有的饼图、柱状图、热力图、地理信息图等数据展示方式外，还可以通过图像的颜色、亮度、大小、形状、运动趋势等多种方式在一系列图形中对数据进行分析，帮助用户挖掘数据之间的关联。

10.2.2　电商业大数据可视化分析实例

在电商业的可视化分析实例中，以百度指数为例，网址为"https://index.baidu.com/v2/index.html#/"。该网站是以百度海量网民行为数据为基础的数据分析平台，可以为媒体或研究人员提供可靠的数据分析。值得注意的是，百度指数所用的数据全部来自用户在百度上的搜索和交易数据。图10-11显示了百度指数网站首页。

在新用户注册以后，单击该页面左上方的"最新动态"或"行业排行"即可进入数据分析可视化页面中。

1. 进入查询页面

用户在百度指数网站首页中输入想要查询的关键字，即可进入查询页面，如图10-12所示。

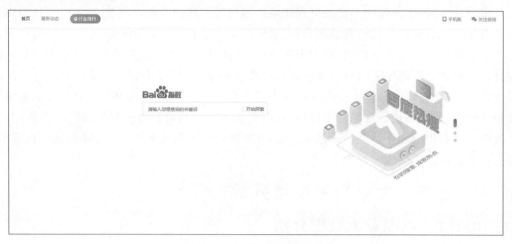

图 10-11 百度指数网站首页

图 10-12 查询页面

(1) 输入关键词"连衣裙",进入趋势研究页面,可以观察"连衣裙"用户搜索的面积图,如图 10-13 所示。

图 10-13 "连衣裙"用户搜索的面积图

(2) 选中"需求图谱",可以观察"连衣裙"用户搜索的需求图,如图 10-14 所示。

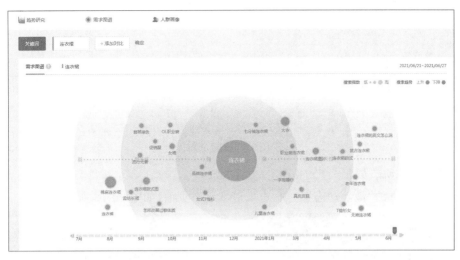

图 10-14 "连衣裙"用户搜索的需求图

（3）选中"人群画像"，可以观察"连衣裙"用户搜索的各种画像图。图 10-15 显示了地域分布图，图 10-16 显示了人群属性图，图 10-17 显示了兴趣分布图。

图 10-15 用户地域分布图

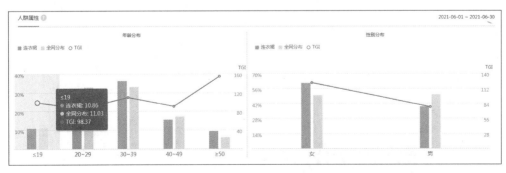

图 10-16 人群属性图

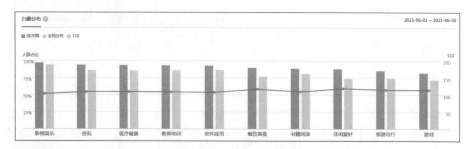

图 10-17　兴趣分布图

2. 进入最新动态页面

单击首页上方的"最新动态"选项,进入最新动态页面,如图 10-18 所示。

图 10-18　最新动态页面

(1) 选中"2020 百度美妆行业研究(人群篇)"选项,进入页面,如图 10-19 所示。

图 10-19　2020 百度美妆行业研究(人群篇)页面

(2) 查看"美妆人群洞察",如图 10-20 所示;查看"美妆用户画像",如图 10-21 所示;查看"时间偏好",如图 10-22 所示;查看"品类偏好",如图 10-23 所示;查看"色号偏好",如图 10-24 所示;查看"关注点偏好",如图 10-25 所示。

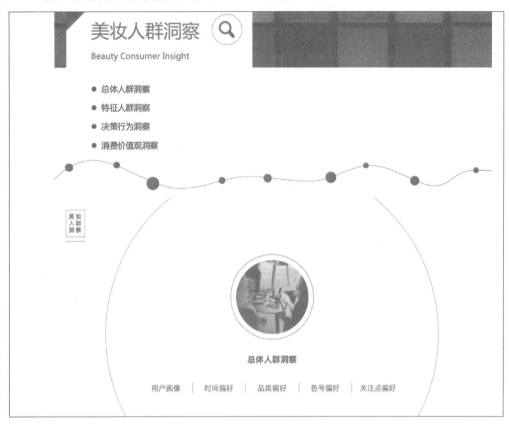

图 10-20　美妆人群洞察

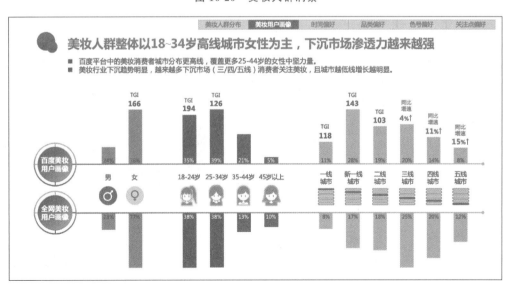

图 10-21　美妆用户画像

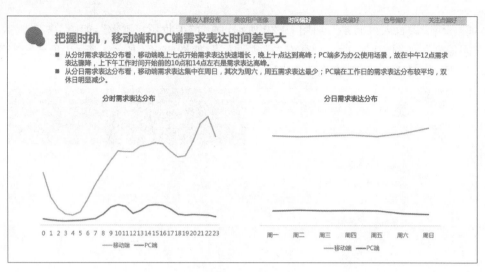

图 10-22　时间偏好

图 10-23　品类偏好

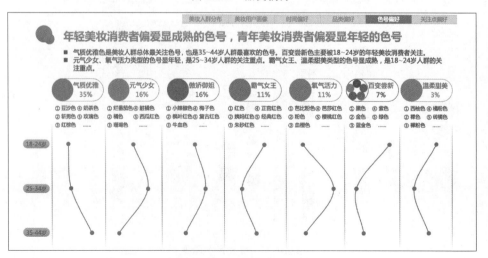

图 10-24　色号偏好

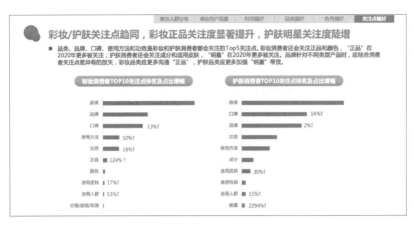

图 10-25 关注点偏好

(3) 查看"特征人群画像",如图 10-26 所示;查看"特征人群需求",如图 10-27 所示;查看"关注品牌偏好",如图 10-28 所示;查看"关注点偏好",如图 10-29 所示。

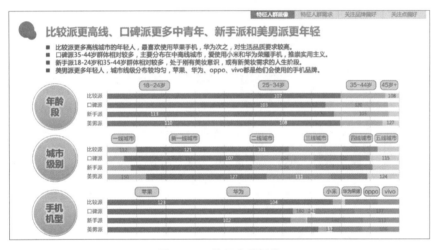

图 10-26 特征人群画像

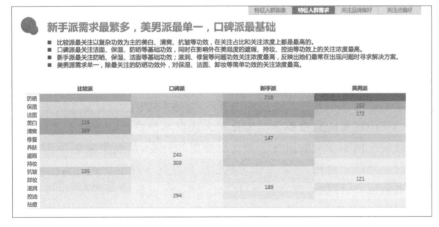

图 10-27 特征人群需求

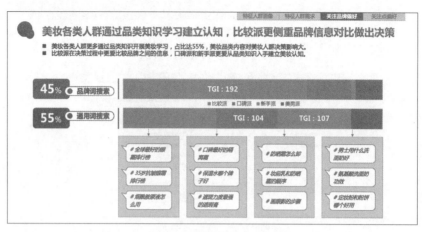

图 10-28　关注品牌偏好

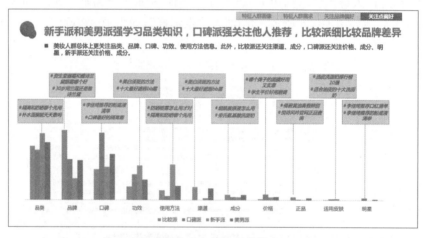

图 10-29　关注点偏好

通过观看百度指数上的各类数据可视化图表,用户可以清楚地了解各种商品的销售情况,从而作出决策。

10.3 教育业大数据可视化分析

10.3.1 教育业大数据介绍

1. 认识教育业大数据

教育业大数据是指整个教育活动过程中所产生的以及根据教育需要所采集到的用于教育发展和研究的价值巨大的数据集合。教育业大数据不仅是大数据在教育领域中的应用,它还通过教育领域反向驱动大数据技术分化为独立的分支,从而带来解决传统教育技术领域中长期研究的问题的新途径,甚至可以跨越传统个性化学习的精确逻辑推理过程,直接分析全样本学习者特征,从而促进教育管理科学化变革、促进教学模式改革、促进个性化教育变革、促进教育评价体系改革、促进科学研究变革等。

2. 教育业大数据可视化的实现方式

教育业中可视化的实现方式主要集中在以下两个方面。

1) 校园网学生用户行为分析可视化

校园网学生用户行为分析可视化是通过对校园网络进行测量和分析，挖掘和发现网络中呈现出来的各种行为规律，同时识别一些异常网络行为，最后将学生用户行为分析展示。这样方便学校采取对应的策略及措施引导学生健康上网，从而使校园网真正成为学生获取知识的平台，提高学生的整体综合素质。

例如基于大数据的校园网学生用户行为分析系统，该系统从网站浏览信息、网站发帖留言、搜索关键词、网络购物4个维度来描述基于校园网的学生用户行为。通过对网络内容的分析，可以进一步将学生用户在网络中的各种网络行为（例如平时上网的浏览状况、流量状况、发表的言论和发的帖子、对网络资源的兴趣偏好等）做成可视化图表展示给学校网站管理者，从而有效地掌握学生的上网行为动态。

2) 课程建设与学生学习分析可视化

课程建设与学生学习分析可视化可通过一些学习平台来实现。例如平台可以大量收集学生在学习过程中留下的各种数据，并通过统计图表来展示，这样可以更清楚地观察学生的学习状况，以便教师进行学习情况的分析和作出正确的学习反馈。

10.3.2 教育业大数据可视化分析实例

目前在高校中使用的学习平台较多，例如中国大学MOOC（慕课）学习平台、学堂在线学习平台、网页云课堂、超星学习通、职教云学习平台等，它们都可以收集大量的学生学习数据并最终形成可视化图表。

这里以超星学习通为例介绍数据可视化的显示。图10-30显示了该平台中的课程统计界面。

图10-30　课程统计界面

（1）以折线图显示学生的访问次数，如图10-31所示。

（2）以环形图和饼图显示课程任务点类型分布和学生综合成绩分布，如图10-32所示。

（3）以柱状图显示课程学习进度，如图10-33所示。

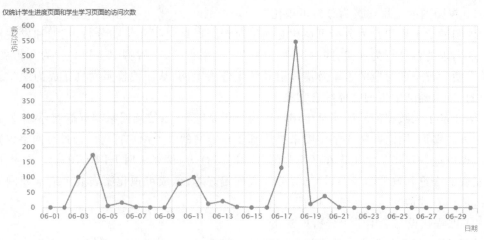

图 10-31　以折线图显示学生的访问次数

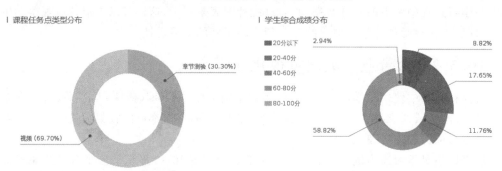

图 10-32　课程任务点类型分布和学生综合成绩分布

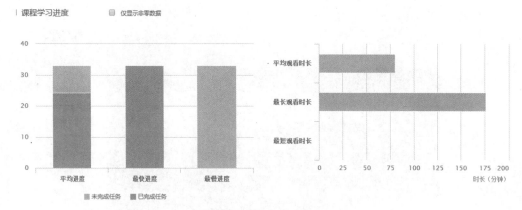

图 10-33　课程学习进度

（4）以折线图显示学生上课活动量情况，如图 10-34 所示。

（5）以条形图显示学生课程完成情况，如图 10-35 所示。

（6）以折线图显示学生上课访问量趋势，如图 10-36 所示。

（7）以柱状图显示教师布置作业情况，如图 10-37 所示。

（8）以柱状图显示学生完成作业情况，如图 10-38 所示。

（9）以折线图显示学生成绩统计，如图 10-39 所示。

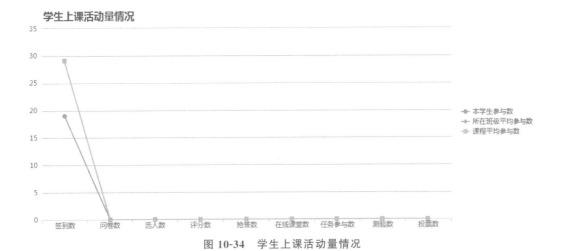

图 10-34　学生上课活动量情况

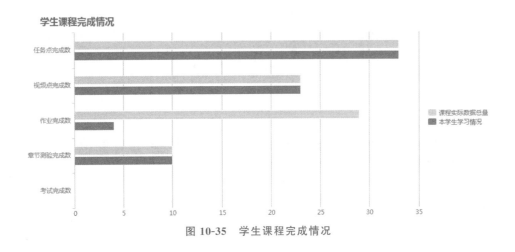

图 10-35　学生课程完成情况

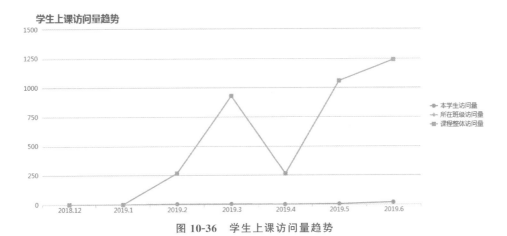

图 10-36　学生上课访问量趋势

图 10-37　教师布置作业情况

图 10-38　学生完成作业情况

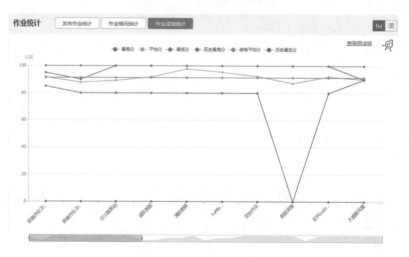

图 10-39　学生成绩统计

10.4 本章小结

(1) 在工业大数据可视化实例中,可以通过大数据可视化技术中的条形图、折线图、饼图等来展示工业大数据。

(2) 在电商业大数据可视化图表中,除了原有的饼图、柱状图、热力图、地理信息图等数据展示方式外,还可以通过图像的颜色、亮度、大小、形状、运动趋势等多种方式在一系列图形中对数据进行分析,帮助用户挖掘数据之间的关联。

(3) 用户可以使用阿里指数网站来分析电商业中各种商品的销售情况,从而作出决策。

(4) 在教育业大数据中可以使用各种平台来存储和分析教学情况,并最终形成可视化图表。

10.5 实训

1. 实训目的

通过本章实训了解大数据可视化的行业,能进行简单的与大数据可视化有关的行业操作。

2. 实训内容

(1) 登录百度指数网站,注册个人信息。

(2) 在"关键词"文本框中输入"食品饮料"并查看相关的大数据可视化图表。

(3) 在"最新动态"页面选中"2021上海车展温度计"并查看相关的大数据可视化图表。

(4) 在"最新动态"页面选中"职业教育行业报告"并查看相关的大数据可视化图表。

(5) 在"最新动态"页面选中"2020百度法律服务行业洞察"并查看相关的大数据可视化图表。

习题 10

1. 请阐述为什么要实现工业大数据可视化。
2. 请阐述为什么要实现电商业大数据可视化。
3. 请阐述为什么要实现教育业大数据可视化。

第 11 章 大数据可视化综合实训

本章学习目标

- 掌握 Python 工具,能够进行数据可视化。
- 掌握商业案例中的数据分析与数据可视化。
- 掌握机器学习中的数据可视化。

本章以商业案例为主,向读者介绍 Python 数据可视化的实训。

11.1 Python 纵向柱状图实训 1

1. 实训目的

该实训的目的是使学生能够使用 Python 绘制纵向柱状图实现数据可视化。该实训显示男女爱好的人数分布。

2. 程序代码

```
import numpy as np
import matplotlib.pyplot as plt
plt.rc('font', family = 'SimHei', size = 15)
plt.title("男女爱好人数分布图");        #图标题
num = np.array([14325, 9403, 13227, 18651])
ratio = np.array([0.75, 0.6, 0.22, 0.1])
men = num * ratio
women = num * (1 - ratio)
x = ['足球','游泳','看剧','逛街']
width = 0.5
idx = np.arange(len(x))
plt.bar(idx, men, width, color = 'red', label = '男性用户')
plt.bar(idx, women, width, bottom = men, color = 'gray', label = '女性用户')    #这里可以设置
bottom 或者 top,如果是水平放置的,可以设置 right 或者 left
plt.xlabel('应用类别')
plt.ylabel('男女分布')
plt.xticks(idx + width/2, x, rotation = 40)
#bar 图上显示数字
for a,b in zip(idx,men):
    plt.text(a, b + 0.05, '%.0f' % b, ha = 'center', va = 'bottom',fontsize = 12)
for a,b,c in zip(idx,women,men):
    plt.text(a, b + c + 0.5, '%.0f' % b, ha = 'center', va = 'bottom',fontsize = 12)
plt.legend()
plt.show()
```

该实训的运行结果如图 11-1 所示。

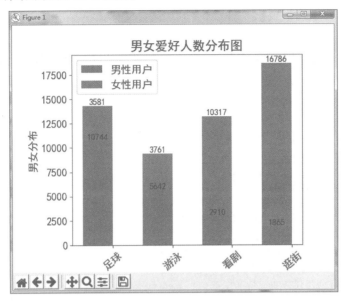

图 11-1　运行结果

3．主要代码分析

（1）导入 Python 需要的库。

```
import numpy as np
import matplotlib.pyplot as plt
```

该实训导入了 NumPy 库与 matplotlib 库。

（2）设置字体。

```
plt.rc('font', family = 'SimHei', size = 15)
```

（3）设置数据。

```
num = np.array([14325, 9403, 13227, 18651])
ratio = np.array([0.75, 0.6, 0.22, 0.1])
men = num * ratio
women = num * (1 - ratio)
```

该实训首先设置了多个数据值 num，分别是 14325、9403、13227、18651，并存储在 array 中；接着设置了比例 ratio，分别是 0.75、0.6、0.22、0.1；将男性的数据值用 num * ratio 表示，女性的数据值用 num *（1－ratio）表示。

（4）设置条形图。

```
plt.bar(idx, men, width, color = 'red', label = '男性用户')
plt.bar(idx, women, width, bottom = men, color = 'gray', label = '女性用户')
```

（5）在条形图上显示数字。

```
for a, b in zip(idx, men):
    plt.text(a, b + 0.05, '%.0f' % b, ha = 'center', va = 'bottom', fontsize = 12)
for a, b, c in zip(idx, women, men):
    plt.text(a, b + c + 0.5, '%.0f' % b, ha = 'center', va = 'bottom', fontsize = 12)
```

275

11.2 Python 纵向柱状图实训 2

1. 实训目的

该实训的目的是使学生能够使用 Python 绘制纵向柱状图实现数据可视化。该实训显示某集团各地区分公司的任务完成情况。

2. 程序代码

```
import numpy as np
import matplotlib.pyplot as plt
plt.rcParams['font.sans-serif'] = ['FangSong']
plt.rcParams['axes.unicode_minus'] = False
plt.figure(dpi = 150)
x = np.array(['北京', '上海', '广州', '重庆'])
y1 = np.array([9556, 6442, 5835, 7801])
y2 = np.array([5273, 2697, 3695, 3041])
plt.bar(x, y1, width = 0.3, label = '任务量')
plt.bar(x, y2, width = 0.3, label = '完成量')
plt.title('各分公司任务完成情况', loc = 'center')
for a,b in zip(x, y1):
    plt.text(a, b, b, ha = 'center', va = 'bottom', fontsize = 12)
for a,b in zip(x, y2):
    plt.text(a, b, b, ha = 'center', va = 'top', fontsize = 12)
plt.xlabel('分公司')
plt.ylabel('完成情况')
plt.grid()
plt.legend(loc = 'upper center', ncol = 2)
plt.show()
```

该实训的运行结果如图 11-2 所示。

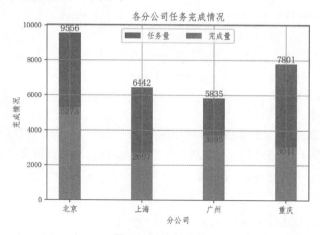

图 11-2 运行结果

3. 主要代码分析

(1) 导入 Python 需要的库。

```
import numpy as np
import matplotlib.pyplot as plt
```

该实训导入了 NumPy 库与 matplotlib 库。
（2）设置字体，解决负号无法正常显示的问题。

```
plt.rcParams['font.sans-serif'] = ['FangSong']
plt.rcParams['axes.unicode_minus'] = False
```

（3）设置数据。

```
x = np.array(['北京', '上海', '广州', '重庆'])
y1 = np.array([9556, 6442, 5835, 7801])
y2 = np.array([5273, 2697, 3695, 3041])
```

（4）设置条形图。

```
plt.bar(x, y1, width = 0.3, label = '任务量')
plt.bar(x, y2, width = 0.3, label = '完成量')
```

（5）添加数据标签。

```
for a,b in zip(x, y1):
    plt.text(a, b, b, ha = 'center', va = 'bottom', fontsize = 12)
for a,b in zip(x, y2):
    plt.text(a, b, b, ha = 'center', va = 'top', fontsize = 12)
```

（6）设置网格线。

```
plt.grid()
```

11.3　Python 水平柱状图实训 1

1. 实训目的

该实训的目的是使学生能够使用 Python 读取外部数据，并绘制水平柱状图实现数据可视化。该实训显示商品列表中原价最贵的商品的名称。

2. 程序代码

```
import pandas as pd
import matplotlib.pyplot as plt
plt.rcParams['font.sans-serif'] = ['Microsoft YaHei']    #设置字体
name = ['图片URL','商品标题','折扣价','原价','地址','销量','商品链接',]
df = pd.read_excel('list.xlsx',encoding = 'utf-8',header = 1,names = name,)
df = df[['商品标题','原价']]
data = df.sort_values(by = ['原价'],ascending = False)
data.index = data['商品标题']
var = data['原价'][:10]
plt.figure(figsize = (10, 5))
plt.title('原价最贵的商品',fontsize = 18)
plt.xlabel('原价',fontsize = 10)
plt.ylabel('商品标题',fontsize = 10)
var.plot(kind = 'barh', stacked = True,alpha = 0.7,color = ['blue'])
plt.show()
```

该实训导入的 list.xlsx 是在淘宝网站中采集的商品信息，部分内容如图 11-3 和图 11-4 所示。

该实训的运行结果如图 11-5 所示。

	A	B	C	D	E
1	商品标题	折扣价	原价	地址	销量
2	男鞋2019朝鞋英伦休闲鞋子春夏季板鞋韩	118.00	236	福建 泉州	4
3	秋季内增高男鞋百搭男士运动鞋低帮休闲鞋子	179.00	368	浙江 温州	209
4	男鞋春季2019新款英伦皮鞋男士休闲鞋子朝鞋	248	N/A	广东 广州	21
5	CARTELO卡帝乐鳄鱼正品男鞋飞织透气朝鞋	128.00	399	福建 泉州	5
6	英花雕花布洛克男鞋子厚底韩版朝流休闲透气	133.00	420	上海	180
7	花花公子男鞋春季透气防臭网面跑步鞋运动鞋	198.00	258	安徽 合肥	61
8	香港朝牌欧州站男鞋春夏季时尚韩版休闲鞋内	488.00	688	广东 广州	5
9	夏季真皮京鞋男40中老年50爸爸休闲男鞋	78.00	278	浙江 温州	53
10	奇伦男鞋冬季朝鞋百搭高帮男真皮韩版朝流	258.00	568	浙江 温州	16
11	春秋发型师 尖头皮鞋英伦朝男 鞋 高跟 结婚	135.00	288	浙江 杭州	55
12	男士内增高鞋春季篮球鞋高帮休闲运动鞋内增	158.00	398	福建 泉州	1
13	新款英伦复古男鞋高帮鞋迷彩马丁靴男靴韩版	133.00	489	广东 广州	41
14	春季新款日常休闲男鞋布鞋板鞋学生鞋懒人鞋男	79.00	128	江苏 徐州	14
15	高哥男士内增高运动鞋8cm春季百搭增高男鞋	328.00	598	广东 广州	440
16	19春夏新款皮具男士头层牛皮按摩底商务婚鞋	699.00	1390	广东 广州	7
17	aj男鞋春季2019朝鞋百搭新款运动休闲鞋小熊鞋板鞋网红同款鞋子	165	398	福建 泉州	181
18	鞋子男朝鞋刀锋跑鞋男鞋春季2019新朝流休闲百搭战士网红运动鞋	158	288	福建 泉州	2537
19	高帮男朝流运动鞋2019春季鞋子男朝鞋高邦网红空军一号aj1男鞋	158	308	福建 泉州	1.7万
20	莆田鞋EQT NMD跑步鞋 INS超火的鞋子透气运动鞋男鞋网面休闲女鞋	158	528	福建 莆田	138
21	ins网红春夏韩版港风学生文艺青年男鞋小	75	N/A	浙江 杭州	1
22	春季男士皮鞋男真皮黑色商务正装休闲鞋子男	76.00	439	浙江 温州	6345
23	新款秋季男鞋铆钉朝流休闲英伦板鞋2018	288.00	548	浙江 温州	5
24	袜子高帮男鞋棉鞋加绒冬鞋子休闲运动板鞋百	178.00	316	浙江 温州	570
25	内增高男鞋8cm秋季透气休闲运动鞋韩版朝鞋	98.00	398	福建 泉州	647
26	欧洲站男鞋2018新款真皮透气中帮板鞋男	299.00	459	浙江 温州	4
27	鞋子男朝鞋驼棕色鞋男中帮英伦休闲工装鞋朝	216.00	369	广东 广州	21
28	2019新款春季男士帆布鞋韩版朝流百搭板	49.00	198	浙江 温州	75
29	2019夏季新款乐福鞋一脚蹬鞋子男朝鞋欧	198.00	398	浙江 温州	29
30	ins超火复古脏脏老爹男鞋ulzzang	69.90	198	浙江 温州	4343
31	2018冬季新款韩版朝流男鞋休闲时尚百搭	127.53	N/A	广东 广州	0
32	高档皮鞋男士皮鞋真皮商务正装牛皮漆皮尖头	196.00	478	广东 深圳	24
33	CHOCOCONCERT 设计鞋履丨朝流	1280	N/A	上海	0
34	春季商务皮鞋男头层牛皮休闲套脚男鞋流苏	298.00	388	上海	65
35	真皮圆头商务休闲皮鞋头层牛皮大头男鞋厚底	248.00	258	安徽 宿州	50
36	韩版板鞋男士皮面防水鞋子春秋季学生气垫跑步男鞋运动休闲男鞋	37.2	76	上海	2401
37	阿迪达斯官方adidas alphabounce rc m 男子 跑步 跑步鞋 DA9770	319	799	江苏 苏州	2.3万
38	老北京布鞋男春季老人运动鞋子轻便软底防滑爸爸鞋中老年健步鞋男	39	168	河南 洛阳	2442
39	春季新款登山鞋男户外休闲旅游鞋防水防滑工作鞋野外慢跑鞋系带	29	245	河北 保定	2116
40	男鞋春季2019新款男士休闲鞋真皮平底一	298.00	488	浙江 温州	17

图 11-3 list.xlsx 部分内容 1

3. 主要代码分析

(1) 导入外部数据。

df = pd.read_excel('list.xlsx',encoding = 'utf − 8',header = 1,names = name,)

(2) 存储需要的字段。

df = df[['商品标题','原价']]

(3) 对商品原价排序。

data = df.sort_values(by = ['原价'],ascending = False)

(4) 选取商品数量。

var = data['原价'][:10]

该实训选取的商品数量为10。

G426

	A	B	C	D	E
412	回力鞋男鞋子帆布鞋休闲鞋秋季学生韩版潮平底运动布鞋男士板鞋	59	168	广东 揭阳	3430
413	361男鞋女鞋运动鞋男品牌清仓断码气垫跑步鞋361度春夏季休闲鞋子	89	289	福建 厦门	7268
414	冬季防滑雪地靴男防水PU情侣棉靴子短筒加厚保暖学生棉鞋平底男鞋	23.8	125	浙江 金华	400
415	春季透气新款一脚蹬休闲网鞋男老北京布鞋男	106.00	428	广东 深圳	840
416	MODARODEO/梦达帝奥秋冬季休闲情	259	N/A	山东 潍坊	6
417	红蜻蜓男鞋增高鞋男内增高商务正装皮鞋	299.00	572	浙江 温州	65
418	ECCO爱步男鞋2019春新款透氧系列运	1249.00	2599	英国	15
419	一脚蹬男鞋真皮2019春季新款休闲板鞋男	258.00	518	浙江 温州	2
420	高哥内增高男鞋新郎结婚皮鞋男真皮10cm婚鞋	378.00	1333	浙江 杭州	35
421	男真皮低跟平底中筒靴英伦风厚底马丁靴男靴	6288.00	12889	广东 广州	0
422	真皮软底软皮休闲皮鞋纯牛皮防臭无鞋带爸爸	148.00	698	浙江 温州	28
423	新脚度秋季增高鞋男式8cm休闲真皮内增高	238.00	428	广东 东莞	15
424	秋季新款专柜同款一脚蹬牛皮革男休闲鞋	398.00	1199	广东 深圳	29
425	2019春季新品英伦系带运动板鞋真皮男士休闲	368.00	736	广东 佛山	23
426	老北京布鞋男春秋季中年爸爸鞋40-50岁	118.00	398	福建 厦门	533
427	春季韩版懒人帆布鞋男2019单鞋圆头套脚	59.00	198	福建 泉州	14
428	商务正装皮鞋潮流低帮婚鞋男鞋子尖头真皮	288.00	598	上海	5
429	七匹狼男鞋商务休闲鞋真皮特大码厚底牛皮鞋	368.00	577	山东 济南	49
430	乔丹男鞋2019春季新款高帮休闲小白鞋板鞋学生透气潮流跑步运动鞋	179	299	福建 泉州	903
431	洞洞鞋男士2019新款拖鞋潮流夏季防滑软底室外迪特包头沙滩鞋凉鞋	16	158	广东 深圳	1.2万
432	2019新款春季休闲运动鞋男士纯黑防臭工作全黑色跑步鞋网面男鞋子	58	159	福建 泉州	1455
433	Zero零度休闲皮鞋男厚底春季大头男鞋英伦百搭耐磨真皮户外工装鞋	689	1209	广东 广州	94
434	男鞋冬季中年爸爸鞋子男40-50岁休闲一	98.00	185	河南 洛阳	3
435	贵人鸟正品春夏 网面透气运动鞋 男	139	N/A	福建 泉州	4
436	新款官网超轻yonex尤尼克斯羽毛球鞋男	1035.00	2070	浙江 杭州	160
437	哈嘿先生男鞋潮鞋2019新款韩版潮流百搭	268.00	528	广东 广州	10
438	欧洲站百搭板鞋男休闲小蜜蜂大牌韩版系带2	330.00	650	广东 广州	1
439	欧洲站2019春季小白鞋板鞋男韩版潮流百	260.00	680	广东 广州	3
440	特大码男鞋44码45码46码47码宽脚软皮软底	125.00	425	广东 深圳	170
441	马尔杜克男靴子马丁靴男潮流冬季沙漠靴男复	369.00	599	广东 佛山	39
442	金利来男鞋秋季新豆豆鞋男商务休闲皮鞋真皮	768.00	1680	重庆	1
443	春秋男鞋子潮鞋2018新款透气运动鞋韩版	568.00	1086	福建 泉州	2
444	康威男鞋2019春夏季新款网面鞋子时尚运	159.00	299	广东 广州	0
445	人本帆布鞋男一脚蹬男鞋休闲学生韩版潮低帮	58.00	149	湖北 武汉	1895
446	Dickies男鞋春秋休闲马丁鞋真皮大头	329.00	599	福建 厦门	1
447	偷偷高男士百搭内增高鞋8厘米内增高男鞋8	168.00	398	浙江 温州	150
448	clarks其乐男鞋 19年早春新款日常	649.00	1499	英国	22
449	花花公子aj男鞋春季潮鞋韩版潮流嘻哈高帮鞋男士运动网红高邦板鞋	238	395	福建 泉州	2057
450	2019新款白鞋潮鞋板鞋男韩版休闲男鞋潮流百搭鞋子网红春季小白鞋	49	98	福建 泉州	1759
451	安踏男鞋跑步鞋男2019春季新款全掌气垫鞋官网旗舰休闲鞋运动鞋男	339	499	福建 泉州	2288

图 11-4 list. xlsx 部分内容 2

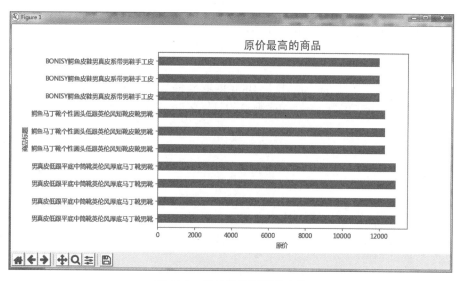

图 11-5 显示原价最高的商品

(5) 设置显示效果。

```
plt.figure(figsize = (10, 5))
```

该实训设置显示区域的宽度和高度分别是 10、5。

(6) 绘制水平柱状图。

```
var.plot(kind = 'barh', stacked = True, alpha = 0.7, color = ['blue'])
```

该实训绘制水平条形图,颜色为蓝色。

该实训显示了原价最高的商品,如果要显示折扣价后最便宜的商品,可修改对应的字段,运行结果如图 11-6 所示。

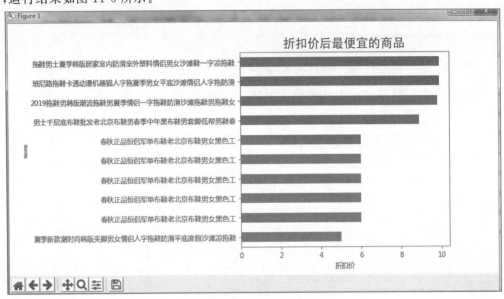

图 11-6　运行结果

11.4　Python 水平柱状图实训 2

1. 实训目的

该实训的目的是使学生能够使用 Python 读取外部数据,并绘制水平柱状图实现数据可视化。该实训显示前 30 个 YouTube 频道的订阅者和浏览量情况。

2. 程序代码

```
import numpy as np
import pandas as pd
import matplotlib.pyplot as plt
import seaborn as sns
mydata = pd.read_csv("youtube.csv")
print(mydata.head())
channels = mydata[mydata.columns[0]].tolist()
subs = mydata[mydata.columns[1]].tolist()
views = mydata[mydata.columns[2]].tolist()
print(channels)
print(subs)
print(views)
```

```
data = pd.DataFrame({'YouTube Channels': channels + channels,
'Subscribers in millions': subs + views,
                      'Type': ['Subscribers'] * len(subs) + ['Views'] * len(views)})

sns.set()
g = sns.FacetGrid(data, col = 'Type', hue = 'Type', sharex = False, height = 8)
g.map(sns.barplot, 'Subscribers in millions', 'YouTube Channels', order = None)
plt.show()
```

该实训的运行结果如图 11-7 所示。

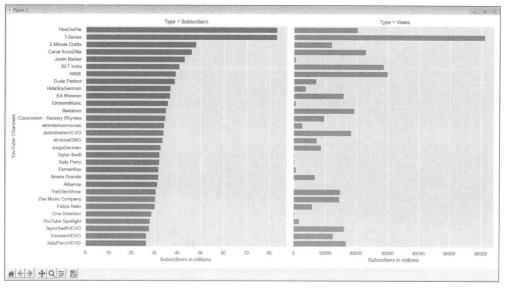

图 11-7　运行结果

3. 主要代码分析

（1）导入外部数据。

```
mydata = pd.read_csv("youtube.csv")
```

该数据集中的数据如图 11-8 所示。

（2）查看数据的前 5 行。

```
mydata.head()
```

（3）访问列中每个测试分组中的数据，利用 tolist() 方法将其转换为一个列表，然后将该列表分配给对应测试分组的变量中。

```
channels = mydata[mydata.columns[0]].tolist()
subs = mydata[mydata.columns[1]].tolist()
views = mydata[mydata.columns[2]].tolist()
```

（4）输出每个分组的变量，查看其中的数据是否已经转换为一个列表。

```
print(channels)
```

运行结果如下。

```
['PewDiePie', 'T-Series', '5-Minute Crafts', 'Canal KondZilla', 'Justin Bieber', 'SET India',
'WWE', 'Dude Perfect', 'HolaSoyGerman', 'Ed Sheeran', 'EminemMusic', 'Badabun', 'Cocomelon -
```

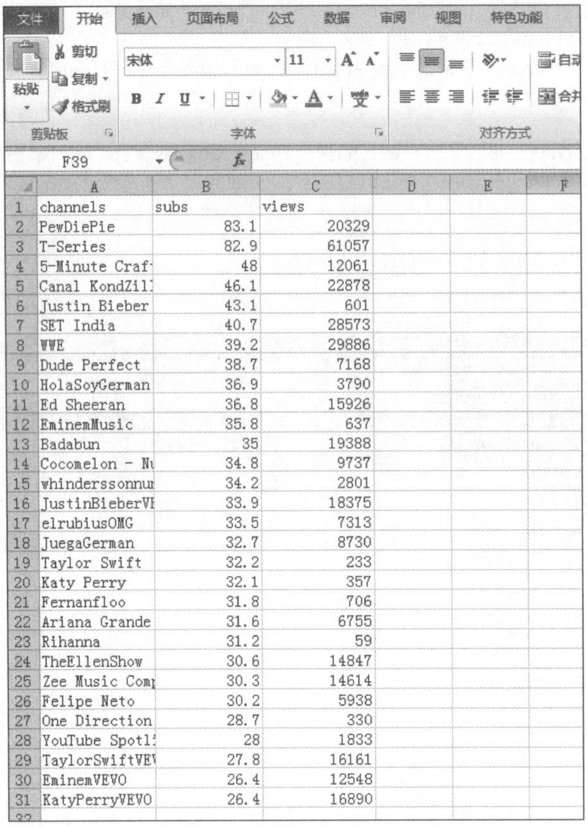

	A	B	C
1	channels	subs	views
2	PewDiePie	83.1	20329
3	T-Series	82.9	61057
4	5-Minute Craf	48	12061
5	Canal KondZil	46.1	22878
6	Justin Bieber	43.1	601
7	SET India	40.7	28573
8	WWE	39.2	29886
9	Dude Perfect	38.7	7168
10	HolaSoyGerman	36.9	3790
11	Ed Sheeran	36.8	15926
12	EminemMusic	35.8	637
13	Badabun	35	19388
14	Cocomelon - Nu	34.8	9737
15	whinderssonnu	34.2	2801
16	JustinBieberVE	33.9	18375
17	elrubiusOMG	33.5	7313
18	JuegaGerman	32.7	8730
19	Taylor Swift	32.2	233
20	Katy Perry	32.1	357
21	Fernanfloo	31.8	706
22	Ariana Grande	31.6	6755
23	Rihanna	31.2	59
24	TheEllenShow	30.6	14847
25	Zee Music Com	30.3	14614
26	Felipe Neto	30.2	5938
27	One Direction	28.7	330
28	YouTube Spotli	28	1833
29	TaylorSwiftVE	27.8	16161
30	EminemVEVO	26.4	12548
31	KatyPerryVEVO	26.4	16890

图 11-8　数据集中的数据

```
Nursery Rhymes', 'whinderssonnunes', 'JustinBieberVEVO', 'elrubiusOMG', 'JuegaGerman', 'Taylor
Swift', 'Katy Perry', 'Fernanfloo', 'Ariana Grande', 'Rihanna', 'TheEllenShow', 'Zee Music Company
', 'Felipe Neto', 'One Direction', 'YouTube Spotlight', 'TaylorSwiftVEVO', 'EminemVEVO',
'KatyPerryVEVO']
```

(5) 将获得的数据构建一个 DataFrame。

```
data = pd.DataFrame({'YouTube Channels': channels + channels,
'Subscribers in millions': subs + views,
                    'Type': ['Subscribers'] * len(subs) + ['Views'] * len(views)})
```

(6) 绘图。

```
sns.set()
g = sns.FacetGrid(data, col = 'Type', hue = 'Type', sharex = False, height = 8)
g.map(sns.barplot, 'Subscribers in millions', 'YouTube Channels', order = None)
```

11.5　Python 多数据并列柱状图实训 1

1. 实训目的

该实训的目的是使学生能够使用 Python 绘制多数据并列柱状图实现数据可视化。该实训显示不同学校相同专业的招生人数对比图。

2. 程序代码

```
import matplotlib.pyplot as plt
```

```
import numpy as np
plt.rcParams['font.sans-serif'] = ['Microsoft YaHei']    #设置字体
plt.title("不同学校相同专业的招生人数对比图");              #图标题
x = np.arange(5)
y = [400,170,160,90,50]
y1 = [300,180,150,70,90]
bar_width = 0.5
tick_label = ["计算机","机械","电子","管理","物理"]
plt.bar(x,y,bar_width,color = "r",align = "center",label = "学校 A")
plt.bar(x + bar_width,y1,bar_width,color = "y",align = "center",label = "学校 B")
plt.xlabel("专业")
plt.ylabel("招生人数")
plt.xticks(x + bar_width/2,tick_label)
plt.legend()
plt.show()
```

该实训的运行结果如图 11-9 所示。

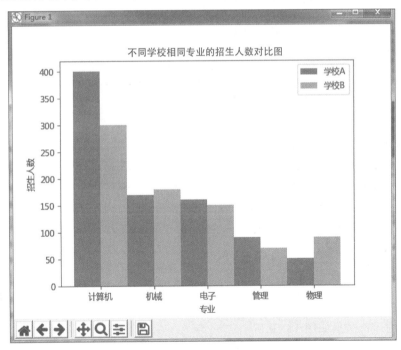

图 11-9　运行结果

3. 主要代码分析

（1）赋值。

y = [400,170,160,90,50]
y1 = [300,180,150,70,90]

（2）设置坐标轴刻度值。

tick_label = ["计算机","机械","电子","管理","物理"]

（3）设置并列柱状图。

plt.bar(x,y,bar_width,color = "r",align = "center",label = "学校 A") plt.bar(x + bar_width,y1,bar_width,color = "y",align = "center",label = "学校 B")

(4) 设置图例。

plt.legend()

11.6　Python 多数据并列柱状图实训 2

1. 实训目的

该实训的目的是使学生能够使用 Python 绘制多数据并列柱状图实现数据可视化。该实训显示不同影片的评分情况。

2. 程序代码

```
import numpy as np
import pandas as pd
import matplotlib.pyplot as plt
mydata = pd.read_csv('movie_scores.csv')
print(mydata.head())
plt.figure(figsize = (10, 5), dpi = 300)
pos = np.arange(len(mydata['MovieTitle']))
width = 0.3
plt.bar(pos - width / 2, mydata['Tomatometer'], width, label = 'Tomatometer', color = "yellow")
plt.bar(pos + width / 2, mydata['AudienceScore'], width, label = 'Audience Score', color = "grey")
plt.xticks(pos, rotation = 10)
plt.yticks(np.arange(0, 101, 20))
ax = plt.gca()
ax.set_xticklabels(mydata['MovieTitle'])
ax.set_yticklabels(['0%', '20%', '40%', '60%', '80%', '100%'])
ax.set_yticks(np.arange(0, 100, 5), minor = True)
ax.yaxis.grid(which = 'major')
ax.yaxis.grid(which = 'minor', linestyle = '--')
plt.title('Movie comparison')
plt.legend()
plt.show()
```

该实训的运行结果如图 11-10 所示。

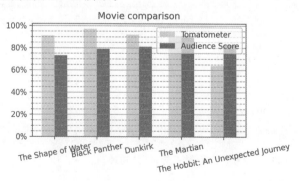

图 11-10　运行结果

3. 主要代码分析

(1) 导入外部数据,该数据集如图 11-11 所示。

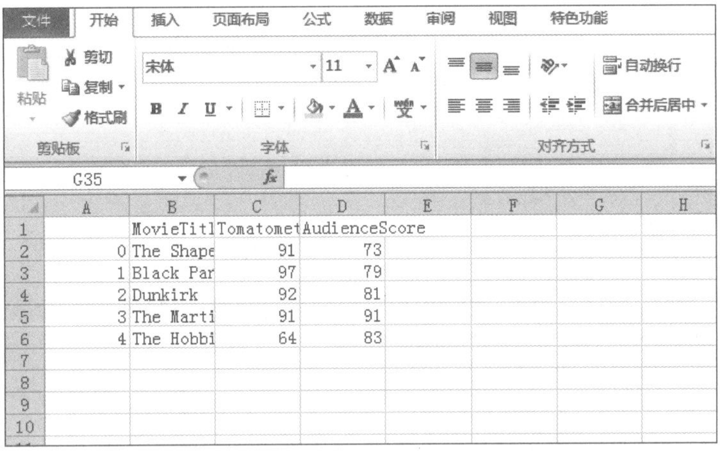

图 11-11 数据集

(2) 创建画布。

plt.figure(figsize = (10, 5), dpi = 300)

(3) 绘制柱状图。

```
pos = np.arange(len(movie_scores['MovieTitle']))
width = 0.3
plt.bar(pos - width / 2, movie_scores['Tomatometer'], width, label = 'Tomatometer',color =
"yellow")
plt.bar(pos + width / 2, movie_scores['AudienceScore'], width, label = 'Audience Score',color
= "grey")
```

(4) 设置 X 轴和 Y 轴的刻度。

plt.xticks(pos, rotation = 10)
plt.yticks(np.arange(0, 101, 20))

(5) 获取当前轴以设置刻度标签和水平网格。

ax = plt.gca()

(6) 设置刻度标签。

ax.set_xticklabels(movie_scores['MovieTitle'])
ax.set_yticklabels(['0 %', '20 %', '40 %', '60 %', '80 %', '100 %'])

(7) 以 5 为间隔为 Y 轴添加小刻度。

ax.set_yticks(np.arange(0, 100, 5), minor = True)

(8) 添加带实线的主要水平网格。

ax.yaxis.grid(which = 'major')

(9) 添加带虚线的次要水平网格。

ax.yaxis.grid(which = 'minor', linestyle = '--')

11.7　Python 折线图实训

1. 实训目的

该实训的目的是使学生能够使用 Python 绘制折线图实现数据可视化。该实训显示某地一年中房价的变化趋势。

2. 程序代码

```
import matplotlib.pyplot as plt
plt.rcParams['font.sans-serif'] = ['Microsoft YaHei']    #设置字体
x1 = ['2019-01', '2019-02', '2019-03', '2019-04', '2019-05', '2019-06', '2019-07', '2019-08', '2019-09', '2019-10', '2019-11', '2019-12']
y1 = [9700, 9800, 9900, 12000, 11000, 12400, 13000, 13400, 14000, 14100, 13900, 13700]
plt.figure(figsize=(10, 8))
#标题
plt.title("房价变化")
plt.plot(x1, y1, label='房价变化', linewidth=2, color='r', marker='o',
         markerfacecolor='blue', markersize=10)
#横坐标描述
plt.xlabel('月份')
#纵坐标描述
plt.ylabel('房价')
for a, b in zip(x1, y1):
    plt.text(a, b, b, ha='center', va='bottom', fontsize=10)
plt.legend()
plt.show()
```

该实训的运行结果如图 11-12 所示。

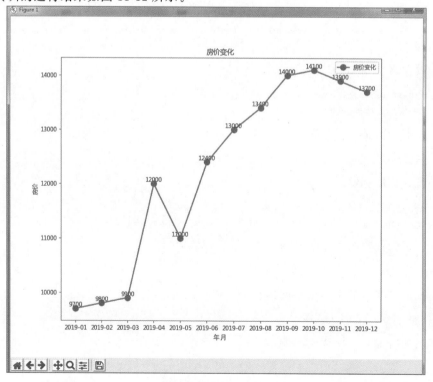

图 11-12　运行结果

3. 主要代码分析

（1）输入数据。

x1 = ['2019 - 01', '2019 - 02', '2019 - 03', '2019 - 04', '2019 - 05', '2019 - 06', '2019 - 07', '2019 - 08', '2019 - 09', '2019 - 10', '2019 - 11', '2019 - 12']
y1 = [9700, 9800, 9900, 12000, 11000, 12400, 13000, 13400, 14000, 14100, 13900, 13700]

（2）设置画布大小。

plt.figure(figsize = (10, 8))

（3）填入数据并绘制折线图。

plt.plot(x1, y1, label = '房价变化', linewidth = 2, color = 'r', marker = 'o',
    markerfacecolor = 'blue', markersize = 10)

（4）设置数字标签。

for a, b in zip(x1, y1):
    plt.text(a, b, b, ha = 'center', va = 'bottom', fontsize = 10)

该实训在折线图中设置了数字标签。

11.8 Python 直方图实训

1. 实训目的

该实训的目的是使学生能够使用 Python 绘制直方图与核密度图实现数据可视化。核密度图经常和直方图一起使用。

2. 程序代码

```
# 导入绘图需要的库
import numpy as np
import pandas as pd
import matplotlib.pyplot as plt
s = pd.DataFrame(np.random.randn(100) + 10,columns = ['value'])
fig = plt.figure(figsize = (10,6))
ax2 = fig.add_subplot(2,1,2)          # 创建子图
s.hist(bins = 20,alpha = 0.8,ax = ax2)   # bin 表示指定直方图条形的个数
s.plot(kind = 'kde', secondary_y = True,ax = ax2)  # secondary_y = True 实现了双坐标轴的设置
plt.show()
```

该实训的运行结果如图 11-13 所示。

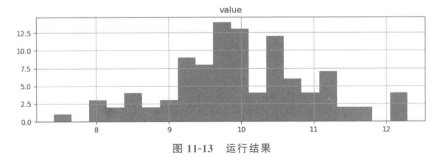

图 11-13 运行结果

加入语句：

s.plot(kind = 'kde', secondary_y = True,ax = ax2) # secondary_y = True 实现了双坐标轴的设置

生成核密度图,运行如图 11-14 所示。

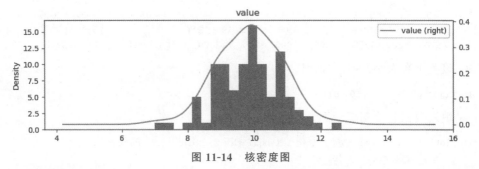

图 11-14　核密度图

3. 主要代码分析

(1) 产生随机值。

s = pd.DataFrame(np.random.randn(100) + 10,columns = ['value'])

(2) 绘制直方图。

s.hist(bins = 20,alpha = 0.8,ax = ax2)

(3) 生成核密度图。

s.plot(kind = 'kde', secondary_y = True,ax = ax2)

(4) 显示图像。

plt.show()

11.9　机器学习中的可视化应用 1

1. 实训目的

该实训的目的是使学生能够使用 Python 实现机器学习数据可视化。该实训使用的数据集为鸢尾花数据集(iris)。

2. 程序代码

(1) 绘制散点图。

```
import numpy as np
import pandas as pd
import matplotlib.pyplot as plt
import seaborn as sns
sns.set(style = "ticks", color_codes = True)
iris = sns.load_dataset("iris")
sns.scatterplot(x = 'petal_width',y = 'petal_length',data = iris,
                color = 'blue',marker = ' + ',s = 40)
plt.show()
```

运行结果如图 11-15 所示。

(2) 绘制多变量图。

```
import numpy as np
import pandas as pd
```

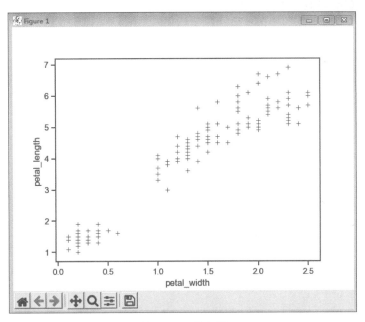

图 11-15　散点图

```
import matplotlib.pyplot as plt
import seaborn as sns
sns.set(style = "ticks", color_codes = True)
iris = sns.load_dataset("iris")
s = sns.pairplot(iris, hue = "species")
plt.show()
```

运行结果如图 11-16 所示。

(3) 对数据进行分组。

```
import numpy as np
import pandas as pd
import matplotlib.pyplot as plt
import seaborn as sns
sns.set(style = "ticks", color_codes = True)
iris = sns.load_dataset("iris")
s = sns.pairplot(iris, hue = "species", palette = "husl")
plt.show()
```

运行结果如图 11-17 所示。

(4) 设置标记。

```
import numpy as np
import pandas as pd
import matplotlib.pyplot as plt
import seaborn as sns
sns.set(style = "ticks", color_codes = True)
iris = sns.load_dataset("iris")
sns.set_style('darkgrid')
sns.set_palette('colorblind')
s = sns.pairplot(iris, hue = 'species',markers = ['o','s','d'] );
plt.show()
```

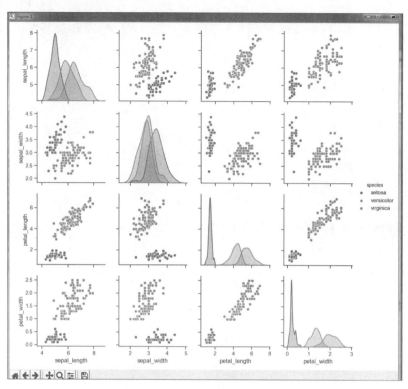

图 11-16　多变量图

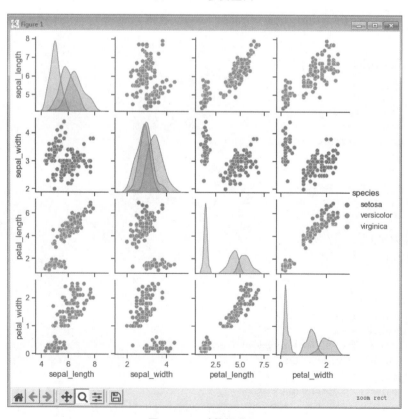

图 11-17　对数据分组

运行结果如图 11-18 所示。

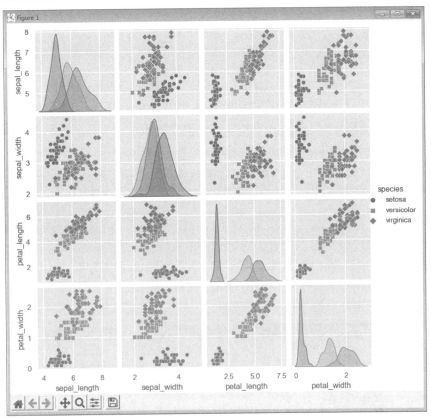

图 11-18　设置标记

3. 主要代码分析

（1）导入 Seaborn 库。

import seaborn as sns

（2）导入数据集 iris。

iris = sns.load_dataset('iris')

iris 数据集也称鸢尾花数据集，它是一类多重变量分析的数据集。该数据集包含 150 个数据样本，分为 3 类，每类 50 个数据，每个数据包含 4 个属性。用户可通过花萼长度、花萼宽度、花瓣长度和花瓣宽度 4 个属性预测鸢尾花属于 setosa、versicolor、virginica 中的哪一类。

（3）绘制散点图。

sns.scatterplot(x = 'petal_width',y = 'petal_length',data = iris,
　　　　　　　color = 'blue',marker = ' + ',s = 40)

使用 sns.scatterplot 函数绘制散点图。

（4）绘制多变量图。

s = sns.pairplot(iris, hue = "species")

使用 pairplot() 函数绘制多变量图，该图对数据集中的多个双变量的关系进行探索，并使用语句 hue="species"来指定分类变量，其中参数 hue 表示用一个特征来显示图像上的颜色，类似于打标签。

s = sns.pairplot(iris, hue="species")语句也可以写为：

```
sns.pairplot(iris, hue = "species")
```

运行结果是一样的。

此外，Seaborn 中还有其他不同类型的数据集，使用 sns.load_dataset()即可调用。

（5）对数据进行分组。

```
s = sns.pairplot(iris, hue = "species", palette = "husl")
```

通过指定 hue 对数据进行分组（效果通过颜色体现），并指定调色板 palette 来设置不同颜色，即将调色板设置为 husl。

（6）设置标记。

```
s = sns.pairplot(iris, hue = 'species',markers = ['o','s','d'] );
```

将风格设置为 darkgrid（背景变成带网格的灰色），调色板设置成 colorblind，为方便色盲用户，甚至将不同类用圆形(o)、正方形(s)和方块(d)来标记。

iris 数据集中的部分数据如图 11-19 所示。

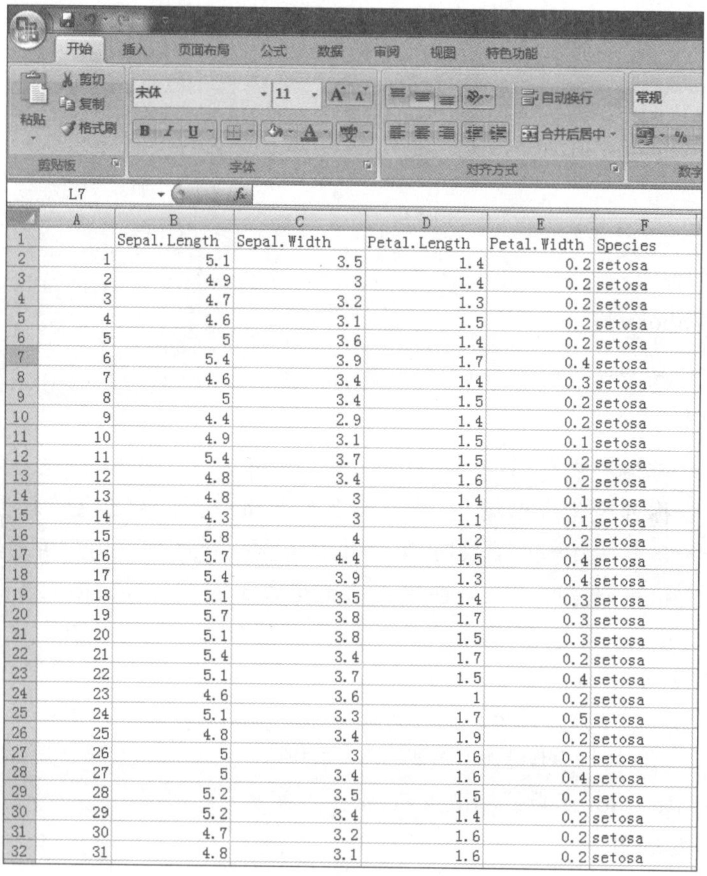

	A	B	C	D	E	F
1		Sepal.Length	Sepal.Width	Petal.Length	Petal.Width	Species
2	1	5.1	3.5	1.4	0.2	setosa
3	2	4.9	3	1.4	0.2	setosa
4	3	4.7	3.2	1.3	0.2	setosa
5	4	4.6	3.1	1.5	0.2	setosa
6	5	5	3.6	1.4	0.2	setosa
7	6	5.4	3.9	1.7	0.4	setosa
8	7	4.6	3.4	1.4	0.3	setosa
9	8	5	3.4	1.5	0.2	setosa
10	9	4.4	2.9	1.4	0.2	setosa
11	10	4.9	3.1	1.5	0.1	setosa
12	11	5.4	3.7	1.5	0.2	setosa
13	12	4.8	3.4	1.6	0.2	setosa
14	13	4.8	3	1.4	0.1	setosa
15	14	4.3	3	1.1	0.1	setosa
16	15	5.8	4	1.2	0.2	setosa
17	16	5.7	4.4	1.5	0.4	setosa
18	17	5.4	3.9	1.3	0.4	setosa
19	18	5.1	3.5	1.4	0.3	setosa
20	19	5.7	3.8	1.7	0.3	setosa
21	20	5.1	3.8	1.5	0.3	setosa
22	21	5.4	3.4	1.7	0.2	setosa
23	22	5.1	3.7	1.5	0.4	setosa
24	23	4.6	3.6	1	0.2	setosa
25	24	5.1	3.3	1.7	0.5	setosa
26	25	4.8	3.4	1.9	0.2	setosa
27	26	5	3	1.6	0.2	setosa
28	27	5	3.4	1.6	0.4	setosa
29	28	5.2	3.5	1.5	0.2	setosa
30	29	5.2	3.4	1.4	0.2	setosa
31	30	4.7	3.2	1.6	0.2	setosa
32	31	4.8	3.1	1.6	0.2	setosa

图 11-19 iris 数据集中的部分数据

11.10 机器学习中的可视化应用 2

1. 实训目的

该实训的目的是使学生能够使用 Python 实现机器学习数据可视化绘制平行坐标图，Pandas 可以简单地绘制出平行坐标图。平行坐标图是可视化高维几何和分析多元数据的常用方法。当数据的维度超过三维时，数据的可视化就变得不再那么简单，为解决高维数据的可视化问题，人们可以使用平行坐标图。该实训使用的数据集为鸢尾花数据集(iris)。

2. 程序代码

```
#绘制平行坐标图
import matplotlib.pyplot as plt
import pandas as pd
import seaborn as sns
from pandas.plotting import parallel_coordinates
data = sns.load_dataset('iris')
fig,axes = plt.subplots()
parallel_coordinates(data,'species',ax = axes)
plt.show()
```

该实训的运行结果如图 11-20 所示。

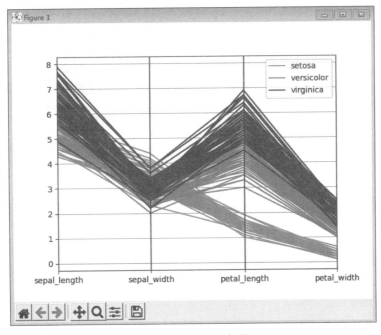

图 11-20 平行坐标图

3. 主要代码分析

（1）导入 Pandas 绘制平行坐标图。

```
from pandas.plotting import parallel_coordinates
```

（2）绘制平行坐标图。

```
parallel_coordinates(data,'species',ax = axes)
```

parallel_coordinates 主要解决了在多维(大于三维)情况下数据特征无法可视化的问题。图中每个竖线代表一个特征,上面的点代表该特征的值,每个样本表示出来就是一个贯穿所有竖线的折线图。一般来说,用不同的颜色代表不同的类别,这样可以方便地看出不同特征对分类的影响。

从图 11-20 可以看到在 X 轴中变量共用一个 Y 坐标轴,此时因 sepal_length、sepal_width、petal_length 以及 petal_width 这 4 个变量的值的范围相近,利用这种方式作出的共用 Y 轴的平行坐标图有着很好的可视化效果。

用户可以为不同的分类设置不同的颜色,代码如下:

```
parallel_coordinates(data,'species', color = ['blue', 'green', 'red'])
```

运行结果如图 11-21 所示。

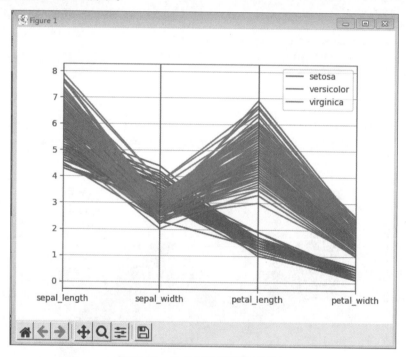

图 11-21 为类别设置不同的颜色

11.11 机器学习中的可视化应用 3

1. 实训目的

该实训的目的是使学生能够使用 Python 实现机器学习数据可视化绘制 Andrews 曲线,Pandas 可以简单地绘制出 Andrews 曲线。Andrews 曲线将每个样本的属性值转化为傅里叶序列的系数来创建曲线。通过将每一类曲线标成不同颜色可以实现高维数据可视化聚类数据,属于相同类别的样本的曲线通常更加接近并构成了更大的结构。该实训使用的数据集为鸢尾花数据集(iris)。

2. 程序代码

```
# 绘制 Andrews 曲线
```

```
import matplotlib.pyplot as plt
import pandas as pd
import seaborn as sns
from pandas.plotting import andrews_curves
data = sns.load_dataset('iris')
fig,axes = plt.subplots()
andrews_curves(data,'species',color=['blue','green','red'])
plt.show()
```

该实训的运行结果如图 11-22 所示。

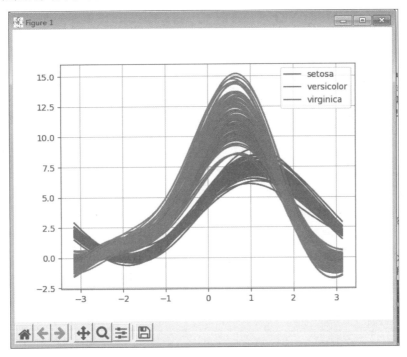

图 11-22 Andrews 曲线

Andrews 曲线有很多优良特性，最常用的是它的欧氏距离特性，两个样品点之间的欧氏距离越近，其 Andrews 曲线也会越近，往往彼此纠缠在一起，因此 Andrews 曲线常用于反映多元样品数据的结构，以预估各样品的聚类情况。

11.12 MySQL 中的可视化应用

1. 实训目的

该实训的目的是使学生能够使用 Pandas 读取 MySQL 数据并绘图分析。

2. 程序步骤与代码

(1) 在 MySQL 中创建数据库 test，在 test 中创建数据表 company，并在 company 表中插入字段和数据，如图 11-23～图 11-25 所示。

(2) 使用 Python 连接 test 数据库，并读取其中的数据，绘制柱状图。

其代码如下：

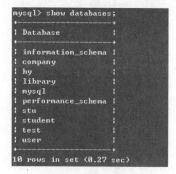

```
mysql> show databases;
+--------------------+
| Database           |
+--------------------+
| information_schema |
| company            |
| hy                 |
| library            |
| mysql              |
| performance_schema |
| stu                |
| student            |
| test               |
| user               |
+--------------------+
10 rows in set (0.27 sec)
```

图 11-23　数据库

```
mysql> show tables;
+----------------+
| Tables_in_test |
+----------------+
| company        |
| company1       |
| user           |
| user1          |
| xs             |
+----------------+
5 rows in set (0.00 sec)
```

图 11-24　数据表

```
mysql> select * from company;
+-------+-------+-------+
| id    | Name  | score |
+-------+-------+-------+
| 00001 | Owen  |    90 |
| 00002 | Alex  |    80 |
| 00003 | Messi |    70 |
| 00004 | Ronny |    75 |
+-------+-------+-------+
4 rows in set (0.35 sec)
```

图 11-25　插入的数据

```
import pandas as pd
import pymysql
import matplotlib.pyplot as plt
plt.rcParams['font.sans-serif'] = ['SimHei']          #设置字体
db = pymysql.connect("localhost","root","","test")    #连接数据库,该数据库的密码为空
sql = "select * from company"                         #查询语句
data = pd.read_sql(sql,db)                            #使用 Pandas 从数据库中读取数据
print(data)                                           #打印数据
name = data['name']
score = data['score']
plt.bar(name,score)                                   #绘制柱状图
plt.title("成绩图")
plt.show()
```

运行如图 11-26 和图 11-27 所示。

```
===================== RESTART: C:/Users/xxx/Desktop/4.py =====================
      id   Name  score
0  00001   Owen     90
1  00002   Alex     80
2  00003  Messi     70
3  00004  Ronny     75
```

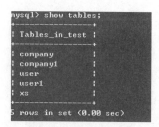

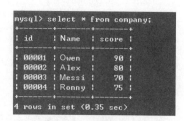

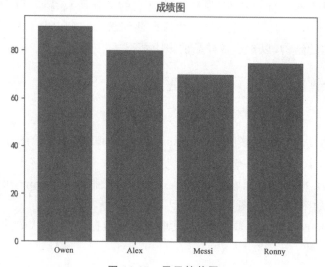

图 11-26　打印数据

图 11-27　显示柱状图

11.13 本章小结

(1) 使用Python实现数据可视化可以从外部导入数据,例如Excel和CSV,也可以从内部读取数据,还可以随机产生数据。

(2) 在商业可视化案例中常使用柱状图、条形图、折线图和散点图来描述数据特征。

习题 11

1. 请阐述如何用柱状图实现数据可视化。
2. 请阐述如何用折线图实现数据可视化。
3. 请阐述如何用散点图实现数据可视化。

参 考 文 献

[1] 黄源.大数据可视化技术与应用[M].北京:清华大学出版社,2020.
[2] 黄源.大数据技术与应用[M].北京:机械工业出版社,2020.
[3] 刘鹏.大数据[M].北京:电子工业出版社,2017.
[4] 黄宜华.深入理解大数据[M].北京:机械工业出版社,2014.
[5] 周苏.大数据可视化[M].北京:清华大学出版社,2018.
[6] 王国平.Tableau数据可视化从入门到精通[M].北京:清华大学出版社,2018.
[7] 陈为.数据可视化的基本原理与方法[M].北京:科学出版社,2015.